单片机技术与接口应用
——基于STC15W4K32S4单片机C语言编程

邓 筠 陈崇辉 王智东 编著

清华大学出版社

北京

内 容 简 介

本书以经典的增强型 8051 产品 STC15W4K32S4 系列中的 IAP15W4K58S4 单片机作为教学机型,以单片机内部各模块的工作原理为主线,理清编程思路和流程,突出信号处理过程的重要地位,较为系统地介绍了 IAP15W4K58S4 单片机系统开发环境、软件编程 C51 语言、硬件结构、中断系统、定时器/计数器、模拟信号和数字信号以及数据传输的应用。本书力求介绍通用的单片机设计方法,内容定位难度适中,教学资料完备,帮助初学者快速入门。

本书可作为普通高等学校电子电气类、计算机类、机电类等工科专业的教学用书,也可作为相关开发人员的参考书,高职高专院校相关专业也可选用本书。此外,本书还可作为相关创新实验室学生开展科技竞赛的培训资料。

图书在版编目(CIP)数据

单片机技术与接口应用:基于 STC15W4K32S4 单片机 C 语言编程/邓筠,陈崇辉,王智东编著.—北京:清华大学出版社,2022.7(2025.1重印)

ISBN 978-7-302-60785-4

Ⅰ.①单… Ⅱ.①邓…②陈…③王… Ⅲ.①单片微型计算机—基础理论②单片微型计算机—接口技术 Ⅳ.①TP368.1

中国版本图书馆 CIP 数据核字(2022)第 075850 号

责任编辑:王剑乔
封面设计:刘 键
责任校对:李 梅
责任印制:沈 露

出版发行:清华大学出版社

  网 址:https://www.tup.com.cn,https://www.wqxuetang.com
  地 址:北京清华大学学研大厦 A 座   邮 编:100084
  社 总 机:010-83470000   邮 购:010-62786544
  投稿与读者服务:010-62776969,c-service@tup.tsinghua.edu.cn
  质量反馈:010-62772015,zhiliang@tup.tsinghua.edu.cn
  课件下载:https://www.tup.com.cn,010-83470236
印 装 者:三河市春园印刷有限公司
经 销:全国新华书店
开 本:185mm×260mm   印 张:14.75   字 数:355 千字
版 次:2022 年 9 月第 1 版   印 次:2025 年 1 月第 2 次印刷
定 价:49.00 元

产品编号:094879-01

"中国智造"是我国近年的一项重要发展战略,全面提升产业技术水平是其中的重要举措。而在仪器仪表、工业自动控制、家用电器、医疗设备、办公自动化设备、安全监控等领域,单片机技术在技术升级中扮演了重要的角色。其中,8051单片机是最适合初学者入门使用的,国内大部分工科院校都对此开设了必修课。

由于书籍定位不同,所以有不同的风格、不同的侧重点和不同的针对人群。虽然国内介绍单片机的书籍百花齐放,不下上百种,但作为单片机教材来说,还是难以满足不同学校不同学生的需求。本书作者主要来自高校一线经验丰富的教师和企业一线产品研发工程师,教学资料完备,内容定位难度适中,可帮助初学者快速入门,适合作为教材和自学使用。

单片机技术是一门应用设计类课程,是软件和硬件相结合的实践性较强的课程。本书根据编者的教学经验对知识点进行了创新性的梳理、归纳,把单片机日益繁杂的硬件结构结合软件编程思路,再配合举例,使读者一目了然。为了使本书具有良好的可读性和可用性,在编写时重点思考了以下问题。

（1）**通用型号**。国内单片机厂商STC公司近15年来,技术不断迭代更新。本书选取了其经典的8051产品STC15W4K32S4系列单片机作为教学机型。原因有二:一是单片机常用仿真软件Proteus从8.9以上版本开始加入了对STC15W4K32S4单片机的仿真,选用该机型可为学生的实践练习提供更多方便;二是在STC大学计划中,多所高校选用了STC15W4K32S4系列单片机实验箱,选用该机型也方便了各高校选用教材。

（2）**通用设计方法**。选用STC公司技术成熟、功能齐全的STC15W4K32S4系列单片机为教学机型,力求文字精练、通俗易懂、深入浅出,侧重学习通用的单片机系统设计方法。当读者可以熟练操作后,再换不同型号的单片机进行系统设计时,只需要查阅技术手册、熟悉开发环境,即可对新型号单片机进行操作。

（3）**快速入门**。本书面向单片机初学者,不唯"周、大、全",力盼"精、简、经典",帮助学生理解、消化、巩固课堂所学内容。本书采用C语言教学,该语言易学易用,移植性和通用性好。作为从零开始学习单片机的初学者,学习基于8051内核的8位STC单片机C语言编程最容易上手。因此本书采用经典8051单片机、C语言,再配合典型例题,力求在有限的学时内把学生引领入门。

（4）**主线清晰**。不再沿袭技术手册和大部分单片机教科书"列寄存器-逐个位分析"的讲解方式。以寄存器为主线,读者容易被各控制位、标志位凌乱的排列扰乱思绪。本书以各模块的工作原理为主线,理清编程思路和流程,突出信号处理过程的重要地位。通过在信号处理过程中分析如何运用各控制位、标志位,帮助读者在心中对每个模块形成一幅思维导图,快速掌握每个模块的应用方法。

（5）**难度适中**。本书内容难度定位适中,教学资料完备,适合作为教材,也适合自学入门使用。本书注重原理与应用相结合,剔除了不必要的理论论述;从C语言入手学习单片机,绕过晦涩难懂的汇编语言,避免打击初学者学习单片机的热情。第2章即讲解了单片机系统的基本开发方法,掌握后可对后续章节的每个范例程序进行实践。书中每个例题都给出了所有语句的注释,以及关键步骤的流程图,可使读者更顺利地读懂整个程序。每个例题的程序运行起来都是肉眼可观察的,以提升学生的学习兴趣。

全书共分为9章。第1章介绍单片机基础知识,让读者对单片机有一个初步认识;第2、3章介绍单片机系统开发环境、软件编程C51语言;第4章介绍STC15系列单片机的硬件结构;第5章介绍STC15系列单片机I/O接口的应用;第6章介绍单片机的中断系统;第7章介绍单片机的定时器/计数器模块;第8章介绍单片机模拟信号和数字信号的应用;第9章介绍单片机数据传输的应用。

本书有以下几点学习建议。

（1）**建立实践环境**。本书例题基于STC公司官方STC大学计划实验箱4原理图开发,读者可运用此实验箱边学习边实践,少部分例题需要额外连接扩展板,扩展板原理图可参考附录E。若无该实验箱或有其他型号的实验箱,可参考例题电路原理图或附录D,自行搭建实践环境。另外,本书大多数例题可以运用Proteus 8.9以上版本仿真,读者也可以尝试仿真。

（2）**每例皆实践**。阅读第1章对单片机有了初步认识后,建议学习第2章并按照其中的方法自行建立单片机系统开发环境,可遵循第2章的具体步骤,熟悉单片机系统的开发方法,之后即可对后续章节的每个范例程序进行实践,以提高学习效果。

（3）**获取教学资料**。通过超星学习通,向选用本书的任课教师无偿提供电子课件、例题效果视频、例题程序源代码、作业库（包含实验）、试卷库等,方便教师教学。

本书由广州城市理工学院的邓筠、陈崇辉以及华南理工大学的王智东编著,由STC单片机创始人姚永平先生担任主审。在本书编写过程中得到了赵杰院长、张郡副院长以及沈娜副院长的大力支持,还得到了很多领导和教师的无私帮助,同时,汲取了很多同行的可行性建议和改进措施,在此一并表示衷心的感谢。另外,还要向所引用文献资料的作者、所参考和借鉴网络资源的作者表示诚挚的感谢。

由于编者水平有限,书中难免有疏漏和不妥之处,恳请读者批评指正。选用本书作为教材的教师,可扫描下方二维码下载教学资料等,也欢迎各位读者进一步沟通与交流。

编　者

2022年4月于广州

PPT教学课件和范例程序

CONTENTS ↗ 目 录

第 1 章

单片机概述

学习目标

➤ 熟悉单片机的概念。

➤ 熟悉微型计算机的基本结构及每部分的作用(重点)。

➤ 了解单片机所使用的编程软件。

➤ 了解单片机的分类与发展。

➤ 掌握二进制、十进制、十六进制之间的转换方法(重点、难点)。

单片机是单片微型计算机(Single Chip Microcomputer,SCM)的简称,具备对信号的可编程处理功能。随着半导体技术和计算机技术的飞速发展,单片机以其体积小、可靠性高、运用灵活、性价比高等优点,已成为工业控制、仪器仪表、家电自动化、智能化等各个领域不可或缺的重要元素。单片机一般起控制作用,所以又称为微控制器(Micro Controller Unit,MCU)。

1946 年,第一代计算机——电子管计算机诞生,从此,计算机技术飞速发展。在经历了电子管计算机、晶体管计算机、集成电路计算机三代发展后,1967 年和 1977 年分别出现了大规模和超大规模集成电路,由大规模和超大规模集成电路组装成的计算机,被称为第四代计算机。第四代计算机朝着巨型计算机和微型计算机方向发展。巨型计算机是指为了适应尖端科学技术的需要,发展出的高速度、大存储容量和功能强大的超级计算机。微型计算机是为了给人们提供便捷的服务,发展出的体积小、成本低的计算机。单片机属于微型计算机的一种。

微型计算机是硬件和软件的综合体,同样的,单片机也是硬件和软件的综合体。下面从硬件和软件两个角度对单片机进行介绍。

1.1 单片机的硬件

1.1.1 微型计算机的结构

微型计算机从第一代发展到如今的第四代,其结构也经历了逐步演化的过程。

1. 冯·诺依曼结构

1946年，匈牙利数学家冯·诺依曼提出了"程序存储"和"二进制运算"的思想，构建了由运算器、控制器、存储器、输入设备和输出设备组成的经典计算机结构，称为冯·诺依曼结构，如图1-1所示。计算机从第一代发展到如今的第四代，其结构始终遵循冯·诺依曼结构。

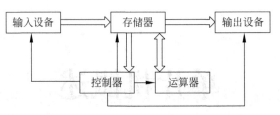

图 1-1　计算机的冯·诺依曼结构

2. 微型计算机总线型结构框架

1971年，Intel公司的特德·霍夫将运算器、控制器以及一些寄存器集成在一块芯片上组成微处理器（CPU），形成了以微处理器为核心的微型计算机总线型结构框架，如图1-2所示。

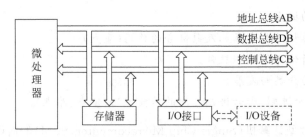

图 1-2　微型计算机总线型结构框架

（1）微处理器（CPU）。微处理器是微型计算机的核心部分，由运算器和控制器两部分组成。运算器主要负责数据的算术运算和逻辑运算。控制器是发布命令的"决策机构"，负责协调和指挥整个计算机系统操作。

（2）存储器。存储器由程序存储器和数据存储器两部分组成。程序存储器用于存储程序和一些固定不变的常数及表格数据，一般由只读存储器（ROM）组成。数据存储器用于存储运算中输入/输出数据或中间变量数据，一般由随机存取存储器（RAM）组成。

（3）输入/输出接口（I/O接口）。输入/输出接口是微型计算机与输入/输出设备（简称外设，如键盘、显示器等）连接的桥梁，作用是保证CPU与外设之间协调地工作。

（4）总线（Bus）。总线是微型计算机各种功能部件之间传送信息的公共通信干线，它是由导线组成的传输线束。按照计算机所传输的信息种类，计算机总线可以划分为地址总线（Address Bus，AB）、数据总线（Data Bus，DB）和控制总线（Control Bus，CB），分别用来传输数据地址、数据和控制信号。

1.1.2　微型计算机的应用形态

从应用形态上，微型计算机分为系统机与单片机。

1. 系统机

系统机是将 CPU、存储器、I/O 接口和总线组装在一块主机板(即微机主板)上,再通过系统总线和其他外设适配卡连接输入/输出设备(键盘、显示器、打印机、硬盘驱动器及光驱等)的计算机。

目前人们广泛使用的个人计算机(PC)就是典型的系统机。系统机的人机界面友好、功能强、软件资源丰富,通常用于办公或家庭的事务处理及科学计算,属于通用计算机,现在已成为社会各领域中最为通用的工具。系统机的发展追求的是高速度、高性能。

2. 单片机

单片微型计算机(简称单片机或称微控制器)是将微型计算机的基本组成部分(CPU、存储器、I/O 接口及总线)集成在一块芯片中而构成的计算机。

单片机的应用是嵌入到控制系统(或设备)中的,属于专用计算机,也称为嵌入式计算机。单片机应用讲究的是高性能价格比,根据控制系统任务的规模、复杂性,选择合适的单片机。因此,高、中、低档单片机是并行发展的。

1.1.3　51 单片机的基本结构

51 单片机是单片机中应用颇为广泛的一类,其结构由微型计算机总线型结构框架演变而来,如图 1-3 所示。51 单片机除了 CPU、存储器、I/O 接口、总线等微型计算机的基本结构外,还增加了振荡器及分频器、特殊功能寄存器、定时器/计数器、中断系统等模块。

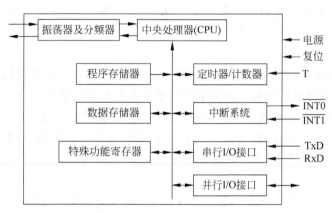

图 1-3　51 单片机基本结构

(1) 振荡器及分频器。单片机工作需要有一个稳定的时钟信号。传统的 51 单片机由外部的晶体振荡器产生稳定的时钟信号,近年出现的增强型 51 单片机增加了内部 R/C 时钟以产生稳定的时钟信号。时钟信号经由分频器处理后再提供给单片机 CPU 和内部接口。

(2) 特殊功能寄存器。单片机内部集成了若干功能模块,每个模块都有自己的控制寄存器。对所有功能模块的寄存器进行统一编址,组成了特殊功能寄存器(SFR)。特殊功能寄存器主要用来对单片机内各功能模块进行管理、控制和监控。

(3) 定时器/计数器。51 单片机集成了定时器/计数器模块,可通过对系统时钟计数达到定时(延时)的目的。其参数可通过编程来控制,使用方便,可用作定时(延时)器、分频器、波特率发生器等。该模块还可对外部输入信号进行计数,用于事件记录。

(4) 中断系统。中断是指 CPU 执行程序过程中,外部或内部发生了随机事件,通过硬件打断程序的执行,使 CPU 转为执行中断服务函数,当处理结束后 CPU 再返回到被暂停程序的断点处,按照原来的流程继续执行程序。实现这种中断功能的硬件系统和软件系统统称为中断系统。中断系统在实时控制、故障处理、单片机与外设间传送数据以及实现人机交互等情景下被广泛应用。

在图 1-3 的基础上,51 单片机经过了几十年的发展,逐步增加了内部资源(外部中断、定时器/计数器、I/O 接口等)的数量,也逐步将单片机系统常用的模块(A/D 模块、PWM 模块等)集成在了单片机中,使单片机系统的设计更简便、成本更低。由此产生了多个厂家多种型号的单片机。本书学习的 STC15W4K32S4 系列单片机即是一种增强型 51 单片机,在片内资源、性能以及工作速度、编程技术等方面都较传统 51 单片机有长足的发展,其具体结构将在第 4 章详细说明。

1.2　单片机的软件

单片机是硬件和软件的综合体。1.1 节介绍了单片机的硬件部分,但硬件只有在软件的指挥下才能发挥其效能。

1. 指令

指令是规定计算机完成特定任务的命令,单片机根据指令指挥与控制计算机各部分协调工作。

2. 程序

程序是指令的集合,是解决某个具体任务的一组指令。要运用单片机完成某个工作任务,人们必须事先将计算方法和步骤编制成由逐条指令组成的程序,并预先将它以二进制代码(机器代码)的形式存放在程序存储器中。单片机的工作过程就是执行程序的过程。计算机执行程序是逐条指令执行的。执行一条指令的过程分为 3 个阶段,即取指、指令译码、执行指令。每执行完一条指令,自动转向下一条指令执行。

3. 编程语言

计算机程序通常用某种计算机编程语言编写。计算机编程语言能够实现人与机器之间的交流和沟通,由字、词和语法规则构成指令系统。计算机编程语言主要包括机器语言、汇编语言及高级语言。

(1) 机器语言。机器语言是用二进制代码表示的,是机器能直接识别和执行的语言,用机器语言编写的程序称为目标程序。机器语言具有灵活、直接执行和速度快的优点,但可读性、移植性以及重用性较差,编程难度较大。

(2) 汇编语言。汇编语言用英文助记符描述指令,是面向机器的程序设计语言。采用汇编语言编写程序,既保持了机器语言的一致性,又增强了程序的可读性,并且降低了编写难度。汇编语言生成的目标程序占用存储空间小、运行速度快,具有效率高、实时性强的特点,适合编写短小、高效的实时控制程序。

(3) 高级语言。高级语言采用自然语言描述指令功能,与计算机的硬件结构及指令系统无关。它有更强的表达能力,可方便地表示数据的运算和程序的控制结构,能更好地描述各种算法,且用其编写的程序的阅读、修改及移植比较容易,适合编写规模较大的程序,尤其适合编写运算量较大的程序。

单片机主要采用汇编语言和 C51 语言(高级语言 C 语言的一种)编程,所编写的程序机器不能直接识别,还要由编译器转换成机器指令组成的目标程序,烧录至单片机运行。相较于汇编语言,C51 语言有更强的表达能力,阅读也比较容易,适合初学者学习,因此本书采用 C51 语言教学。

1.3　单片机的分类

随着半导体技术及大规模集成电路技术的发展,单片机在各个方面发展出了多种类型。

1. 数据总线宽度

数据总线宽度标志着 CPU 一次交换数据的能力,反映 CPU 的运算速度。

8 位单片机是目前品种最为丰富、应用最为广泛的单片机。目前,8 位单片机主要分为 51 系列和非 51 系列单片机。51 系列单片机的特点是总线开放、通用性较强、采用复杂指令 (CISC)结构、开发难度较低、性价比较高,在市场上占据主导地位。

16 位单片机操作速度及数据吞吐能力在性能上比 8 位单片机有较大提高。

32 位单片机与 8 位单片机相比,运行速度和功能大幅提高,随着技术的发展以及价格的下降,在高端应用(图像处理、通信)中越来越普及。

2. 通用型/专用型

单片机按适用范围可分为通用型和专用型。例如,89C51 是通用型单片机,它不是为某种专门用途而设计的;专用型单片机是针对一类产品甚至某一个产品而设计生产的。

3. 典型单片机产品

1) 8 位通用型 8051 内核单片机

由美国 Intel 公司生产的 MCS-51 系列单片机构成了 8051 单片机的标准。市场上典型的 8051 单片机产品主要有以下几种。

(1) STC 公司(原南通国芯微电子有限公司,STC 宏晶科技)的 STC 系列单片机。

(2) 荷兰 PHILIPS 公司的 8051 内核单片机。

(3) 美国 Microchip 公司(已收购 Atmel 公司)的 89 系列单片机。

2) 其他单片机

(1) 意法半导体 ST 公司的 STM32 系列 32 位单片机。

(2) 恩智浦半导体(NXP)公司(已收购 Freescale 飞思卡尔公司)的系列单片机产品。

(3) 美国 Microchip 公司的 PIC 系列单片机、AVR 系列单片机。

(4) 美国 TI 公司的 MSP430 系列 16 位单片机。

(5) 日本 Renesas 公司的系列单片机产品。

在应用选型时,应根据单片机系统的实际需求,选择合适的单片机。即①单片机内部资源应尽可能满足单片机的要求,同时减少外部接口电路;②选择片内资源时遵循"够用"原则,极大地保证单片机应用系统的高性能价格比和高可靠性。

1.4　单片机的发展

从诞生至今,单片机在各个维度都不断地更新换代,发展势头迅猛。

1. 数据总线的宽度

单片机从 4 位机发展到了 8 位机、16 位机、32 位机。随着半导体技术及大规模集成电路技术的发展,8 位、16 位、32 位单片机都得到了长足的发展。在低成本的电子产品领域,8 位单片机占主导地位,而在采用彩色显示器件及触摸屏技术作为人机交互界面的产品中,则更多使用 32 位单片机作为主控制器。

2. 片内程序存储器的发展

单片机在程序存储器方面广泛使用了片内程序存储器技术,出现了片内集成 EPROM、EEPROM、FlashROM 以及 MaskROM、OTPROM 等各种类型的单片机,以满足不同产品开发和生产的需要,也为最终取消外部程序存储器扩展奠定了良好的基础。

3. 加强输入/输出功能

某些单片机具备多功能的输入/输出接口,可直接驱动荧光显示器、LCD 和 LED;某些单片机增加了新型接口,如触摸按键接口;还有一些单片机增加了接口数量。这些对输入/输出功能的加强设计,可以更好地满足单片机系统的设计要求。

4. 单片机制造工艺提高

半导体制造工艺的提高,使单片机的体积可以做得更小、时钟频率更高,可以集成更多的存储器和部件,降低产品的价格。

5. 在线编程和调试技术

随着技术的进步,越来越多的单片机芯片开始支持 ISP(In System Programmer,在系统可编程技术)功能。利用 ISP 功能,可将空白的(尚未编程的)芯片直接焊接在印制电路板上,利用预先留下的几个 I/O 接口即可对芯片进行编程,而不必将芯片拆下来放到编程器上。这给小批量生产带来了极大的方便,也省去了购买编程器的成本。

6. 节电模式

在节电模式下,CPU 和部分部件进入睡眠状态,但片内 RAM 和寄存器等部件保持工作状态,以达到节能的目的。

7. 看门狗定时器

单片机在运行时由于干扰等原因,可能会出现软件混乱。一些单片机集成了看门狗定时器。看门狗电路就是在 CPU 处于软件混乱时使系统正常工作的一种电路。

1.5　数制与编码

单片机是运用冯·诺依曼提出的"二进制运算"思想设计的微型计算机,其硬件电路对数据的存储、运算、传输都是基于二进制的,而程序编写一般采用十进制、十六进制。因此,掌握单片机常用数制之间的转换方法是学习单片机的基础。

1.5.1　数制

数制就是计数的方法,通常采用进位计数制。在单片机设计中,一般情况使用整数,所以在此只讨论整数的情况。表 1-1 所示为常用数制的计数规则与表示方法。

表 1-1 常用数制的计数规则与表示方法（整数）

进位制	计数规则	基数	各位的权	数码	权值展开式	表示法		
						前缀字符	后缀字符	下标
二进制	逢二进一借一当二	2	2^i	0、1	$\begin{aligned}&(b_{n-1}b_{n-2}\cdots b_2b_0)_2\\&=\sum_{i=0}^{n-2}b_i\times 2^i\end{aligned}$	0B	B	$(\ )_2$
十进制	逢十进一借一当十	10	10^i	0、1、2、3、4、5、6、7、8、9	$\begin{aligned}&(d_{n-1}d_{n-2}\cdots d_1d_0)_{10}\\&=\sum_{i=0}^{n-2}d_i\times 10^i\end{aligned}$	0D	D	$(\ )_{10}$
十六进制	逢十六进一借一当十六	16	16^i	0、1、2、3、4、5、6、7、8、9、A、B、C、D、E、F	$\begin{aligned}&(h_{n-1}h_{n-2}\cdots h_1h_0)_{16}\\&=\sum_{i=0}^{n-2}h_i\times 16^i\end{aligned}$	0X	H	$(\ )_{16}$

注：i 是数码在数字中的位置，i 值是以小数点为界，往左依次为 0、1、2、3…。

日常生活中通常采用十进制表达数据，一般前缀、后缀均缺省，例如，2.58、0、-369。若需用其他数制表达数据，则一般用下标法表示，例如，$(10011110)_2$、$(7F2)_{16}$。

单片机硬件电路采用的是二进制，分析硬件时一般采用后缀法，例如，11010110B。为了更好地记忆与描述，也可用十六进制表达地址、数据，表示时可用前缀法或后缀法，例如，0X6A、9AH。

在单片机程序中，汇编语言常采用十六进制表达地址、数据，也可用二进制、十进制。采用十进制时一般前缀、后缀均缺省；采用二进制、十六进制时一般采用后缀法，例如，10010010B、7FH。C51 语言通常采用十进制和十六进制表达数据，用十进制时一般前缀、后缀均缺省；用十六进制时一般采用前缀法，但对大小写不敏感，即 0X6A 可以写成 0x6A、0X6a、0x6a，它们对编译系统来说是一样的。

任意数制之间的相互转换，整数部分和小数部分必须分别进行。在单片机设计中，一般情况下使用整数，所以在此只讨论整数的情况。各进制的相互转换关系如图 1-4 所示。

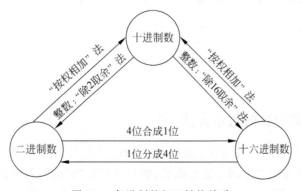

图 1-4 各进制的相互转换关系

1．二进制与十进制之间的转换

二进制整数转换为十进制数,只需将二进制数按权值展开式展开相加,所得数即为十进制数。例如:

$$(10011110)_2 = 0 \times 2^0 + 1 \times 2^1 + 1 \times 2^2 + 1 \times 2^3 + 1 \times 2^4 + 0 \times 2^5 + 0 \times 2^6 + 1 \times 2^7$$
$$= 158$$

十进制整数转换为二进制数,用"除2取余"法。例如:

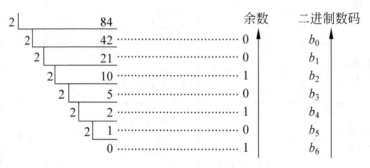

所以,$84 = (1010100)_2$。

2．二进制与十六进制之间的转换

二进制整数转换为十六进制数,以小数点为界,往左每4位二进制数用1位十六进制数表示,最高位不够用0补齐。例如:

$$(111010)_2 = (\underline{0011}\ \underline{1010})_2 = (3A)_{16}$$

十六进制整数转换为二进制数,每位十六进制用4位二进制数表示,再将最高位的0去掉。例如:

$$(2D9A)_{16} = (\underline{0010}\ \underline{1101}\ \underline{1001}\ \underline{1010})_2 = (10\ 1101\ 1001\ 1010)_2$$

3．十进制与十六进制之间的转换

十六进制整数转换为十进制数,可把十六进制整数先转换为二进制数,再转换为十进制数;也可将十六进制数按权值展开式展开相加,所得数即为十进制数,例如:

$$(3CB0)_{16} = 3 \times 16^3 + 12 \times 16^2 + 11 \times 16^1 + 0 \times 16^0 = 15536$$

十进制整数转换为十六进制数,可把十进制整数先转换为二进制数,再转换为十六进制数;也可用"除16取余"法,方法与"除2取余"法类似,例如:

$$
\begin{array}{r|r}
16 & 109 \\
\hline
16 & 6 \quad\cdots\cdots 13 \\
\hline
& 0 \quad\cdots\cdots 6
\end{array}
$$

所以,$109 = (6D)_{16}$。

1.5.2　单片机中数的表示方法

若一个数据有正负,用一般书写格式(用"+"表示"正"、用"−"表示"负")表示的数称为真值。而单片机是使用二进制存储数据的,即只能存储"0"或"1",所以数的正负号在计算机中就数码化了,这种数码形式表示的数称为机器数。机器数的表示方法有原码、反码、补码等,举例如表1-2所示。

表 1-2 正数/负数的真值及原码、反码、补码

数的表示方法		x_1(正数)	x_2(负数)
真 值		+1011011B	−1011011B
机器数	原码	01011011B	11011011B
	反码	01011011B	10100100B
	补码	01011011B	10100101B

1. 原码

原码表示法规定最高位为"符号位"（用"0"表示"＋"、用"1"表示"－"），其余各位表示该数的绝对值。

2. 反码

正数的反码与其原码相同；负数的反码仅保持原码的符号位不变，数值位按位取反。

3. 补码

正数的补码与其原码相同；负数的补码等于其反码加1。

在单片机中，凡是带符号的数一律用补码表示及存储，运算时符号位参加运算，运算结果也是用补码表示，这为计算机进行算术运算提供了极大的方便。

1.5.3 字符编码

单片机不但需要处理数值型问题，还需要处理非数值型问题，如指令、数据的输入、文字的输入及处理等。因此，必须对字母、文字以及某些专用符号进行二进制编码，以便单片机进行识别、接收、存储、传送及处理。单片机系统的字符编码多采用美国信息交换标准代码——ASCII（American Standard Code for Information Interchange）码，详见附录 A。ASCII 码是 7 位代码，共有 128 个字符。其中 94 个是图形字符，可在字符印刷或显示设备上打印出来，包括数字符号 10 个、英文大小写字母共 52 个以及其他字符 32 个；另外 34 个是控制字符，包括传输字符、格式控制字符、设备控制字符、信息分隔符和其他控制字符，这类字符不打印、不显示，但其编码可进行存储，在信息交换中起控制作用。

我国于 1990 年制定了国家标准——《信息处理交换用的 7 位编码字符集》（GB 1988—80），其中除了用人民币符号"￥"代替美元符号"＄"外，其余与 ASCII 码相同。

本章小结

单片机技术发展迅猛，应用广泛。虽然单片机技术缺乏统一的标准，但 51 单片机的基本工作原理是一样的，主要区别在于包含的资源不同、编程语言的格式不同。当使用 C51 语言进行编程时，编程语言的差别就更小了。因此，只要学好一种 51 单片机，使用其他 51 单片机时，只需仔细阅读相应的技术文档就可以进行项目或产品的开发。

单片机硬件对数据的存储、运算、传输都是基于二进制的，而编写程序过程中常用十进制、十六进制。因此，想要得心应手地在单片机中用软件控制硬件，必须熟悉二进制、十进制、十六进制之间的转换方法。

第 2 章

单片机系统及其开发环境

学习目标

➢ 熟悉单片机最小系统。

➢ 掌握编译软件 Keil μVision 5 的基本应用(重点)。

➢ 了解 STC 单片机在系统编程硬件电路。

➢ 掌握烧录软件 STC-ISP 的基本应用(重点)。

➢ 掌握仿真软件 Proteus 的基本应用(重点)。

单片机系统是硬件和软件的结合体,本章将学习运用单片机系统的软硬件结合,开发单片机系统的基本步骤。首先在 2.1 节讲解单片机系统的硬件组成。在单片机系统的开发过程中,需要使用一些软件来辅助设计。2.2 节讲解运用 Keil μVision 编译软件完成单片机程序的编写、编译、连接、生成可执行文件等操作。生成可执行文件后,需将其烧录至单片机以进行调试、运行。2.3 节讲解 STC 单片机在系统编程的硬件电路及程序烧录软件 STC-ISP。除了实物调试,也可以运用仿真软件对单片机系统进行仿真,2.4 节讲解电路分析与实物仿真软件 Proteus,此软件可对单片机系统进行仿真。以上软件经过多年发展,日趋成熟,其强大的功能可以满足单片机系统设计时的各种需求,而本书面向的是入门级的学习需求,因此本章将讲解这些软件的基本操作。

本书所有操作、示例都是基于 STC 公司 STC15W4K32S4 系列的 IAP15W4K58S4 单片机,本章虽未深入探究此单片机,但经过对单片机系统及其开发方法的学习,对后续章节的实例学习,都可以运用本章知识进行实践以快速提升学习效果。

2.1 单片机系统

单片机系统是以满足用户需求为目标,以单片机为核心且辅以外围模块、器件组合而成,硬件和软件相结合的系统。

2.1.1 单片机最小系统

单片机最小系统是指用最少的元器件组成的、可以工作的单片机系统。对于 STC15W4K32S4 系列单片机,其最小系统仅包含单片机、电源电路两部分,如图 2-1 所示,单片机的外接电路皆为电源电路部分。

开发时单片机系统常与 PC 的 USB 连接,+5V 电源可以从 PC 的 USB 取电,而形成产品后,单片机系统通常不与 PC 的 USB 相连,此时可以从其他 +5V 电源取电。供给单片机的电源应该是经过整流、滤波、稳压得到的稳定电源,以保证单片机的工作电压稳定。

在图 2-1 中,单片机电源端和接地端之间接有退耦电容,设计 PCB 时,退耦电容应尽量靠近 V_{CC} 和 Gnd 引脚,并用粗短的线连接,以提高单片机抗干扰能力。对于电容 C_2,若单片机时钟频率较高,建议 C_2 设置为 $0.01\mu F$;若单片机时钟频率较低,建议电容 C_2 设置为 $0.1\mu F$。

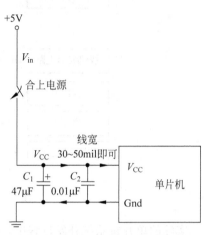

图 2-1 STC15W4K32S4 系列单片机最小系统

图 2-1 所示为 STC15W4K32S4 系列单片机最小系统,在单片机系统设计中是基本不变的,因此在后续的系统设计示例中不再画出,默认单片机已接好电源电路。

不同型号的 51 单片机,其最小系统大同小异,除了单片机、电源电路外,还可能包含晶振电路、复位电路。对时钟要求较高的单片机系统,需要外接晶振电路产生单片机时钟信号;对时钟要求不高的单片机系统,若单片机内部集成了 R/C 时钟,可直接运用此时钟产生单片机时钟信号而无须外接晶振,如 STC15W4K32S4 系列单片机。复位电路在单片机上电时起延时作用进而达到上电复位的目的,而一些单片机内部已经集成了上电复位,因此不需要再外接复位电路即可工作,如 STC15W4K32S4 系列单片机。其他型号的 51 单片机最小系统可参考该型号单片机的芯片手册。

2.1.2 面向开发的单片机系统

图 2-2 是面向开发的单片机系统框图。在开发单片机系统时,需要不断调试系统以达到最佳使用效果,调试过程中"烧录单片机程序"是最频繁的操作。早期是使用专用烧录工具,但每次烧录程序都需要拆装单片机,效率极低,而且对于贴片单片机来说无法实现频繁拆装。目前的 STC 单片机可实现在系统编程,即单片机安装在单片机系统中,无须拆下即可烧录程序,因此面向开发的单片机系统一般需要"程序烧录电路"模块。

单片机系统的开发是以满足用户需求为目标的,因此在单片机最小系统基础上,应增加一些输入电路、输出电路、辅助电路,如图 2-2 所示。按键/键盘电路可接收用户的命令;传感器电路可将某个物理量(温度、湿度等)转化为电信号传输给单片机;时钟芯片可向单片机提供日期、时间信息,在单片机内部存储空间不足时还可外接数据存储芯片以满足需求。输入的数据经过单片机内部运行程序、内部各模块协同工作处理后,可通过 I/O 接口控制

LED、数码管、液晶等器件显示用户所需的信息,也可将信息传输到 PC、另外一个单片机系统、手机等设备进行二次处理或显示,还可以驱动电机运行。

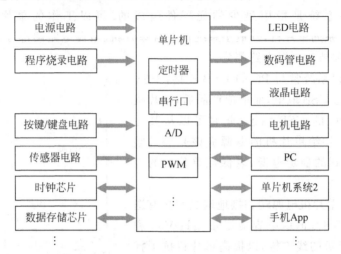

图 2-2　面向开发的单片机系统

实际的单片机系统开发过程中,可参考图 2-2 设计单片机系统,其中的内部存储空间会根据单片机型号的不同而有所不同,而外接数据存储芯片应按用户需求适当增减。设计过程中还应考虑系统的可靠性、性能价格比、操作/维护难度、可持续生产性、可扩展性等因素。

2.1.3　面向用户的单片机系统

单片机系统设计完成后要面向用户形成产品,面向用户的单片机系统(即产品)与面向开发的系统大致相同。

单片机系统的开发过程中需要“程序烧录电路”模块来调试系统,但用户产品一般不需要此模块,可以设计一个简易的调试接口来代替,在产品需要调试/返修时再外接“程序烧录电路”模块。

若用户是科研人员或学生,需要此产品用作单片机相关科研或学习,此产品即单片机开发板或学习板,这种情况下一般可在产品内保留固定的“程序烧录电路”模块以方便调试。

2.2　Keil μVision 5 编译软件的应用

2.2.1　概述

Keil μVision 是美国 Keil Software 公司出品的 51 系列兼容单片机 C 语言软件开发系统,它集编辑、编译、仿真于一体,支持汇编语言和 C 语言的程序设计,界面友好,易学易用。本节学习使用 Keil μVision 5 对 C51 程序编辑、编译连接、生成可执行文件等的基本方法。

图 2-3 是 Keil μVision 5 程序界面,主要由工程窗口、编辑窗口、编译输出窗口和菜单栏、工具栏等组成。

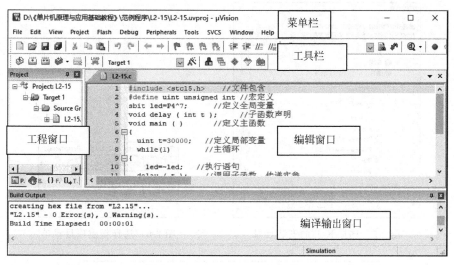

图 2-3　Keil μVision 5 程序界面

2.2.2　Keil μVision 5 基本使用方法

1. 添加 STC 数据库

Keil μVision 5 的数据库中不带 STC 单片机的数据,为了项目中能直接选择 STC 单片机,需手动加入数据。

（1）关闭 Keil μVision 5。

（2）打开 STC 单片机在系统编程软件 STC-ISP。

（3）如图 2-4 所示,选择"Keil 仿真设置"选项卡,单击"添加型号和头文件到 Keil 中　添加 STC 仿真器驱动到 Keil 中"按钮。

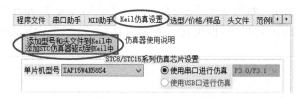

图 2-4　"Keil 仿真设置"页面

（4）如图 2-5 所示,选择 Keil 的安装目录（如 C:\Keil_v5）,该目录下必须有 C51 目录和 UVx 目录存在。单击"确定"按钮,即把 STC 当前所有系列及其头文件、仿真器驱动等信息添加到 Keil 中。

2. 建立一个新项目

（1）选择新建项目菜单。如图 2-6 所示,在 Keil μVision 5 的菜单栏中选择 Project→New μVision Project 命令。

（2）保存项目。如图 2-7 所示,在 Create New Project 对话框中选择项目保存的路径,输入工程名,单击"保存"按钮。建议新建工程保存在一个新建的文件夹中,并把与此工程有关的所有文件（源程序.c 及仿真工程.pdsprj 等）都保存在同一文件夹,避免跟其他工程混淆。

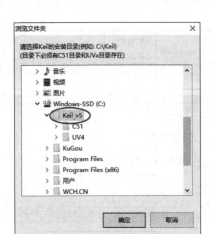

图 2-5　选择 Keil 的安装目录

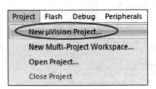

图 2-6　选择新建项目菜单

图 2-7　保存项目文件对话框

（3）选择单片机型号。如图 2-8 所示，在 Select Device for Target 'Target 1'对话框中选择 STC MCU Database 数据库，即可在下方窗口选择 STC15W4K32S4 Series 选项，单击 OK 按钮。

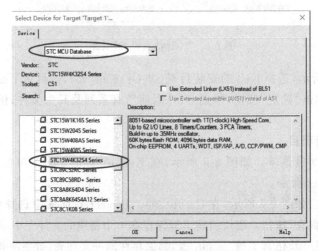

图 2-8　选择单片机型号

（4）添加启动文件。如图 2-9 所示，弹出窗口询问"Copy 'STARTUP. A51' to Project Folder and Add File to Project ?"，即"是否将启动文件 STARTUP. A51 添加到项目中"，一般单击"否"按钮即可，也可单击"是"按钮。至此，成功建立新项目。

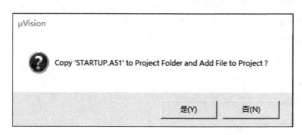

图 2-9　添加启动文件

（5）设置输出可执行文件。如图 2-10 所示，在 Project 窗口，右击 Target 1，选择右键菜单中的 Options for Target 'Target 1'命令，弹出如图 2-11 所示选项窗口。在 Output 选项卡中，勾选 Create HEX File 复选框 ，单击 OK 按钮。完成此项设置之后，每次编译过程中软件都会自动生成. hex 可执行文件。

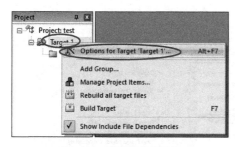

图 2-10　设置"目标 1"

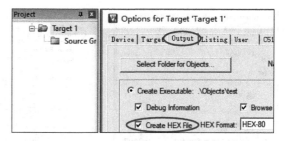

图 2-11　设置输出可执行文件

3. 对新的源文件进行编辑/编译

（1）新建源文件。如图 2-12 所示，在 Project 窗口右击 Source Group 1 选项，选择 Add New Item to Group 'Source Group 1'命令即弹出图 2-13 所示的对话框。选择 C File(. c)选项，输入源文件名称，选择源文件保存路径（一般选择与步骤 2(2)一致的路径以避免与其他项目混淆），单击 Add 按钮即完成源文件的新建、加入 Source Group 1 的工作。

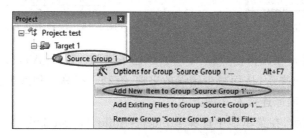

图 2-12　在源文件组新建源文件

（2）设置中文输入。如图 2-14 所示，在菜单栏中选择 Edit→Configuration 命令进入配置对话框，如图 2-15 所示。在 Editor 选项卡的 Encoding 下拉列表框中选择 Chinese GB2312 (Simplifild)选项，单击 OK 按钮。完成此步骤后，在编辑过程中即可用中文输入注释。

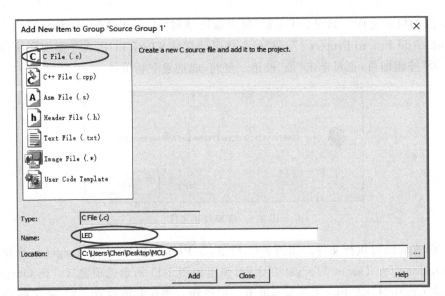

图 2-13　输入新建文件信息

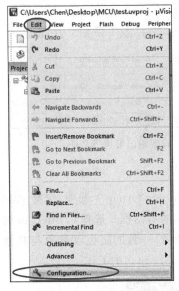

图 2-14　选择配置命令

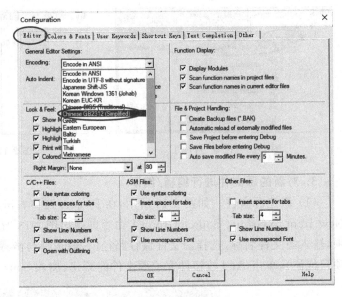

图 2-15　设置中文输入

（3）编辑源文件。在编辑窗口输入 C51 源程序代码。Keil μVision 5 会自动识别关键字，并以不同颜色给出提示，从而减少错误的出现，有利于提高编程效率。

（4）编译连接。编译连接有 3 种方式。

① 如图 2-16 所示，在菜单栏中选择 Project→Build Target 命令。

② 如图 2-16 所示，单击 按钮。

③ 按 F7 键。

以上任何一种方式皆可对目标进行编译连接，之后可以在 Build Output 窗口查看编译连接信息。

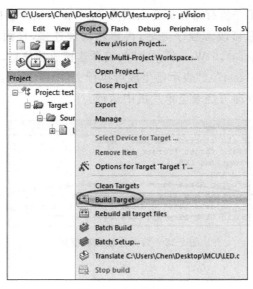

图 2-16 编译连接

（5）修改程序。如图 2-17 所示，在 Build Output 窗口显示了编译连接失败信息，失败原因会被详细列出，此时可以双击任意一条错误信息，则光标自动定位出错行。

在图 2-17 所示例子中，双击"LED.c(1)：warning C318：can't open file 'stc51.h'"，光标自动定位到第 1 行，警告原因是 Keil 在自身的库中和项目所在文件夹中都没有找到 stc51.h 这个文件，解决方法是将第 1 行修改成 ♯include＜stc15.h＞。第 2 行、第 5 行错误都是源于第 1 行的警告，只要第 1 行问题已修正，再次编译时第 2 行和第 5 行就不会出现错误信息。双击"LED.c(6)：error C141：syntax error near 'while'，expected ';'"，光标自动定位到第 6 行，但其实出错原因是第 5 行行尾缺";"符号，因此修改程序时不应局限在报错的行，有时应该"联系上下文"查找错误。修改上述错误之后再次编译，提示 warning，光标不会自动定位，检查程序发现主函数 main 错误拼写成 mian，修改后再次编译便不会提示 warning。

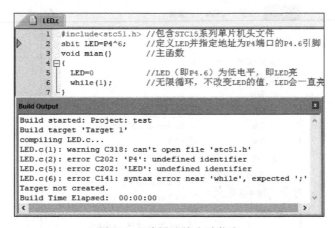

图 2-17 编译连接失败信息

图 2-17 是在例 3-1 基础上稍作修改以展示错误和警告信息，编译连接中的失败情况无法在此全部列出。总之，warning 通常是头文件、函数首部等与文件、函数相关的语句出现

必须修改的错误，或者"不是所有路径都有返回值"等不影响编译连接的警告；error 通常是语法错误。参照失败信息修改源程序之后，再重新编译连接，直到如图 2-18 所示在 Build Output 窗口出现"0 Error(s)，0 Warning(s)"的编译连接成功信息，此时也会提示"creating hex file from ".\Objects\test"..."表示已生成可执行文件 test.hex，其路径在当前文件夹的 Objects 文件夹中，此文件即可烧录至单片机中运行。

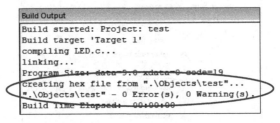

图 2-18　编译连接成功信息

4．其他操作

（1）向工程添加已存在的源文件。在 Project 窗口右击 Source Group 1，选择右键菜单中的 Add Existing Files to Group 'source Group 1'命令，在弹出窗口中选择需添加的文件，再单击 Add→Close 即可。

（2）从工程移除一个源文件。在 Project 窗口中右击需移除的源文件（如本节的 LED.c），选择右键菜单中的 Remove File 'LED.c'命令即可。

（3）包含一个不在 Keil 数据库的头文件。程序编写常运用"模块化"思想，即将某个较常用又较复杂的 C51 程序段（如第 5 章学习的数码管串行动态显示程序）单独保存在一个文件中，在其他 C51 程序需要使用时只需要包含该文件即可。这种情况应完成两个步骤：①复制被包含的文件，粘贴到当前工程所在文件夹，如图 2-19 所示；②在 C51 程序中用预处理命令♯include 包含该文件。

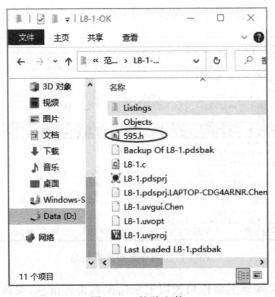

图 2-19　粘贴文件

（4）开发新项目。完成一个工程后建议先关闭当前工程，再在另一个文件夹新建工程以开始新项目的开发。关闭当前工程的方法：在菜单栏选择 Project→Close Project 命令。

（5）显示工具栏和窗口。工具栏和窗口可以随时关闭和显示。显示方法：在菜单栏选择 View，再选择需显示的工具栏或窗口。图 2-20 用中文标出了常用的工具栏和窗口。

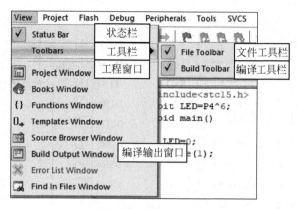

图 2-20　"视图"菜单

2.3　STC 单片机在系统编程

STC 单片机具有在系统可编程（ISP）特性。ISP 的优点如下。

（1）由于可以在用户的目标系统上将可执行文件直接烧录至单片机查看运行结果，故无须仿真器。

（2）省去购买烧录工具的成本。单片机在用户的目标系统上即可烧录可执行文件，而无须将单片机从已生产好的产品上拆下，再用烧录工具将程序代码烧录进单片机内部。

（3）有些程序尚未定型的产品可以边生产边完善，加快了产品进入市场的速度，减少了新产品由于软件缺陷带来的风险。

2.3.1　STC 单片机在系统编程硬件电路

早期是通过 PC 的 RS-232 串口与单片机的串口进行通信，但目前大多数 PC 已没有 RS-232 接口。现今常用的是 USB-串口转换在系统编程电路转换方案，采用 CH340G/CH341 或 PL2303 作转换芯片。还有一种是 STC15W4K 系列及 IAP15W4K58S4 单片机的 USB 直接烧录编程电路。

在此介绍"官方 STC15 单片机实验箱 4"采用的方案，即运用 CH340G 的 USB-串口转换在系统编程方案，电路如图 2-21 所示。其中，P3.1、P3.0 同时是 STC 单片机串口 1 的发送端和接收端；P3.1、P3.0 外接电阻、二极管，其作用是防止 USB 器件给目标芯片供电。D+、D− 是 PC 的 USB 接口数据端。

USB 转串口驱动程序可从 STC 单片机的官方网站（https://www.stcmcudata.com/）下载，文件名为 USB 转 RS-232 板驱动程序（CH341SER）。下载后启动程序，按照默认设置安装即可。

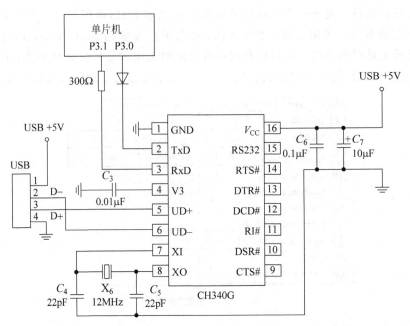

图 2-21　采用 CH340G 的 USB-串口转换在系统编程电路

2.3.2　STC 单片机在系统编程软件 STC-ISP 的应用

1. 烧录可执行文件

将 .hex 可执行文件烧录到单片机的程序存储器中后,单片机即可执行该程序。烧录也称为下载,为与"从互联网下载程序"区别,本书将此过程称为"烧录"。

利用 STC-ISP 在系统编程软件可进行 STC 单片机程序烧录。STC-ISP 在系统编程软件可从 STC 单片机的官方网站下载。运行 STC-ISP,弹出图 2-22 所示的程序界面,对界面左侧的选项进行设置即可完成 .hex 文件的烧录。基本步骤如下。

(1) 选择单片机型号,必须与单片机系统所使用的单片机型号一致。

(2) 按图 2-21 所示连接好在系统编程电路。驱动程序安装完成后,一般来说,"串口"选项会自动跳转至 USB-SERIAL CH340(COMx),如不会自动跳转则手动选择。

(3) 单击"打开程序文件"按钮,选择需烧录至单片机的 .hex 文件,其路径参考 2.2.2 小节步骤 3(1)。

(4) 单片机系统若使用外部时钟,则不勾选"选择使用内部 IRC 时钟"复选框;单片机系统若使用内部时钟,则勾选"选择使用内部 IRC 时钟"复选框,并选择主时钟频率(此频率对单片机内部的定时器、串行口等模块皆有影响)。

(5) 当单片机系统调试时勾选"当目标文件变化时自动装载并发送下载命令"复选框,则每次编译连接生成 .hex 可执行文件后,STC-ISP 自动进入烧录流程而无须步骤(6)。

(6) 单击"下载/编程"按钮进入可执行文件烧录流程,状态窗口显示"正在检测目标单片机…",此时给单片机重新上电即自动烧录。烧录完成后状态窗口显示"操作成功!",单片机运行刚刚烧录的 .hex 可执行文件。

以上为将 .hex 可执行文件烧录至单片机的基本操作步骤。STC-ISP 界面左侧还有很

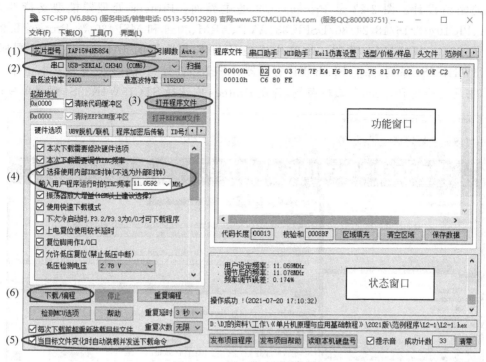

图 2-22　STC-ISP 程序界面

多选项在上述步骤中未被设置，即保留默认设置，在深入学习后可按需修改这些设置。

2. STC-ISP 在系统编程软件的其他功能

如图 2-22 所示，STC-ISP 在系统编程软件除能将.hex 可执行文件烧录至单片机外，还有其他强大的功能，在功能窗口可选择不同的功能页面。简单说明如下。

（1）串口助手。可作为 PC 串口的调试终端，用于观察 PC 串口发送与接收数据。

（2）Keil 仿真设置。一是向 Keil C 集成开发环境添加 STC 系列单片机机型，二是生成仿真芯片。

（3）头文件。提供 STC 各系列、各型号单片机的头文件，用于定义特殊功能寄存器。

（4）范例程序。提供 STC 各系列、各型号单片机的应用例程。

（5）波特率计算器。用于自动生成 STC 各系列、各型号单片机串口应用中设置波特率的程序段。

（6）定时器计算器。用于自动生成定时器的设置程序。

（7）软件延时计算器。用于自动生成延时程序。

（8）指令表。提供 STC 系列单片机的指令系统，包括汇编符号、机器代码、运行时间等。

功能窗口、左侧选项窗口还有很多可选择的功能页面，在深入学习后可尝试这些功能。

2.4　Proteus 仿真软件的应用

Proteus 软件是英国 Lab Center Electronics 公司推出的 EDA 工具。从原理图布图、代码调试到单片机与外围电路协同仿真，一键切换到 PCB 设计，Proteus 真正实现了从概念到产品的完整设计。图 2-23 是 Proteus 8.9 的主界面。Proteus 处理器模型支持 8051、HC11、PIC10/12/16/18/24/30/DSPIC33、AVR、ARM、8086 和 MSP430 等，Proteus 8.9 还增加了 STC15W4K32S4 模型。此单片机型号与本书学习的 IAP15W4K58S4 同属于 STC15W4K32S4 系列，除了 Flash 程序存储器、EEPROM 外，其他功能、设置基本一样。因此，本书凡是涉及 Proteus 仿真的范例，皆在 Proteus 内选择 STC15W4K32S4 型号单片机。

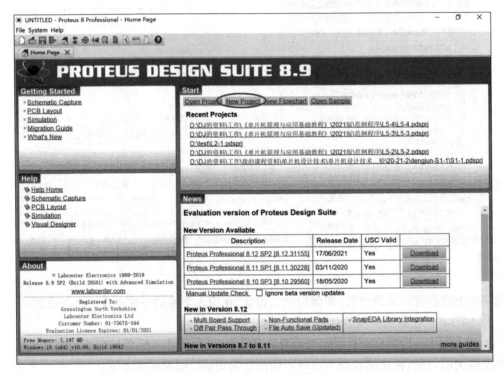

图 2-23　Proteus 8.9 主界面

2.4.1　新建工程

（1）新建工程。在菜单栏中选择 File→New Project 命令；或在 Start 窗口单击 New Project 按钮，即图 2-23 圈出的按钮。

（2）新工程名、路径。如图 2-24 所示，在弹出的 New Project Wizard：Start 窗口输入新工程的工程名；选择路径，建议选择与 Keil 项目相同的文件夹；然后单击 Next 按钮。

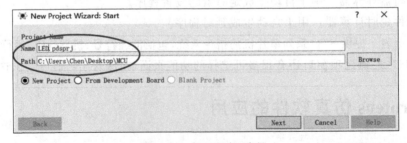

图 2-24　新工程名、路径

（3）设置。在陆续弹出的 New Project Wizard：Schematic Design 窗口、New Project Wizard：PCB layout 窗口、New Project Wizard：Firmware 窗口都保留默认设置，然后单击 Next 按钮，最后在 New Project Wizard：Summary 窗口单击 Finish 按钮即完成建立新项目的操作。

2.4.2　绘制原理图

1. 放置元器件

（1）打开元器件列表。如图 2-25 所示，在左侧工具栏单击"⟩"，然后单击"P"，即弹出元器件选择窗口 Pick Devices。

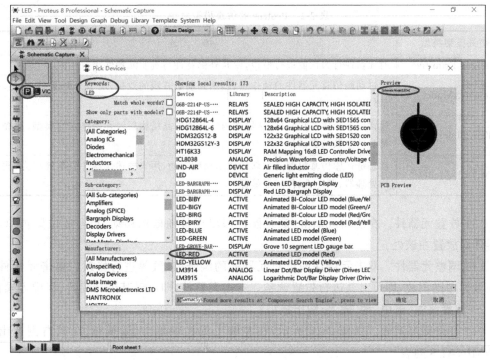

图 2-25　选择元器件

（2）选择元器件。在 Pick Devices 窗口输入关键字，相关的元器件即会列出，选择一个元器件，单击"确定"按钮。表 2-1 是 Proteus 常用元器件的关键字。如图 2-25 所示，Preview 窗口会显示所选元器件的仿真模型类型，表 2-2 是 Proteus 的 4 种仿真模型类型。注意：若所选元器件为 No Simulator Model，是无法仿真的。

表 2-1　Proteus 常用元器件关键字

关键字	元器件
STC15W4K32S4	STC15W4K32S4 单片机
RES	电阻，可选不同后缀以选择可调电阻、排阻等类型
CAP	电容，可选不同后缀以选择可调电容、极性电容等类型
DIODE	二极管，可选不同后缀以选择稳压二极管、隧道二极管等类型

续表

关 键 字	元 器 件
NPN/PNP	三极管
LED	发光二极管,可选不同后缀以选择颜色,如 LED-RED
SEG	LED 数码管,可选不同前缀、后缀以选择共阳/共阴(CA/CC)、颜色、位数、字形等
BUZZER	蜂鸣器
MOTOR	电机,可选不同后缀以选择直流电机、三相电机等类型
SWITCH	开关
BUTTON	按键

表 2-2　Proteus 的仿真模型类型

仿真模型类型	描 述
Analogue Primitive	对元器件行为性能进行模拟,使其外部特性与真实元器件等效
Schematic Model	通过动画仿真元器件的动作过程,达到动态直观的效果,通常为继电器、马达、指示灯等
SPICE Model	通常用半导体芯片元件,从器件内部基础电路结构层级开始建立的模型,能提供精确的参数仿真结果
VSM DLL Model	动态链接库仿真模型是为软件技术而编写的,用来描述元器件的电气行为,通常为处理器、单片机、传感器等器件

（3）放置元器件。在绘图区单击,该元器件即出现且随鼠标移动,在合适位置再单击,元器件即放置在该处。

（4）调整元器件。双击元器件即可对元器件的编号、参数等进行修改。单击元器件并按住鼠标左键不放,即可对其进行位置调整。右击元器件,即可对其进行旋转、镜像等操作。

2. 放置终端（电源、地、输入/输出接口）

（1）打开终端列表。如图 2-26 所示,在左侧工具栏中单击 按钮,在其右侧即出现TERMINALS 列表。

（2）选择终端。在列表中选择一个终端。

（3）放置终端。在绘图区单击,该终端即出现且随光标移动,在合适位置再单击,终端即放置在该处。

（4）调整终端。双击终端即可对其参数进行修改。单击某一终端并按住鼠标左键不放,即可对其进行位置调整。右击终端即可对其进行旋转、镜像等操作。

以例 3-1 为案例,放置元器件、终端后如图 2-26 所示。

3. 电气连接

1）直接连接

当需要对两个点进行电气连接时,将光标移至其中一个电气连接点,到位时会自动显示一个红色方块,单击;再将光标移至另一个电气连接点,移动时会有一根始于第一个点的连线一直跟随光标,到另一个电气连接点时会自动显示一个红色方块,单击即可使连接线固定,完成两个电气连接点的连接,如图 2-27 所示。

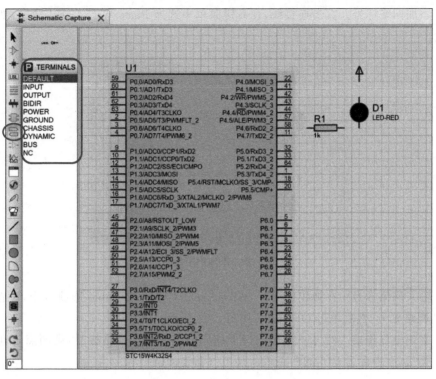

图 2-26 放置元器件、终端

2) 通过网络标号连接

当两个电气连接点相隔较远,且中间夹有其他元器件,不便直接连接时,建议采用通过网络标号的方法实现电气连接。

(1) 放置电气连接点。单击左侧工具栏中的 ➕ 按钮,在绘图区单击即会出现一个活动的圆点,移到位后单击即可放置该电气连接点,如图 2-27 所示。

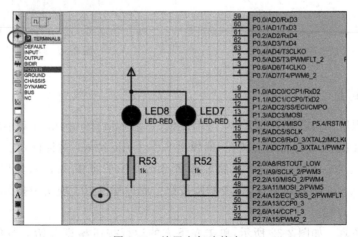

图 2-27 放置电气连接点

(2) 电气连接。采用直接连线的方法将放置的电气连接点与元器件自身的电气连接点相连。

（3）添加网络标号。右击连接线，在右键菜单中选择 Place Wire Label 命令，如图 2-28 所示。

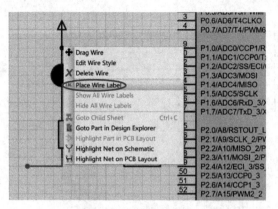

图 2-28　添加网络标号

（4）输入网络标号。在弹出的 Edit Wire Label 对话框的 Label 选项卡中，设置 String 选项中的网络标号，然后单击 OK 按钮，如图 2-29 所示。

（5）实现电气连接。对另一电气连接点用同样方法添加网络标号，则两点之间实现电气连接。图 2-30 中标为 P16 的两条线就是电气相连的。

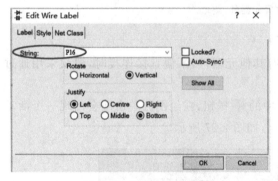

图 2-29　输入网络标号

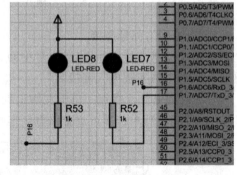

图 2-30　实现电气连接

2.4.3　仿真

（1）烧录程序。如图 2-31 所示，双击单片机，弹出 Edit Component 对话框，在对话框内单击 Program File 选项右侧的 按钮，即弹出 Select File Name 对话框，在对话框内选择需烧录至单片机的.hex 可执行文件（其路径参考 2.2.2 小节步骤 3(1)），然后单击"打开"按钮，回到 Edit Component 对话框，单击 OK 按钮。此过程模拟了现实中把.hex 可执行文件烧录至单片机的过程。

（2）运行仿真。如图 2-32 所示，单击左下方的运行按钮 ▶ 即开始运行仿真，此时单片机全部 I/O 接口都会以颜色方块表示当前的电平，红色表示高电平，蓝色表示低电平。从图 2-32 中可以看到，之前连接的电路已经在正常运行，LED-RED 在发光（变成了红色）。若需要调试，可根据需要单击调试按钮：▶是全速运行按钮；▶是单步运行按钮；∥是暂停

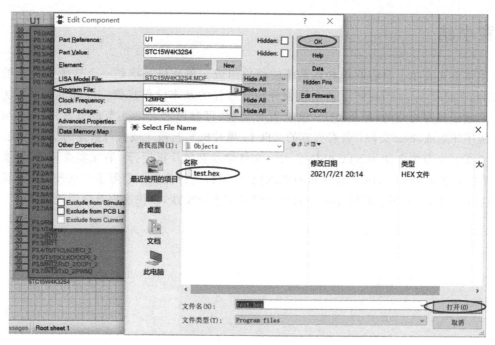

图 2-31　烧录程序

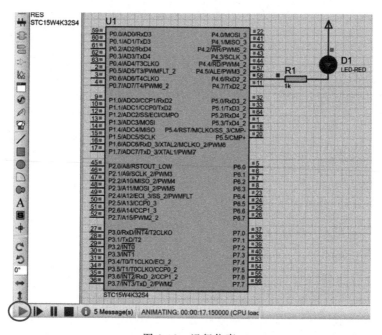

图 2-32　运行仿真

按钮; ■是停止按钮。

　　Proteus 默认单片机已按照最小系统连接好,故无须连接单片机电源电路也能仿真,但从设计完整性角度来看,加上电源电路才能使整个单片机系统更完整。

本章小结

　　本章首先在 2.1 节讲解单片机系统的硬件组成。单片机系统是一个软硬件结合的系统,因此在 2.2～2.4 节讲解了这个软硬件结合过程的基本操作步骤。讲解过程中其实是有一个例子贯穿始终的,即例 3-1。读者若有兴趣,可参照 2.2.2 小节的方法用 Keil 编写C51 程序并生成.hex 文件;若有官方的 STC15 单片机实验箱 4 或自行搭建的实验环境,可参照 2.3.2 小节的方法用 STC-ISP 将.hex 文件烧录至单片机运行;若无实操环境,可参照2.4 节的方法运用 Proteus 对单片机系统的烧录、运行进行仿真。学习了本章开发单片机系统的基本步骤,读者可在后续学习中对每个例子都进行实践,以快速提升学习效果。

第 3 章

C51程序设计

学习目标

➤ 熟悉标识符规则。

➤ 熟悉变量的定义、常量的使用方法。

➤ 掌握运算符的规则(重点、难点)。

➤ 掌握 if、switch、while、for 等流程控制规则(重点)。

➤ 掌握 C51 函数的声明、定义、调用规则(难点)。

➤ 掌握 C51 的程序框架。

C51 是在 ANSI C 基础上,根据 8051 单片机特性开发的、专门用于 8051 及 8051 兼容单片机的 C 语言。C51 在功能、结构以及可读性、可移植性、可维护性等方面,相比汇编语言都有非常明显的优势。目前较常用、国内用户较多的 C51 编译器是 Keil Software 公司推出的 Keil C51,所以通常所说 C51 就是 Keil C51。

一般在学习单片机之前都已经学过 C 语言。本章侧重于单片机,对 C51 规则与编程习惯按照"标识符→变量→运算符→流程控制→函数→程序"的顺序进行梳理,并重点阐述 C51 对 ANSI C 新增的内容。

3.1 标识符

标识符用来标识源程序中某个对象的名字,这些对象可以是语句、数据类型、函数、变量、常量、数组等。标识符的定义必须遵循 C51 规则。

(1) 一个标识符由字符串、数字和下划线组成,第一个字符必须是字母或下划线。通常以下划线开头的标识符是编译系统专用的,因此在编写 C51 源程序时一般不使用以下划线开头的标识符,而将下划线用作分段符。

(2) C51 编译器在编译时,只对标识符的前 32 个字符编译,因此在编写源程序时标识符的长度不要超过 32 个字符。

（3）C51程序中，标识符区分字母的大小写。

（4）在C51的程序编写中，不允许标识符与关键字相同。ANSI C标准共规定了32个关键字，如表3-1所示。

表 3-1　ANSI C 规定的关键字

类　型	关　键　字
数据类型	int,short,long,float,double,char,signed,unsigned,void,enum,struct,typedef,union,volatile
存储类型	auto,static,const,extern,register
运算符	sizeof
程序语句	if,else,switch,case,default,break,continue,do,while,for,goto,return

此外，C51还根据8051单片机的特点扩展了相关的关键字，如表3-2所示。在后续章节将会陆续介绍这些关键字。

表 3-2　Keil C51 编译器扩展的关键字

类　型	关　键　字
位标量声明	bit
可寻址位声明	sbit
特殊功能寄存器声明	sfr,sfr16
存储类型声明	data,bdata,idata,pdata,xdata,code,far
中断函数声明	interrupt
再入函数声明	reetrant
寄存器组定义	using
变量的存储模式	small,large,compact
地址定义	_at_
函数外部声明	alien
支持 RTX51	_task_,priority

另外，虽然不是C51规则，但标识符最好"见名知意"，如时钟初始化函数通常命名为init_time( )。

3.2　C51 的变量

C51的变量是一个有名字、具有特定属性的存储单元，可用来存放数据，该数据在程序运行期间是可以改变的。在使用一个变量之前，必须先对该变量进行定义，指出它的数据类型和存储类型，以便编译系统为它分配相应的存储单元。变量的定义格式为：

　　[存储种类] 数据类型 [存储器类型] 变量名表；

其中，存储种类和存储器类型可缺省。

3.2.1　存储种类

变量的存储种类有4种，分别为：auto（自动）、static（静态）、register（寄存器）、extern

（外部）。

1. auto（自动）类型

对于函数中的局部变量,如果不专门声明为 static（静态）存储类别,都是动态地被分配存储空间的,数据存储在动态存储区中。函数中的形参和在函数中定义的局部变量（包括在复合语句中定义的局部变量）都属于此类。在调用该函数时,系统会给这些变量分配存储空间,在函数调用结束时自动释放这些存储空间,因此这类局部变量称为自动变量。自动变量用关键字 auto 作为存储类别的声明,也可以省略关键字 auto。

2. static（静态）类型

若指定函数中的某个局部变量为"静态局部变量",用关键字 static 进行声明,则该局部变量的值在函数调用结束后不消失而保留原值,即其占用的存储单元不释放,下次该函数调用时,该变量保留上一次函数调用结束时的值。

3. register（寄存器）类型

一般情况下,变量（包括静态存储方式和动态存储方式）的值存放在内存中。当程序用到某一个变量的值时,由控制器发出指令将内存中该变量的值送到运算器中,经过运算器进行运算。如果需要存数,再从运算器将数据送回内存存放。

如果有一些变量使用频繁（例如,在一个函数中执行 10000 次循环,每次循环中都要引用某局部变量）,则存取变量的值要花费不少时间。为提高执行效率,允许将局部变量的值放在 CPU 中的寄存器中,需要用时直接从寄存器取出参加运算,不必再到内存中去存取。由于对寄存器的存取速度远高于对内存的存取速度,因此这样做可以提高执行效率。这种变量叫作寄存器变量,用关键字 register 作声明。

4. extern（外部）类型

如果外部变量不在文件的开头定义,其有效的作用范围只限于定义点到文件结束。在定义点之前的函数不能引用该外部变量。如果出于某种考虑,在定义点之前的函数需要引用该外部变量,则应该在引用之前用关键字 extern 对该变量作"外部变量声明",表示把该外部变量的作用域扩展到此位置。有了此声明,就可以从"声明"处开始,合法地使用该外部变量。

3.2.2 数据类型及其选择

1. 数据类型

在定义变量时需要指定变量的数据类型,即数据的存储格式。C51 支持的数据类型如表 3-3 所示,其中方括号内为可缺省内容。对 Keil C51 编译器来说,short 与 int 相同,double 与 float 相同。

表 3-3　C51 支持的数据类型

数 据 类 型	关键字	符号位	长度	范　　围
字符型	[signed] char	有	1B	−128～127
	unsigned char	无		0～255
整型	[signed] int	有	2B	−32768～+32767
	unsigned int	无		0～65535

续表

数 据 类 型	关键字	符号位	长度	范　围
长整型	[signed] long int	有	4B	$-2147483648 \sim +2147483647$
	unsigned long int	无		$0 \sim 4294967295$
浮点型	float	有	4B	$\pm 1.175494 \times 10^{-38} \sim$ $\pm 3.402823 \times 10^{38}$
指针型	*		$1 \sim 3B$	对象的地址
位	bit		1bit	0 或 1
可寻址位	sbit		1bit	0 或 1
特殊功能寄存器	sfr		1B	$0 \sim 255$
16 位特殊功能寄存器	sfr16		2B	$0 \sim 65535$

　　字符型、整型、浮点型、指针型这 4 种数据类型已经在 C 语言的学习中深入学习过。下面只讨论 bit、sbit、sfr、sfr16 这 4 种 C51 扩充的数据类型的规则及用法。

　　1) bit

　　bit 是位类型,使用一个二进制位存储数据,其值只有"0"和"1"两种。bit 型变量的地址由 C51 编译器编译时予以分配。用 bit 定义位变量的格式为:

```
bit 位变量名 = 值;            //初始化可省略
```

例如:

```
bit flag = 0;                //定义一个 bit 类型的变量 flag 并初始化为 0,常用在定义标志位
```

　　注意:bit 型变量不能用作定义数组或指针。

　　bit 型变量除了可用于变量的定义外,还可用于函数的参数传递和函数的返回值中。但使用禁止中断(#progma disable)和明确指定使用工作寄存器(using n)的函数不能返回 bit 类型的数据。

　　2) sbit

　　sbit 是可寻址位类型,也是使用一个二进制位存储数据,其值只有"0"和"1"两种。但 sbit 数据类型的地址是确定的且不用编译器分配,它可以是 SFR 中确定的可进行位寻址的位,也可以是内部 RAM 的 20H～2FH 单元中确定的位。用 sbit 定义可寻址位变量,有以下 3 种方式:

```
sbit 位变量名 = 地址;
sbit 位变量名 = SFR 名称^位;
sbit 位变量名 = SFR 地址^位;
```

　　例如,已经定义了 sfr P1＝0x90;,即表示 P1 端口的地址是 0x90,又因为 P1 端口是可位寻址的,所以:

```
sbit KEY = 0x92;             //定义 KEY 地址为 0x92,0x92 是 P1.2 接口的地址
sbit KEY = P1^2;             //定义 KEY 地址为 P1 端口的第 2 位,即 P1.2 接口
sbit KEY = 0x90^2;           //定义 KEY 地址为 0x90 字节第 2 位,即 P1.2 接口
```

　　这样在后续的程序语句中就可以用 KEY 对 P1.2 接口进行读/写操作了。操作时需注意以下几点。

（1）使用 sbit 定义可寻址位变量时，每次只能定义一个变量。

（2）使用 sbit 定义可寻址位变量时，必须在函数外定义为全局变量，不能在函数内部定义。

（3）以上 3 条语句只是用不同形式实现相同功能的对比。实际编程中只需以上任意一句即可实现 KEY 的定义，若此 3 条语句同时出现，编译系统会发出重复定义警告。

【例 3-1】 电路如图 3-1 所示，应用 STC15W4K32S4 系列 IAP15W4K58S4 单片机，P4.6 接口连接一个 LED。编写 C51 程序实现功能：LED 一直点亮。

C51 源程序如下：

```
1    #include<stc15.h>        //包含 STC15 系列单片机头文件
2    sbit LED = P4^6;         //定义 LED 为可寻址位并指定地址为 P4 端口的第 6 位即 P4.6
3    void main()              //主函数
4    {
5        LED = 0;             //LED(即 P4.6 接口)为低电平,LED 亮
6        while(1);            //无限循环,不改变 LED 的值,LED 会一直亮
7    }
```

可在官方 STC15 单片机实验箱 4 进行实践，也可通过 Proteus 仿真或自行搭建实验环境对例 3-1 进行实践。

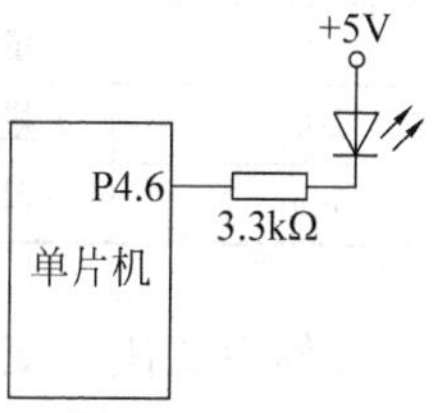

3）sfr

sfr 是特殊功能寄存器类型，占 1 字节，可存储 8 位二进制数。用 sfr 定义特殊功能寄存器时，必须指定地址，定义格式为：

sfr 特殊功能寄存器名 = 地址;   //定义时必须指定地址,不可缺省

图 3-1　例 3-1 电路图

例如：

sfr P1 = 0x90;   // P1 端口的地址是 0x90
sfr TH0 = 0x8C;   //寄存器 TH0 的地址是 0x8C

这些语句常写在头文件中，把特殊功能寄存器和端口都定义好了，在程序中就可以直接使用端口名和特殊功能寄存器名了。

4）sfr16

sfr16 是 16 位特殊功能寄存器类型，可存储 16 位二进制数。用 sfr16 定义特殊功能寄存器时，必须指定地址，定义格式为：

sfr16 特殊功能寄存器名 = 地址;

例如：

sfr16 DPTR = 0x82;

DPTR 是两个地址连续的 8 位寄存器 DPH 和 DPL 的组合。可以分开定义这两个 8 位的寄存器，也可用 sfr16 来定义 16 位寄存器。

2．数据类型的选择

定义一个变量有时有多个数据类型可选。在单片机系统设计中，应尽可能节约存储资源，数据类型的选择一般遵循以下原则。

（1）若能估算出变量的变化范围，则可根据变量长度来选择变量的类型，尽量减小变量

的长度。例如,整型、字符型都可存储整型数据,在确定数据长度小于 1 字节时,可选择字符型变量存储整型数据。

（2）如果程序中不需要使用负数,则选择无符号的数据类型。

（3）如果程序中不需要使用浮点数,则要避免使用浮点类型。

3.2.3　存储器类型

Keil C 编译器完全支持 8051 系列单片机的硬件结构,可以访问其硬件系统的各个部分,对于各个变量可以准确地赋予其存储器类型,使之能够在单片机内准确定位。Keil C 编译器支持的存储器类型如表 3-4 所示。

表 3-4　Keil C 编译器支持的存储器类型

存储器类型	说　　明
data	变量分配在低 128 字节,采用直接寻址方式,访问速度最快
bdata	变量分配在 20H～2FH,采用直接寻址方式,允许位或字节访问
idata	变量分配在低 128 字节或高 128 字节,采用间接寻址方式
pdata	变量分配在 XRAM,分页访问外部数据存储器(256B),用 MOVX@Ri 指令访问
xdata	变量分配在 XRAM,访问全部外部数据存储器(64KB),用 MOVX@DPTR 指令访问
code	变量分配在程序存储器(64KB),用 MOVC A,@A+DPTR 指令访问

存储模式决定变量的默认存储器类型和参数传递区。可以用预处理命令或定义函数时指定存储模式。若定义变量时指定了存储器类型,则编译程序按要求为其分配存储空间,这种情况可以不必再指定存储模式;若未指定存储器类型,则编译程序按照存储模式为变量选择默认的存储类型和参数传递区。存储模式有 3 种,分别为 SMALL、COMPACT、LARGE。

（1）SMALL（默认）：所有变量默认存放于内部数据存储器 data 中。变量的访问速度最快,效率最高。但空间有限,只适用于小程序。

（2）COMPACT：所有变量默认存放于外部数据存储器 pdata 中。优点是空间比 SMALL 大。由于必须使用间接寻址方式访问变量,所以速度较 SMALL 慢,但比 LARGE 模式快。

（3）LARGE：所有变量默认存放于外部数据存储器 xdata 中。优点是最多可有 64KB,空间最大。但必须用数据指针 DPTR 来寻址变量,速度较慢,而且产生的机器码比 SMALL 和 COMPACT 都多。

3.2.4　定义变量举例

下面以一个程序段为例,说明定义变量的存储模式、数据类型和存储器类型。

```
#pragma small        //变量的存储模式为 SMALL
char x,y = 0x22;      // x、y 定义为字符型变量,存储器类型为 data,y 初始化为 0x22
static char m,n;      // m、n 定义为静态字符型变量,存储器类型为 data
#pragma compact      //变量的存储模式为 COMPACT
char k;              //k 定义为字符型变量,存储器类型为 pdata
```

```
int xdata z;          // z 定义为整型变量,存储器类型为 xdata
int func1(int x1, int y1)large    {return (x1 + y1);}
                      //函数的存储模式为 LARGE,则整型形参 x1 和 y1 的存储器类型为 xdata
int func2(int x2, int y2)     {return (x2 – y2);}
                      //函数的存储模式默认为 SMALL,则整型形参 x2 和 y2 的存储器类型为 data
```

3.3　运算符

运算符是以简洁的方式表达对数据操作的符号。C51 的运算符和 ANSI C 一致,如附录 B 所示。其中大部分运算符已在 C 语言的学习中深入学习过,在此仅讨论位操作运算符与算术运算符的用法。

3.3.1　位操作运算符

位操作运算符,顾名思义就是按二进制位进行操作的运算符,包括 &(按位与)、|(按位或)、~(按位取反)、^(按位异或)、<<(按位左移)、>>(按位右移)。理解位操作运算符,可借用竖式,举例如下。

(1)"&"即按位进行与运算:有 0 出 0,无 0 出 1。

例如,计算 0xAC & 0xE9 并写出其十六进制结果。

$$
\begin{array}{r}
1\,0\,1\,0\,1\,1\,0\,0 \quad B \quad (0xAC) \\
\&\;\; 1\,1\,1\,0\,1\,0\,0\,1 \quad B \quad (0xE9) \\
\hline
1\,0\,1\,0\,1\,0\,0\,0 \quad B \quad (0xA8)
\end{array}
$$

所以,0xAC & 0xE9 结果为 0xA8。

(2)"|"即按位进行或运算:有 1 出 1,无 1 出 0。

例如,计算 0xAC|0xE9 并写出其十六进制结果。

$$
\begin{array}{r}
1\,0\,1\,0\,1\,1\,0\,0 \quad B \quad (0xAC) \\
|\;\; 1\,1\,1\,0\,1\,0\,0\,1 \quad B \quad (0xE9) \\
\hline
1\,1\,1\,0\,1\,1\,0\,1 \quad B \quad (0xED)
\end{array}
$$

所以,0xAC|0xE9 结果为 0xED。

(3)"~"即按位进行取反运算:0 出 1,1 出 0。

例如,计算 ~0xAC 并写出其十六进制结果。

$$
\begin{array}{r}
\sim\;\; 1\,0\,1\,0\,1\,1\,0\,0 \quad B \quad (0xAC) \\
\hline
0\,1\,0\,1\,0\,0\,1\,1 \quad B \quad (0x53)
\end{array}
$$

所以,~0xAC 结果为 0x53。

(4)"^"即按位进行异或运算:同出 0,异出 1。

例如,计算 0xAC^0xE9 并写出其十六进制结果。

$$
\begin{array}{r}
1\,0\,1\,0\,1\,1\,0\,0 \quad B \quad (0xAC) \\
\wedge\;\; 1\,1\,1\,0\,1\,0\,0\,1 \quad B \quad (0xE9) \\
\hline
0\,1\,0\,0\,0\,1\,0\,1 \quad B \quad (0x45)
\end{array}
$$

所以,0xAC^0xE9 结果为 0x45。

需注意的是,C51 中"^"是重载运算符,可表示特殊功能寄存器变量(sfr 型变量)的指定位。例如 P1^0 表示 P1 端口的第 0 位,TCON^6 表示特殊功能寄存器 TCON 的第 6 位,前提是在头文件已经定义了 P1 和 TCON 为 sfr 型变量。在单片机 C51 程序中,"^"运算符的"表示 sfr 型变量的指定位"的功能比"异或"功能更为常用。

(5)"<<n"即按位左移 n 位,高位移出舍掉,低位移入 0。

例如,计算 0xAC<<1 并写出其十六进制结果。

$$<<1 \quad 1 0 1 0 1 1 0 0 \quad B \quad (0xAC)$$
$$0 1 0 1 1 0 0 0 \quad B \quad (0x58)$$

所以,0xAC<<1 结果为 0x58。

(6)">>n"即按位右移 n 位,低位移出舍掉,高位移入 0。

例如,计算 0xAC>>3 并写出其十六进制结果。

$$>>3 \quad 1 0 1 0 1 1 0 0 \quad B \quad (0xAC)$$
$$0 0 0 1 0 1 0 1 \quad B \quad (0x15)$$

所以,0xAC>>3 结果为 0x15。

3.3.2　运用算术运算符进行数据拆分与合成

在 8 位单片机中,每个特殊功能寄存器都是 8 位二进制的,可以存储 0x00~0xFF 范围的数据。当应用单片机的定时器/计数器、A/D、PWM 等模块时,经常要对特殊功能寄存器进行超过 8 位数据的读/写操作,此时一般会应用高位和低位两个寄存器。这时就需要对二进制数进行拆分,拆成高位和低位两段后分别写入两个寄存器,或把高位和低位两个寄存器的数据读取出来,再合并为一个完整的二进制数。暂且把此方法命名为"数据拆分与合成法"。

特别指出,本小节中提及的加(+)、乘(*)、除(/)、求余(%)都采用 C51 语言规则,即整型与整型运算的结果为整型,若有小数则向零取整。

1. 数据拆分法

如要求把 x 位 N 进制数 A 的低 y 位和高 x−y 位拆分,可如图 3-2 所示画出分割线,运用分割线左一位的权重对数据进行拆分。

A/N^y 结果为 A 的高 x−y 位;

$A\% N^y$ 结果为 A 的低 y 位。

(1)十进制数的数据拆分举例:若有一个整型变量 A,存储了一个 5 位十进制数,其值未知。要求把 A 的百位数拆分出来,并赋值给整型变量 B。

分析:要将整型数据 A 在十进制下拆分出某一个数位,如图 3-3 所示,可分两次画出分割线,找出分割线左一位的权重,再进行分割。

```
B = A % 1000/100;    //把十进制数 A 的百位数拆分出来并赋值给变量 B
```

通常在向用户显示数据时需要写此语句,把数据在十进制下拆分成一位一位的,然后控制各位的数码管显示相应数字。

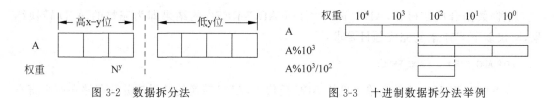

图 3-2　数据拆分法　　　　　　　图 3-3　十进制数据拆分法举例

（2）二进制数的数据拆分举例：要求把十进制数 50369 在二进制状态下分割成高 8 位
和低 8 位，高 8 位赋值给寄存器 TH0，低 8 位赋值给寄存器 TL0。

分析：把十进制数 50369 在二进制状态下分割成高 8 位和低 8 位，可以根据图 3-4 所示进
行分析。其中 $50369 = (1100\ 0100\ 1100\ 0001)_2$ 只是帮助读者理解，实际分析、写语句时无须转换。

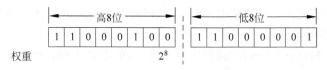

图 3-4　二进制数据拆分法举例

$(1100\ 0100\ 1100\ 0001)_2 / 2^8$ 结果为 $(1100\ 0100)_2$，即 50369 在二进制状态下的高 8 位；
$(1100\ 0100\ 1100\ 0001)_2 \% 2^8$ 结果为 $(1100\ 0001)_2$，即 50369 在二进制状态下的低 8 位。而
二进制、指数并不是 C51 语句常用的表达方式，所以写出以下 C51 语句完成题目要求：

```
TH0 = 50369 / 256;    //把 50369 在二进制状态下分割出高 8 位赋值给寄存器 TH0
TL0 = 50369 % 256;    //把 50369 在二进制状态下分割出低 8 位赋值给寄存器 TL0
```

从此例可看出，数据拆分法与被拆分数据的数值大小及其数制无关，只与拆分时的数制
有关。在定时器/计数器、PWM 等模块的应用中，经常需要把一个十进制数在二进制状态
下分割成高 8 位和低 8 位，分别赋值给两个寄存器，即可用此例所述方法。

2. 数据合成法

在单片机 C51 编程中，可应用乘法运算
符"*"和加法运算符"+"进行数据合成。

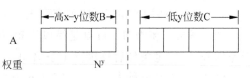

图 3-5　数据合成法

如一个 x 位 N 进制数 A 被拆分成了高
x−y 位数 B 和低 y 位数 C，现要求把 B 与 C
合成原数据 A。可按图 3-5 所示画出分割线，运用分割线左一位的权重对数据进行合成，得
$B * N^y + C$ 结果为 A。

二进制数的数据合成举例：单片机 ADC 模块的二进制 10 位转换结果，其中高 8 位存
储在寄存器 ADC_RES，低 2 位存储在寄存器 ADC_RESL。要求把这两个寄存器的数据合
成为完整的二进制数并存入变量 AD。

分析：根据题意可画出图 3-6。

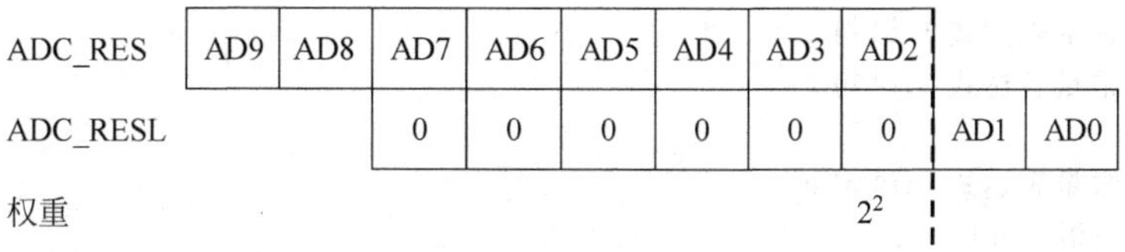

ADC_RES	AD9	AD8	AD7	AD6	AD5	AD4	AD3	AD2		
ADC_RESL			0	0	0	0	0	0	AD1	AD0
权重								2^2		

图 3-6　数据合成法举例

根据数据合成法可知，ADC_RES$\times 2^2$＋ADC_RESL 的结果即为完整的 A/D 转换结果，写出以下 C51 语句完成题目要求：

```
AD = ADC_RES * 4 + ADC_RESL;
```

在 STC15W4K32S4 系列单片机的 ADC 模块中，ADC 转换的结果被分开存储在两个寄存器中，需运用本例的方法提取数据并合并为完整的数，才可以对 ADC 结果进行后续处理。

3.4　流程控制

C51 程序包含 3 种控制结构，即顺序结构、选择结构、循环结构。选择结构用 if 语句、switch 语句实现流程控制；循环结构用 while 语句、do-while 语句、for 语句实现流程控制；其他语句属于顺序结构。

这几种语句一般已在"C 语言"课程中深入学习，但在 C51 编程中比较重要，而且在单片机课程设计、毕业设计的撰写报告中，需要对程序流程用流程图来描述，所以下面列出这些语句对应的流程图及编程时的注意事项。

3.4.1　if 语句

if 语句的一般形式为：

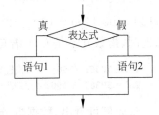

图 3-7　if 语句流程图

```
if (表达式) {语句 1}
else  {语句 2}
```

其流程图如图 3-7 所示，执行流程是：如果表达式的值为真（非 0），则执行语句 1；否则，执行语句 2。

编写 if 语句时应注意以下几点。

（1）else {语句 2}可选，即可有可无。

（2）语句 1 和语句 2 可以是简单语句（如赋值语句、输出语句），也可以是复合语句。若无花括号{}，满足条件后只执行 1 条语句。

例如，一个 2 位秒表，假设已定义 n 为当前秒数。写出 if 语句实现：如果 n 的值为 60，则令 n 归零。C51 语句为：

```
if (n == 60) n = 0;
```

3.4.2　switch 语句

switch 语句的一般形式为：

```
switch ( 表达式 )
{
    case  常量表达式 1:语句 1
    case  常量表达式 2:语句 2
    …
    case  常量表达式 n:语句 n
    default:语句 n + 1
}
```

其流程框图如图 3-8 所示,执行流程是:当 switch 表达式的值与某一个 case 的常量表达式的值匹配,就执行此 case 后面的所有语句;若所有 case 的常量表达式的值都不匹配,就执行 default 的语句。

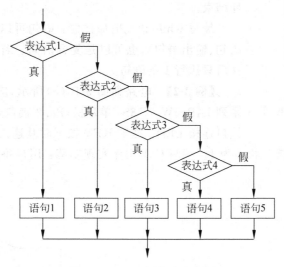

图 3-8 switch 语句流程框图

编写 switch 语句时应注意以下几点。

（1）表达式类型应为整型或字符型。

（2）各常量表达式的值要求各不相同。

（3）每个 case 和 default 的出现次序没有规定。

（4）default 子句可选。缺省时,相当于语句 n+1 为空语句。

（5）只要一个 case 匹配成功,在执行完该 case 的语句后,会把以下的所有语句都执行完,包括 default 的语句。所以,常在各语句后增加 break。

例如,编写程序段实现功能:根据 n 的值,执行对应的子函数。n 值为 1 则执行子函数 n1( ),n 值为 2 则执行子函数 n2( ),n 值为 3 则执行子函数 n3( ),n 值为 4 则执行子函数 n4( ),n 值为 5 则执行子函数 n5( )。假设变量 n 及 5 个子函数均已定义。C51 语句为:

```
switch (n)
{
    case  1: n1( );  break;
    case  2: n2( );  break;
    case  3: n3( );  break;
    case  4: n4( );  break;
    case  5: n5( );  break;
    default :
}
```

3.4.3 while 语句

while 语句的一般形式为:

```
while(表达式){语句}
```

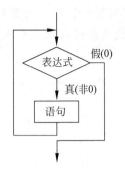

图 3-9　while 语句流程图

其流程图如图 3-9 所示,执行流程是:当表达式的值为真(非 0)时,执行 while 语句中的内嵌语句(即循环体),然后返回再次判断表达式,如此反复,直到表达式的值为假(等于 0),循环结束。

编写 while 语句时应注意:语句可以是简单语句(如赋值语句、输出语句),也可以是复合语句。若无花括号{},满足条件后只执行 1 条语句。

【例 3-2】 电路如图 3-10(a)所示,应用 STC15W4K32S4 系列 IAP15W4K58S4 单片机,P3.2 接口连接按键 KEY,P4.6 接口连接 LED。按键 KEY 按下时其连接的 P3.2 接口状态为 0,KEY 松开时 P3.2 接口状态为 1。编写 C51 程序实现功能:用户每次按下按键,LED 的状态都翻转一次。

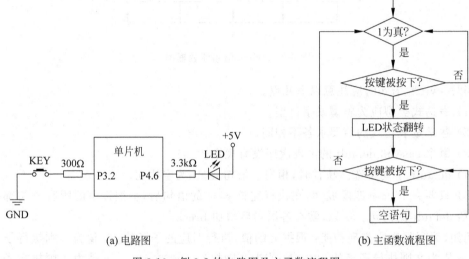

(a) 电路图　　　　　　　　　　(b) 主函数流程图

图 3-10　例 3-2 的电路图及主函数流程图

C51 源程序如下:

```
1    #include<stc15.h>              //包含 STC15 系列单片机头文件
2    sbit KEY = P3^2;               //定义 KEY 为可寻址位并指定地址为 P3.2 接口
3    sbit LED = P4^6;               //定义 LED 为可寻址位并指定地址为 P4.6 接口
4    void main()                    //主函数
5    {
6        while(1)                   //单片机常用无限循环以持续工作
7        {
8            if (KEY == 0)          //若按键 KEY 被按下
9            {
10               LED = ~LED;        // LED 状态翻转
11               while (KEY == 0);  //等待按键松开
12           }
```

```
13          }
14      }
```

分析如下。

（1）例 3-2 是一个简单的 C51 程序，主要展示 C51 程序常用的条件语句、循环语句及其嵌套关系。至于程序如何实现功能，读者只需大致了解，在后续课程再加深理解。

（2）可在官方 STC15 单片机实验箱 4 对例 3-2 进行实践，也可通过 Proteus 仿真或自行搭建实验环境对例 3-2 进行实践。

3.4.4　do-while 语句

do-while 语句的一般形式为：

```
do
    {语句}
while(表达式);
```

其流程图如图 3-11 所示，执行流程是：先执行一次指定的语句（即循环体），然后判别表达式，当表达式的值为真（非 0）时，返回重新执行循环体语句，如此反复，直到表达式的值为假（等于 0），循环结束。

编写 do-while 语句时应注意：语句可以是简单语句（如赋值语句、输出语句），也可以是复合语句。若无花括号{}，满足条件后只执行 1 条语句。

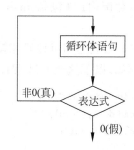

图 3-11　do-while 语句流程图

3.4.5　for 语句

for 语句的一般形式为：

```
for ( 表达式 1; 表达式 2; 表达式 3) {语句}
```

其流程图如图 3-12 所示，其执行流程如下。

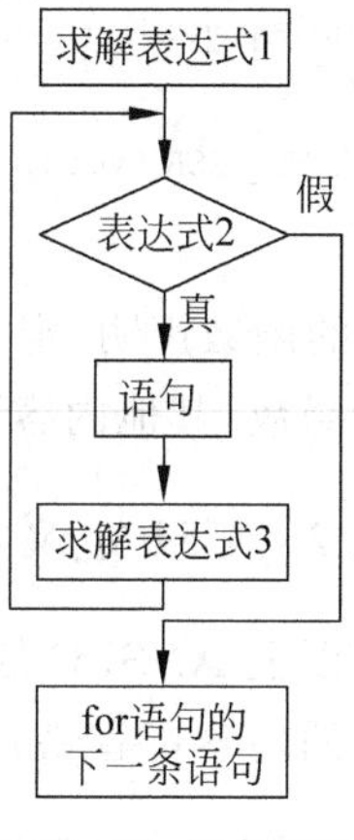

（1）求解表达式 1。

（2）求解表达式 2。若其值为真（非 0），则执行内嵌语句，然后执行第（3）步；若其值为假（0），则结束循环，转到第（5）步。

（3）求解表达式 3。

（4）转回第（2）步。

（5）循环结束，执行 for 语句下面的语句。

图 3-12　for 语句流程图

编写 for 语句时应注意：语句可以是简单语句（如赋值语句、输出语句），也可以是复合语句。若无花括号{}，满足条件后只执行 1 条语句。

例如，假设已定义 i 为无符号整型变量。写一条 C51 语句实现延时功能。C51 语句为：

```
for (i = 0; i < 30000; i++) ;   //CPU执行空语句 30000 次,以实现延时的目的
```

3.5 函数

3.5.1 函数的一般规则

一个 C51 程序通常包含若干个函数,主函数(main)作总调度,每个子函数实现一种特定功能。主要有以下规则。

(1) 一个 C51 程序有且只有一个 main 函数,其他函数是否定义及定义多少,可根据程序功能决定。

(2) 程序的执行从 main 函数开始,到 main 函数最后一句结束。

(3) 函数是相互独立的,不能嵌套定义。

(4) 一个函数必须先定义或先声明,才可被调用。只有一个例外,中断服务函数是不被任何函数调用的(包括 main 函数),所以只需写定义,无须写声明,通常放在 main 函数之后。

(5) 函数之间可以互相调用,但不能调用 main 函数,也不能调用中断服务函数。

例如,以下这个 C51 程序段,其对函数的声明、定义、调用均符合以上规则。

```
#include<stc15.h>
void delay(void);                    //声明子函数
void main(void)                      //定义主函数
    { …
    delay();                         //调用子函数
    … }
void delay(void)                     //定义子函数
    { … }
void INT0_ ISR (void) interrupt 0    //定义中断服务函数
    { … }
```

C51 的函数声明、定义、调用的规则、格式与 ANSI C 基本一致。在这里只讨论函数的定义及库函数,其他内容不再赘述。

3.5.2 C51 定义函数的格式

除了以上 ANSI C 的函数规则外,C51 定义函数时可增加一些关键字,格式如下(其中方括号中的内容可省略):

[return_type] funcname ([args]) [{small/compact/large}] [reentrant] [interrupt n] [using n] {...}

各参数说明如下。

① return_type:函数(返回值)类型,默认时为 int 型。

② funcname:函数名,须符合标识符规则。

③ args:形式参数,可省略。

④ {small/compact/large}:选择编译模式,默认时为 SMALL。

⑤ reentrant:再入函数,可省略。

⑥ interrupt n:中断函数。

⑦ using n：选择寄存器组，当需要指定函数中使用的工作寄存器区时，使用关键字 using 后跟一个 0～3 的数，对应工作寄存器组的 0～3 区，可省略。

例如，语句 unsigned char GetKey(void)small {}，定义了一个名为 GetKey 的函数，没有形式参数，存储模式为 SMALL 即函数内部变量全部使用内部 RAM，其返回值为无符号字符型。

再如，语句 void INT0_ISR(void)interrupt 0 using 2{}，定义了一个名为 INT0_ISR 的中断函数，中断号为 0，没有形式参数，使用工作寄存器组 2，没有返回值。

在单片机入门学习中，运用 ANSI C 的规则定义函数即可，编译模式、再入函数、选择寄存器组等内容可以在熟悉单片机基本应用，需要编写大型程序时再深入学习。中断服务函数将在第 6 章展开介绍。

3.5.3 库函数

编写 C51 程序时，除了可以自行定义函数外，还可以运用 Keil C51 提供的库函数，这样可以减少编写程序的工作量并降低出错的概率。库函数已在头文件内定义，使用之前只需在程序开头用预处理命令 #include 把头文件包含进来，后续的程序即可直接调用头文件中

表 3-5 Keil C51 常用库函数头文件

头文件名称	函 数 类 型
stdio. h	输入/输出函数
math. h	数学函数
intrins. h	C51 内部函数

的库函数。Keil C51 常用库函数头文件如表 3-5 所示，这些头文件定义的函数如附录 C 所示。

3.6 C51 程序框架

一个 C51 程序可以由一个程序单位或多个程序单位构成，每一个程序单位作为一个文件。在程序编译时，编译系统分别对各个文件进行编译，因此一个文件是一个编译单元。C51 程序的基本组成如下。

（1）预处理包括以下三个部分。

① 文件包含：一般有此部分。

② 宏定义：可选。

③ 条件编译：可选。

（2）全局变量定义与函数声明：可选。

（3）主函数：必需。

① 函数首部：必需。

② 函数体：必需。

（4）子函数与中断服务函数：可选。

① 函数首部。

② 函数体。

3.6.1　编译预处理

编译预处理就是编译器在对 C 语言源程序进行正常编译之前,先对一些特殊的预处理命令作解释,产生一个新的源程序。预处理主要是为程序调试、程序移植提供便利。C 语言提供的预处理命令主要有文件包含、宏定义和条件编译。

1. 文件包含

文件包含就是一个源程序文件包含另一个源程序文件的全部内容。可以包含库函数头文件,也可以包含自己编写的头文件。

(1) 系统到包含 C51 库函数头文件的目录中寻找文件,用于标准或系统提供的头文件,一般格式为:

＃include <文件名>

(2) 系统先到当前目录下寻找,若找不到,再到其他路径寻找,常用于自己定义的头文件,一般格式为:

＃include "文件名"

需注意以下几点。

① 一个＃include 命令只能指定一个被包含的文件。

② 如果文件 1 包含了文件 2,而文件 2 要使用文件 3 的内容,则在文件 1 中(包含文件 2 之前)需要包含文件 3。

③ 文件包含可以嵌套,即在一个被包含的文件中可以包含另一个被包含的文件。

编写单片机的 C51 程序,必须在程序中包含当前使用的单片机的头文件。单片机头文件主要是一些特殊功能寄存器的地址声明,可以位寻址的,还包括一些位地址的声明。某些单片机型号的头文件已经纳入编译系统的库中,如 89C51/89C52 单片机的头文件 reg51. h/reg52. h。因为单片机更新迭代速度较快,所以对于未纳入编译系统的头文件,除了在 C51 程序中必须包含之外,还需将该文件粘贴到当前目录中。STC 每个型号对应的头文件可在 STC-ISP 软件的"头文件"页面获取,如图 3-13 所示。

例如,在某程序开头编写 3 个文件包含命令:

＃include < stc15. h >
＃include < intrins. h >
＃include "595. h"

分析如下。

(1) 本书采用 STC15 系列单片机,则程序开头必须包含对应此系列的头文件 stc15. h,该头文件可在 STC-ISP 软件的"头文件"页面获取,且保存在当前项目所在目录中。

(2) intrins. h 是 C51 程序常用的库函数头文件,其中定义了空函数_nop_( ),常用于延时。

(3) 595. h 是自行定义的"74HC595 驱动数码管动态显示"头文件,包含此头文件可方便程序编写过程中调用该头文件中的显示函数,符合程序"模块化"思想。该头文件中运用了 P4、P5 等端口,所以应先包含 stc15. h(此头文件定义了 P4、P5 等端口),再包含 595. h。

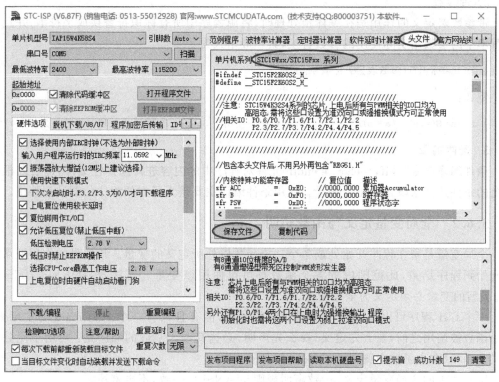

图 3-13　获取 STC 单片机的头文件

2. 宏定义(带参数、不带参数)

宏定义的作用是在编译预处理时,将源程序中所有标识符替换成字符串。当需要修改某元素时,只要直接修改宏定义即可,而不必修改程序中所有出现该元素的地方。

1) 不带参数

不带参数的宏定义一般格式为:

#define 标识符 字符串

需注意以下几点。

(1) 宏名一般用大写字母,以便与变量名区别。

(2) 在编译预处理时不进行语法检查,只是简单的字符替换,只有在编译时才对已经展开宏名的源程序进行语法检查。

(3) 宏名的有效范围是从定义位置到文件结束。如果需要终止宏定义的作用域,可以用 #undef 命令。

(4) 对程序中用双引号括起来的字符串内的字符,不进行宏的替换操作。

例如:

```
#define uchar unsigned char        //在定义数据类型时,uchar 等效于 unsigned char
#define PI 3.14                     //PI 即为 3.14
#define ALL PI * X                  //宏定义时可以引用已经定义的宏名
#undef PI                           //该语句之后的 PI 不再代表 3.14
```

2）带参数

带参数宏定义的作用是在编译预处理时,将源程序中所有标识符替换成字符串,并且将字符串中的参数用实际使用的参数替换,其一般格式为:

♯define 标识符(参数表) 字符串

例如:

♯define S(a,b)　(a＊b)/2　　　　　　//若程序中使用了 S(3,4),在编译预处理时将替换为(3＊4)/2

3. 条件编译

条件编译命令"♯if,♯else,♯endif"允许对程序中的内容进行选择性编译,即可以根据一定的条件选择某段程序是否编译。使用条件编译主要是为了方便程序的调试和移植。

3.6.2　全局变量定义与函数声明

全局变量是指在程序开始处或各个功能函数以外所定义的变量。该变量的作用域从定义开始到程序结束,此范围内的各个函数都可以使用该变量。需注意,sbit、sfr、sfr16 这 3 种类型的变量必须定义为全局变量。

一个 C51 程序可以包含多个不同功能的函数,但有且只有一个名为 main 的主函数。一个函数被调用之前,要么先定义,要么先声明,必选其一。一般的顺序是:声明子函数→定义主函数(在主函数中调用子函数)→定义子函数。

Keil C51 的全局变量定义、函数声明规则与 ANSI C 一致,不再赘述。

3.6.3　主函数

C51 编程中,主函数的定义规则与 ANSI C 一致,只是主函数的函数类型一般为 void (空类型)。

主函数的函数体通常包含三部分,即局部变量定义、初始化部分、执行部分。

(1) 局部变量即在函数内部定义的变量,其作用域从定义开始到函数结束。注意 C51 的局部变量定义必须放在函数体开头,否则编译将报错。

(2) 初始化部分即对所用到模块的特殊功能寄存器进行设置。若初始化的内容较多,也可另外定义初始化函数,在主函数中调用初始化函数。

(3) 主函数的执行部分通常是用主循环 while(1)包含的执行语句。单片机系统通常会在主循环内不断地执行信号监测、处理、控制外部器件、向用户反馈等操作。

3.6.4　子函数与中断服务函数

若单片机系统较复杂,通常运用模块化编程思想,即定义子函数来实现某项功能,而主函数作总调度。

关于函数声明、定义、调用的规则,在 3.5 节已详细说明,在此不再赘述。

3.6.5　在 C51 程序文件中嵌入汇编代码

在对硬件进行操作或一些对时钟要求较严格的场合,可以用汇编语言编写部分程序,以使控制更直接、时序更准确。在 C51 程序文件中嵌入汇编代码的步骤如下。

（1）在 C51 程序文件中用以下方式嵌入汇编代码。

```
# pragma  ASM
    … ：嵌入的汇编代码
    … ：
# pragma  END ASM
```

（2）在 Keil C51 编译器 Project 窗口中包含汇编代码的 C 文件上右击,选择右键菜单中的 Options for… 命令,单击右边的 Generate Assembler SRC File 并勾选 Assemble SRC File 复选框,使复选框由灰色变成黑色(有效)状态。

（3）根据选择的编译模式,把相应的库文件(如为 SMALL 模式对应 KEIL\ C51\ LIB\ C51S. LIB)加入工程中,该文件必须作为工程的最后文件。

（4）编译即可生成目标代码。

完成上述步骤后,在 asm 和 end asm 中的代码将被复制到输出的 SRC 文件中,然后这个文件将被编译并和其他的目标文件连接后产生最后的可执行文件。

3.7　C51 程序举例

【例 3-3】　电路如图 3-14(a)所示,应用 STC15W4K32S4 系列 IAP15W4K58S4 单片机,P4.6 接口连接一个 LED。编写 C51 程序实现功能：LED 一直闪烁。

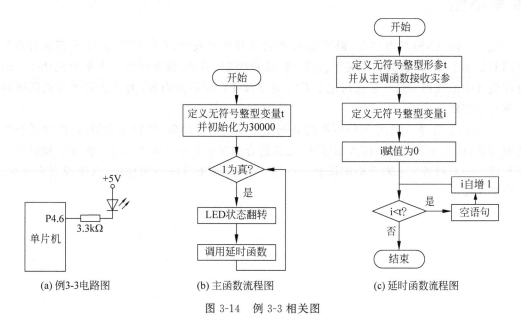

(a) 例3-3电路图　　　(b) 主函数流程图　　　(c) 延时函数流程图

图 3-14　例 3-3 相关图

C51 源程序如下：

```
1    # include < stc15. h>        //文件包含
2    # define uint unsigned int    //宏定义
3    sbit led = P4^6;             //定义全局变量
4    void delay (int t);          //子函数声明
5    void main ( )                //定义主函数
```

```
6     {
7         uint t = 60000;              //定义局部变量
8         while(1)                     //主循环
9         {
10            led = ～led;              //执行语句
11            delay (t);               //调用子函数,传递实参
12        }
13    }
14    void delay (int t)               //定义子函数,定义形参,接收实参
15    {
16        uint i;                      //定义局部变量
17        for (i = 0; i < t; i++);     //执行语句
18    }
```

分析如下。

（1）例 3-3 是一个简单的 C51 程序,主要目的是部分展示本章内容,包括数据类型、运算符、流程控制、函数、预处理命令、C51 程序结构等。至于程序如何实现功能,读者只需大致了解,在后续课程再加深理解。

（2）可在官方 STC15 单片机实验箱 4 对例 3-3 进行实践,也可通过 Proteus 仿真或自行搭建实验环境对例 3-3 进行实践。

本章小结

C51 是在 ANSI C 基础上,根据 8051 单片机特性开发的、专门用于 8051 及其兼容单片机的 C 语言。本章从标识符、变量、运算符、流程控制、函数、程序框架 6 个部分说明了 C51 程序设计中的规则、习惯,重点讨论了 C51 对 ANSI C 发展的内容,为后续对单片机的硬件控制打下基础。

采用 C51 编程,对系统硬件资源的分配比用汇编语言简单,且程序的阅读、修改及移植比较容易,适合于编写规模较大的程序,尤其适合编写运算量较大的程序。但在对硬件进行操作或一些对时钟要求较严格的场合,也可嵌入用汇编语言编写的程序,以使控制更直接、时序更准确。

第 4 章

STC15W4K32S4系列
单片机的硬件结构

学习目标

➢ 了解不同型号单片机的区别。

➢ 了解 STC15W4K32S4 系列单片机的内部结构。

➢ 了解 STC15W4K32S4 系列单片机的 CPU、存储结构。

➢ 掌握特殊功能寄存器的 C51 读/写语句(重点/难点)。

➢ 了解 STC15W4K32S4 系列单片机的时钟、复位、省电模式。

4.1 STC15W4K32S4 系列单片机概述

4.1.1 STC15W4K32S4 系列单片机的型号

STC 系列单片机是增强型 8051 内核单片机,相对于传统的 8051 内核单片机,在片内资源、性能以及工作速度上都有很大的改进,尤其采用了基于 Flash 的在系统编程(ISP)技术,使得单片机应用系统的开发变得更为简便。

STC15 系列单片机采用超高速 CPU 内核,按工作速度分类属于 1T 系列产品,即一个机器周期仅 1 个时钟。另外,STC15 系列产品集成了 PWM、A/D、SPI 等模块,节省了单片机系统开发的硬件成本,降低了开发难度。

面向不同需求,STC15W4K32S4 系列单片机设计了一系列型号,如表 4-1 所示。STC15W4K32S4 系列单片机的命名规则如图 4-1 所示。

从表 4-1 和图 4-1 可以看出,STC15W4K32S4 系列内各型号主要区别在于程序存储器与 EEPROM 容量不同,对一般小型单片机系统设计来说区别不大,因此本书所讲解的内容对 STC15W4K32S4 系列内各型号均适用,只在以下情况选择某种型号进行讲解:①官方 STC15 单片机实验箱 4 使用 IAP15W4K58S4 型号,因此本书例子都基于此型号讲解;

②Proteus 8.9 的模型库中的 STC 单片机是 STC15W4K32S4 型号,因此本书例子仿真时都是基于此型号讲解。IAP15W4K58S4、STC15W4K32S4 两种单片机型号在本书全部例子中都可以通用。

表 4-1　STC15W4K32S4 系列单片机型号一览表

型　号	程序存储器/KB	数据存储器SRAM/KB	EEPROM/KB	复位阈值电压	内部精准时钟	程序加密后传输（防拦截）	可设程序更新口令	支持RS485下载	封装类型
STC15W4K16S4	16	4	43	16级	可选	有	是	是	
STC15W4K32S4	32	4	27	16级	可选	有	是	是	LQFP64L、LQFP64S、QFN64、QFN48、LQFP48、LQFP44、LQFP32、SOP28、SKDIP28、PDIP40
STC15W4K40S4	40	4	19	16级	可选	有	是	是	
STC15W4K48S4	48	4	11	16级	可选	有	是	是	
STC15W4K56S4	56	4	3	16级	可选	有	是	是	
IAP15W4K61S4	61	4	IAP	16级	可选	有	是	是	
IAP15W4K58S4	58	4	IAP	16级	可选	有	是	是	
IRC15W4K63S4	63.5	4	IAP	固定	24MHz	无	否	否	

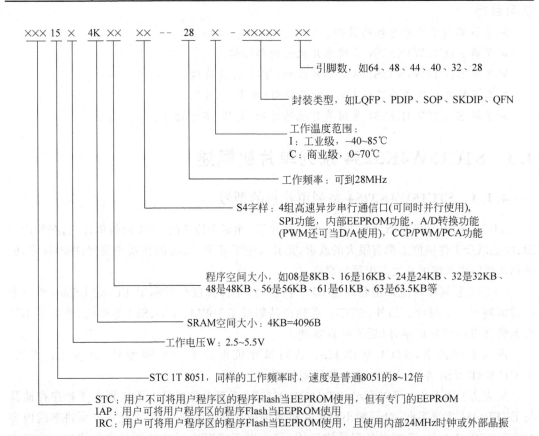

图 4-1　STC15W4K32S4 系列单片机的命名规则

4.1.2　STC15W4K32S4 系列单片机的内部结构

STC15W4K32S4 系列单片机的内部结构如图 4-2 所示,包含 CPU、程序存储器、数据存储器、EEPROM、定时器/计数器、串口、中断系统、比较器模块、ADC 模块、CCP 模块、专用 PWM 模块、SPI 接口以及硬件看门狗、电源监控、专用复位电路、内部高精度 R/C 时钟等。

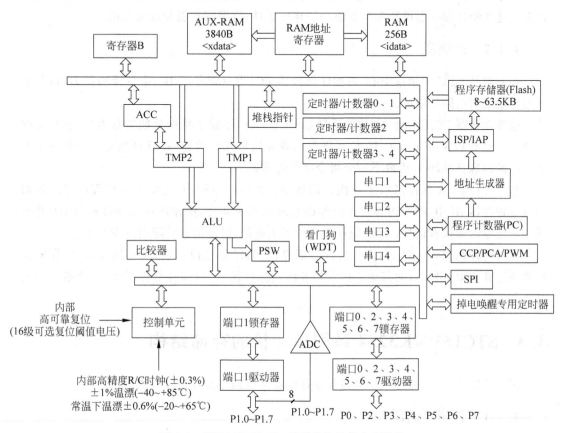

图 4-2　STC15W4K32S4 系列单片机的内部结构

4.2　STC15W4K32S4 系列单片机的 CPU

STC15W4K32S4 系列单片机的中央处理器(CPU)由运算器和控制器组成,它的作用是读入并分析每条指令,根据各指令功能控制单片机的各功能部件执行指定的运算或操作。

4.2.1　运算器

运算器由算术/逻辑运算部件 ALU、累加器 ACC、寄存器 B、暂存器(TMP1、TMP2)和程序状态标志寄存器 PSW 组成。它所完成的任务是实现算术与逻辑运算、位变量处理与传送等操作。

算术/逻辑运算部件 ALU 功能极强,既可实现 8 位二进制数据的加、减、乘、除算术运算和与、或、非、异或、循环等逻辑运算,还具备一般微处理器所不具备的位处理功能。

累加器 ACC,又记为 A,用于向 ALU 提供操作数和存放运算结果,是 CPU 中工作最频繁的寄存器,大多数指令的执行都要通过累加器 ACC 进行。

寄存器 B 是专门为乘法和除法运算设置的寄存器,用于存放乘法和除法运算的操作数和运算结果。对于其他指令,可作普通寄存器使用。

程序状态标志寄存器 PSW,简称程序状态字,它用来保存 ALU 运算结果的特征和处理状态。这些特征和状态可作为控制程序转移的条件,供程序判别和查询使用。

4.2.2 控制器

控制器是 CPU 的指挥中心,由程序计数器 PC、指令寄存器 IR、指令译码器 ID 以及定时与控制逻辑电路等组成。

程序计数器 PC 是一个 16 位的计数器(注意:PC 不属于特殊功能寄存器)。它总是存放着下一个要取指令字节的 16 位程序存储器存储单元的地址,并且每取完一个指令字节后,PC 的内容自动加 1,为取下一个指令字节做准备。

指令寄存器 IR 保存当前正在执行的指令。执行一条指令,先要把它从程序存储器取到指令寄存器 IR 中,指令内容包含操作码和地址码两部分,操作码送指令译码器 ID,并形成相应指令的微操作信号;地址码送操作数形成电路,以便形成实际的操作数地址。

定时与控制逻辑电路是 CPU 的核心部件,它的任务是控制取指令、执行指令、存取操作数或运算结果等操作,向其他部件发出各种微操作信号,协调各部件工作,完成指令指定的工作任务。

4.3 STC15W4K32S4 系列单片机的存储结构

STC15W4K32S4 系列单片机的程序存储器与数据存储器是分开编址的。

4.3.1 程序存储器

STC15W4K32S4 系列单片机内部集成了 8～61KB 的程序存储器 Flash,用于存放可执行文件、数据和表格等信息。STC15W4K32S4 系列单片机的程序存储器如图 4-3 所示(其中地址、空间大小等信息以 IAP15W4K58S4 单片机为例)。单片机复位后,程序计数器(PC)的内容为 0000H,从程序存储器 0000H 单元开始执行程序。

另外,在程序存储器中每个中断都有一个固定的入口地址,当中断发生并得到响应后,单片机就会自动跳转到相应的中断入口地址去执行程序。由于相邻中断入口地址的间隔区间有限(8B),一般情况下无法保存完整的中断服务函数,因此,一般在中断响应的地址区域存放一条无条件转移指令,指向真正存放中断服务函数的空间去执行。

图 4-3 程序存储器(以 IAP15W4K58S4 为例)

STC15W4K32S4 系列单片机的所有程序存储器都是片内 Flash 存储器,不能访问外部程序存储器,因为没有访问外部程序存储器的总线。

4.3.2　数据存储器

数据存储器一般用于存储运算中输入/输出数据或中间变量数据。STC15W4K32S4 系列单片机内部有 4096B 的数据存储器,在物理和逻辑上都分为两个地址空间,即内部 RAM(256B)和内部扩展 RAM(3.75KB)。另外,STC15 系列 40 引脚及其以上的单片机还可以访问在片外扩展的 64KB 外部数据存储器。

1. 内部 RAM

如图 4-4 所示,内部 RAM 共 256B,分为 3 个部分,即低 128B 内部 RAM(与传统 8051 兼容)、高 128B 内部 RAM(Intel 在 8052 中扩展了高 128B RAM)及特殊功能寄存器。

低 128B 内部 RAM 也称为通用 RAM 区,既可直接寻址也可间接寻址,可分为工作寄存器组区、可位寻址区、用户 RAM 区和堆栈区。工作寄存器组区分为 4 组,每组 8 个 8 位的工作寄存器,程序运行时只能有一个工作寄存器组为当前工作寄存器组,当前工作寄存器组从某一工作寄存器组切换到另一个工作寄存器组,原来工作寄存器组各寄存器中的内容将被屏蔽保

图 4-4　内部 RAM

护起来,利用这一特性可以方便地完成快速现场保护任务。可位寻址区既可像普通 RAM 单元一样按字节存取,也可以对单元中任何一位单独存取。

高 128B 内部 RAM 与特殊功能寄存器区共用相同的地址,都使用 80H~FFH,但物理上是独立的,使用时通过不同的寻址方式加以区分。高 128B 内部 RAM 只能间接寻址,特殊功能寄存器区只可直接寻址。

特殊功能寄存器(SFR)是用来对片内各功能模块进行管理、控制、监视的控制寄存器和状态寄存器,是一个特殊功能的 RAM 区。在单片机系统设计过程中,特殊功能寄存器被频繁使用,因此单列 4.3.3 小节进行具体说明。

2. 内部扩展 RAM

如图 4-5 所示,STC15W4K32S4 系列单片机片内除了集成 256B 的内部 RAM 外,还集成了 3.75KB 的内部扩展 RAM,地址范围是 0000H~0EFFH。在 C51 程序中,使用 xdata 声明存储类型即可访问内部扩展 RAM,如 unsigned char xdata i=0;。

STC15W4K32S4 系列单片机还集成了 60.25KB 的外部扩展 RAM,它逻辑上在片外,物理上在片内,地址范围是 0F00H~FFFFH。

STC15 系列 40 引脚及其以上的单片机还可以访问在片外扩展的 64KB 外部数据存储器,它逻辑上在片外,物理上也在片外。

访问片内扩展 RAM 还是访问片外数据存储器,受控制位 EXTRAM(AUXR.1,即 AUXR 寄存器的 B1 位)控制。默认选择的是片内扩展 RAM,实际应用中,尽量使用片内扩展 RAM,不推荐使用片外扩展数据存储器。

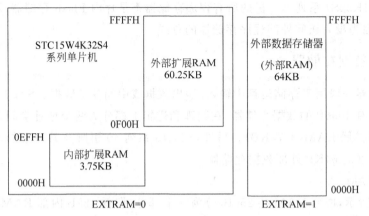

图 4-5　扩展 RAM

4.3.3　特殊功能寄存器

特殊功能寄存器(SFR)是用来对片内各功能模块进行管理、控制、监视的控制寄存器和状态寄存器,是内部 RAM 的一个特殊功能区域,地址为 80H～FFH。表 4-2 列出了 STC15W4K32S4 系列单片机的特殊功能寄存器,各特殊功能寄存器地址等于行地址加列偏移量,各特殊功能寄存器下方是其二进制复位值。附表 F.1 是这些特殊功能寄存器的详细信息。

表 4-2　STC15W4K32S4 系列单片机的特殊功能寄存器

地址	可位寻址	不可位寻址						
	+0	+1	+2	+3	+4	+5	+6	+7
80H	P0 1111 1111	SP 0000 1010	DPL 0010 0011	DPH 0000 0000	S4CON 0100 0000	S4BUF xxxx xxxx		PCON 0011 0000
88H	TCON 0000 0000	TMOD 0000 0000	TL0 RL_TL0 0000 0000	TL1 RL_TL1 0000 0000	TH0 RL_TH0 0000 0000	TH0 RL_TH1 0000 0000	AUXR 0000 0001	INT_CLKO AUXR2 0000 0000
90H	P1 1111 1111	P1M1 1100 0000	P1M0 0001 0001	P0M1 1100 0000	P0M0 0000 0000	P2M1 1000 1110	P2M0 0000 0000	CLK_DIV PCON2 0000 0000
98H	SCON 0000 0000	SBUF 0000 0000	S2CON 0100 0000	S2BUF xxxx xxxx		P1ASF 0000 0000		
A0H	P2 1111 1111	BUS_ SPEED 0000 0010	AUXR1 P_SW1 0000 0000					
A8H	IE 0000 0000	SADDR	WKTCL WKTCL_ CNT 1111 1111	WKTCH WKTCH_ CNT 0111 1111	S3CON 0100 0000	S3BUF xxxx xxxx		IE2 x000 0000

续表

地址	可位寻址	不可位寻址						
	+0	+1	+2	+3	+4	+5	+6	+7
B0H	P3 1111 1111	P3M1 1000 0000	P3M0 0000 0000	P4M1 0011 0100	P4M0 0000 0000	IP2 0000 0000	IP2H 0000 0000	IPH 0000 0000
B8H	IP 0000 0000	SADEN 0000 0000	P_SW2 0000 0000		ADC_CONTR 0000 0000	ADC_RES 0000 0010	ADC_RESL 0000 0000	
C0H	P4 1111 1111	WDT_CONTR 0000 0000	IAP_DATA 0000 0000	IAP_ADDRH 0000 0000	IAP_ADDRL 0000 0000	IAP_CMD xxxx xx00	IAP_TRIG xxxx xxxx	IAP_CONTR 0000 0000
C8H	P5 xx11 1111	P5M1 xx00 0000	P5M0 xx00 0000	P6M1 0000 0000	P6M0 0000 0000	SPSTAT 00xx xxxx	SPCTL 0000 1100	SPDAT 1111 1111
D0H	PSW 0000 0100	T4T3M 0000 0000	T4H RL_TH4 0000 0000	T4L RL_TL4 0000 0000	T3H RL_TH3 0000 0000	T3L RL_TL3 0000 0000	T2H RL_TH2 0000 0000	T2L RL_TL2 0000 0000
D8H	CCON 0000 0000	CMOD 0000 0000	CCAPM0	CCAPM1				
E0H	ACC 0000 0000	P7M1 0000 0000	P7M0 0000 0000				CMPCR1 0000 0000	CMPCR2 0000 1001
E8H	P6 1111 1111	CL 0000 0000	CCAP0L 0000 0000	CCAP1L 0000 0000	CCAP2L 0000 0000			
F0H	B 0000 0000	PWMCFG 0000 0000	PCA_PWM0 0000 0000	PCA_PWM1 0000 0000	PCA_PWM2 0000 0000	PWMCR 0000 0000	PWMIF 0000 0000	PWMFDCR 0000 0000
F8H	P7 1111 1111	CH 0000 0000	CCAP0H 0000 0000	CCAP1H 0000 0000	CCAP2H 0000 0000			

另外，STC15W4K32S4 系列单片机还有一部分特殊功能寄存器位于扩展 RAM 区域，其地址如表 4-3 所示。附表 F.2 是这些特殊功能寄存器的详细信息。若须访问这些特殊功能寄存器，需先将控制位 EAXSFR(P_SW2.7)设置为 1，才可正常读写。

表 4-3　位于扩展 RAM 的特殊功能寄存器

寄存器	描　述	地　址	复位值
PWMCH	PWM 计数器高位	FFF0H	x000 0000B
PWMCL	PWM 计数器低位	FFF1H	0000 0000B
PWMCKS	PWM 时钟选择	FFF1H	xxx0 0000B
PWM2T1H	PWM2T1 计数器高位	FF00H	x000 0000B
PWM2T1L	PWM2T1 计数器低位	FF01H	0000 0000B
PWM2T2H	PWM2T2 计数器高位	FF02H	x000 0000B
PWM2T2L	PWM2T2 计数器低位	FF03H	0000 0000B
PWM2CR	PWM2 控制	FF04H	xxxx 0000B
PWM3T1H	PWM3T1 计数器高位	FF10H	x000 0000B

续表

寄存器	描 述	地址	复位值
PWM3T1L	PWM3T1 计数器低位	FF11H	0000 0000B
PWM3T2H	PWM3T2 计数器高位	FF12H	x000 0000B
PWM3T2L	PWM3T2 计数器低位	FF13H	0000 0000B
PWM3CR	PWM3 控制	FF14H	xxxx 0000B
PWM4T1H	PWM4T1 计数器高位	FF20H	x000 0000B
PWM4T1L	PWM4T1 计数器低位	FF21H	0000 0000B
PWM4T2H	PWM4T2 计数器高位	FF22H	x000 0000B
PWM4T2L	PWM4T2 计数器低位	FF23H	0000 0000B
PWM4CR	PWM4 控制	FF24H	xxxx 0000B
PWM5T1H	PWM5T1 计数器高位	FF30H	x000 0000B
PWM5T1L	PWM5T1 计数器低位	FF31H	0000 0000B
PWM5T2H	PWM5T2 计数器高位	FF32H	x000 0000B
PWM5T2L	PWM5T2 计数器低位	FF33H	0000 0000B
PWM5CR	PWM5 控制	FF34H	xxxx 0000B
PWM6T1H	PWM6T1 计数器高位	FF40H	x000 0000B
PWM6T1L	PWM6T1 计数器低位	FF41H	0000 0000B
PWM6T2H	PWM6T2 计数器高位	FF42H	x000 0000B
PWM6T2L	PWM6T2 计数器低位	FF43H	0000 0000B
PWM6CR	PWM6 控制	FF44H	xxxx 0000B
PWM7T1H	PWM7T1 计数器高位	FF50H	x000 0000B
PWM7T1L	PWM7T1 计数器低位	FF51H	0000 0000B
PWM7T2H	PWM7T2 计数器高位	FF52H	x000 0000B
PWM7T2L	PWM7T2 计数器低位	FF53H	0000 0000B
PWM7CR	PWM7 控制	FF54H	xxxx 0000B

特殊功能寄存器是指该 RAM 单元的状态与某一具体的硬件接口电路相关,要么反映某个硬件接口电路的工作状态,要么决定某个硬件电路的工作状态。单片机内部的 I/O 接口、定时器、中断系统等模块都是对其相应的特殊功能寄存器进行操作与管理的。因此,C51 编程时经常要对特殊功能寄存器的某些位进行读/写操作。特殊功能寄存器根据其存储特性的不同可分为两类:凡字节地址能够被 8 整除的特殊功能寄存器都是可位寻址的;其他特殊功能寄存器是不可位寻址的。所以,其读/写操作也需要分情况,下面举例说明。

1. 可位寻址的特殊功能寄存器

例如,对特殊功能寄存器 TCON 的一些位进行读/写操作。表 4-4 列出了特殊功能寄存器 TCON 的信息,其地址是 88H,可以被 8 整除,所以 TCON 是可位寻址的。顾名思义,编程时可单独对某个位进行读/写操作。

表 4-4 特殊功能寄存器 TCON

寄存器	地址	B7	B6	B5	B4	B3	B2	B1	B0	复位值
TCON	88H	TF1	TR1	TF0	TR0	IE1	IT1	IE0	IT0	0000 0000B

（1）IT1 = 0;　　　　　　　　　　// IT1 清 0
（2）TR1 = 1;　　　　　　　　　　// TR1 置 1
（3）if (TF1 == 1) LED = ~LED;　　//读出 TF1 的状态，并根据该状态控制 LED

2. 不可位寻址的特殊功能寄存器

例如，对特殊功能寄存器 PCON 的一些位进行读/写操作。

表 4-5 列出了特殊功能寄存器 PCON 的信息，其地址是 87H，不可以被 8 整除，所以 PCON 是不可位寻址的。顾名思义，编程时不可单独对某个位进行读/写操作，只能对整个字节进行读/写操作。如果要单独对某个位进行读/写操作，就必须运用"按位与""按位或"等运算符。

表 4-5　特殊功能寄存器 PCON

寄存器	地址	B7	B6	B5	B4	B3	B2	B1	B0	复位值
PCON	87H	SMOD	SMOD0	LVDF	POF	GF1	GF0	PD	IDL	0011 0000B

（1）PCON = 0xB0;　　　//SMOD 置 1，其他位保持复位值
（2）PCON = 0x34;　　　// GF1 清 0，GF0 置 1，其他位保持复位值

（3）SMOD 置 1，GF0 置 1，但不能影响其他位。借用竖式分析如下：

PCON	B7	B6	B5	B4	B3	B2	B1	B0
0x84	1	0	0	0	0	1	0	0
PCON|0x84	1	B6	B5	B4	B3	1	B1	B0

PCON = PCON|0x84;　　// SMOD 置 1，GF0 置 1，但不影响其他位

（4）GF1 清 0，GF0 清 0，但不能影响其他位。借用竖式分析如下：

PCON	B7	B6	B5	B4	B3	B2	B1	B0
0xF3	1	1	1	1	0	0	1	1
PCON&0xF3	B7	B6	B5	B4	0	0	B1	B0

PCON = PCON&0xF3;　　// GF1 清 0，GF0 清 0，但不影响其他位

分析：在小型程序中，可以较轻易、准确地估算出特殊功能寄存器内各位某个时刻的状态（即复位值，或已被少数语句改变其值），这种情况可以使用（1）和（2）的写法，在对某些位进行写操作时，对寄存器内其他位也进行写操作（写成复位值或当前值）。对于较大型的程序，建议使用（3）和（4）的写法，这样可以避免改变寄存器内其他位的状态，以保证程序的正常运行。

4.4　STC15W4K32S4 系列单片机的时钟

单片机的主时钟是一个稳定的频率信号，能使单片机各内部组件同步工作，并且在和外部设备通信时也能达到同步。

图 4-6　STC-ISP 时钟源选择

4.4.1　时钟源的选择

51 单片机一般都可以使用外部时钟作为主时钟的时钟源。在此基础上,STC15W4K32S4 系列单片机还增加了内部高精度 R/C 时钟源。在运用 STC-ISP 对单片机烧录目标程序前,可以在"硬件选项"中通过"选择使用内部 IRC 时钟(不选为外部时钟)"这一选项对主时钟的时钟源进行选择,如图 4-6 所示。对于时钟频率要求不太敏感的一般应用场合,直接使用默认的内部高精度 R/C 时钟源就能满足使用要求。

1. 外部时钟源

外部时钟源可由晶振产生,其电路如图 4-7(a)所示。时钟信号的频率取决于晶振的频率;电容器 C_1 和 C_2 的作用是稳定频率和快速起振,一般取值 5～47pF,典型值为 30pF。

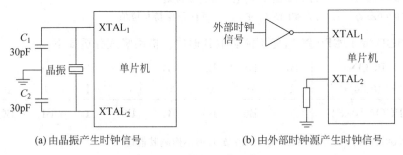

(a) 由晶振产生时钟信号　　　　(b) 由外部时钟源产生时钟信号

图 4-7　外部时钟电路

也可直接使用其他信号源作为外部时钟源,此时 $XTAL_1$ 接外部时钟信号,$XTAL_2$ 悬空或串联大电阻接地,如图 4-7(b)所示。

2. 内部高精度 R/C 时钟源

STC15W4K32S4 系列单片机内部集成了高精度 R/C 时钟源,时钟频率在 5.5296～27.0MHz 范围内可调,常温下(−20～+65℃)温漂在 ±0.6% 以内。可在运用 STC-ISP 对单片机烧录目标程序前,在"硬件选项"中选择 IRC 频率。

4.4.2　系统时钟与时钟分频寄存器

无论选择外部时钟源还是内部高精度 R/C 时钟源,主时钟不是直接与单片机 CPU、内部接口的时钟相连的,而是经过可编程时钟分频器再提供给单片机 CPU 和内部接口的。如果希望降低系统功耗,可以通过调整分频器、降低 CPU 的运行速度来实现。系统时钟即 CPU、内部接口的时钟,其频率 f_{SYS} 由主时钟频率 f_{OSC} 和分频系数 N 决定,即

$$f_{SYS} = \frac{f_{OSC}}{N} \tag{4-1}$$

其中,时钟分频器的分频系数 N 由时钟分频寄存器 CLK_DIV 中的控制位 CLKS2、CLKS1、CLKS0 控制,见表 4-6 和表 4-7。

表 4-6　时钟分频寄存器 CLK_DIV

地址	B7	B6	B5	B4	B3	B2	B1	B0	复位值
97H	MCKO_S1	MCKO_S0	ADRJ	Tx_Rx	MCLKO_2	CLKS2	CLKS1	CLKS0	0000 0000B

表 4-7　系统时钟与分频系数

CLKS2	CLKS1	CLKS0	分频系数 N	CPU 的系统时钟
0	0	0	1	f_{OSC}
0	0	1	2	$f_{OSC}/2$
0	1	0	4	$f_{OSC}/4$
0	1	1	8	$f_{OSC}/8$
1	0	0	16	$f_{OSC}/16$
1	0	1	32	$f_{OSC}/32$
1	1	0	64	$f_{OSC}/64$
1	1	1	128	$f_{OSC}/128$

　　例如,应用 STC15W4K32S4 系列单片机 IAP15W4K58S4 芯片,主时钟频率 f_{OSC} 为 24MHz。要求写出 C51 语句设置时钟分频寄存器 CLK_DIV,使系统时钟频率 f_{SYS} 为 12MHz,不能影响无关的位。

　　分析:根据式(4-1),分频系数 N 应为 2,查表 4-7 可得控制位 CLKS2、CLKS1、CLKS0 应设为 0、0、1。但时钟分频寄存器 CLK_DIV 的地址为 97H,即不可位寻址,因此要运用 "按位与""按位或"对 CLK_DIV 整个字节进行写操作。C51 语句如下:

```
CLK_DIV = CLK_DIV|0x01;        // CLKS0 置 1
CLK_DIV = CLK_DIV&0xF9;        // CLKS2、CLKS1 清 0
```

4.4.3　主时钟输出功能

　　STC15W4K32S4 系列单片机可对外输出主时钟,输出参数由时钟分频寄存器 CLK_DIV(表 4-6)控制。其中主时钟输出引脚由 MCLKO_2(CLK_DIV.3)控制,如表 4-8 所示。主时钟输出频率由 MCKO_S1(CLK_DIV.7)和 MCKO_S0(CLK_DIV.6)控制,如表 4-9 所示。

表 4-8　主时钟输出引脚控制

MCLKO_2	对外输出主时钟的引脚
0	MCLKO/P5.4
1	MCLKO_2 /P1.6

表 4-9　主时钟输出频率控制

MCKO_S1	MCKO_S0	主时钟输出功能
0	0	禁止输出
0	1	输出时钟频率＝主时钟频率
1	0	输出时钟频率＝主时钟频率/2
1	1	输出时钟频率＝主时钟频率/4

4.5 STC15W4K32S4 系列单片机的复位

复位是单片机的初始化工作，复位后单片机的 CPU 及其他功能部件都处在一个确定的初始状态，并从这个状态开始工作。复位分为热启动复位和冷启动复位两大类，如图 4-8 所示。

- STC15W4K32S4系列单片机的复位
  - 冷启动复位：掉电复位/上电复位
  - 热启动复位
    - 硬复位
      - 外部RST引脚复位
      - 内部低压检测复位
    - 软复位
      - 软件复位
      - 看门狗复位
      - 程序地址非法复位

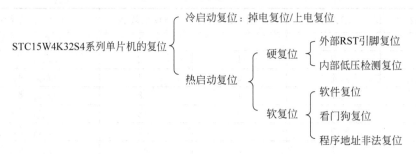

图 4-8 STC15W4K32S4 系列单片机的复位

4.5.1 复位的实现

1. 掉电复位/上电复位

当电源电压 V_{CC} 低于掉电复位/上电复位检测阈值电压时，所有的逻辑电路都会复位。当内部 V_{CC} 上升至上电复位检测阈值电压以上后，延迟 32768 个时钟，掉电复位/上电复位结束。复位状态结束后，单片机将控制位 SWBS(IAP_ CONTR. 6)置 1，同时从系统 ISP 监控程序区启动。对于 5V 单片机，它的掉电复位/上电复位检测阈值电压为 3.2V；对于 3.3V 单片机，它的掉电复位/上电复位检测阈值电压为 1.8V。

STC15W4K32S4 系列单片机内部集成了 MAX810 专用复位电路。若 MAX810 专用复位电路在 STC-ISP 编程器中被允许，则以后掉电复位/上电复位后将产生约 180ms 复位延时，复位才被解除。复位解除后单片机将控制位 SWBS(IAP_ CONTR. 6)置 1，同时从系统 ISP 监控程序区启动。

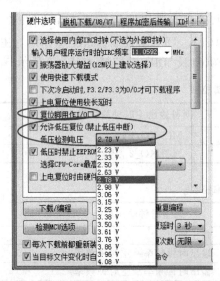

图 4-9 烧录程序时设置 RST 功能和内部低压检测阈值电压

2. 外部 RST 引脚复位

外部 RST 引脚复位是从外部向 RST 引脚施加一定宽度的复位脉冲，从而实现单片机的复位。RST 引脚在出厂时被设置为 I/O 接口，可在 STC-ISP 烧录可执行文件时将其设置为 RST 引脚，如图 4-9 所示。将 RST 复位引脚拉高并维持至少 24 个时钟加 20μs 后，单片机会进入复位状态，将 RST 复位引脚拉回低电平后，单片机结束复位状态并将控制位 SWBS(IAP_ CONTR. 6)置 1，同时从系统 ISP 监控程序区启动，如果检测不到合法的 ISP 烧录命令流，则将复位到用户程序区执行可执行文件。

图 4-10 所示为 51 单片机复位电路与复位按

键,其中 RC 电路是 51 单片机的复位电路,单片机上电时 RC 电路起延时作用进而达到上电复位的目的。STC15W4K32S4 系列单片机内部已经集成了上电复位电路,因此不再需要外接复位电路。但若单片机系统需硬复位,则运用图 4-10 所示的外接复位电路＋复位按键实现。

3．内部低压检测复位

除了上电复位检测阈值电压外,STC15W4K32S4 系列单片机还有一组更可靠的内部低压检测阈值电压。如图 4-9 所示,在 STC-ISP 烧录目标程序时,可选中"允许低压复位(禁止低压中断)"复选框,并设置"低压检测电压",当电源电压 V_{CC} 低于内部低压检测电压(LVD)时,可产生复位。低压检测复位结束后,不影响控制位 SWBS(IAP_CONTR.6)的值,单片机根据复位前控制位 SWBS(IAP_CONTR.6)的值选择是从用户程序区启动,还是从系统 ISP 监控程序区启动。

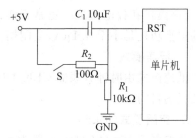

图 4-10　51 单片机复位电路与复位按键

4．软件复位

可执行文件在运行过程中,有时会有特殊需求,需要实现单片机系统软复位。STC15W4K32S4 系列单片机增加了 IAP_CONTR 特殊功能寄存器,该寄存器可实现此功能。编程时只需控制特殊功能寄存器 IAP_CONTR 的其中两位 SWBS/SWRST 就可以实现系统复位。

5．看门狗复位

看门狗的基本作用就是监视 CPU 的工作。如果 CPU 在规定的时间内没有按要求访问看门狗,就认为 CPU 处于异常状态,看门狗就会强迫 CPU 复位,使系统从用户程序区 0000H 处开始执行可执行文件,这是一种提高系统可靠性的措施。看门狗复位状态结束后,不影响控制位 SWBS(IAP_CONTR.6)的值。

6．程序地址非法复位

如果程序指针 PC 指向的地址超过了有效程序空间的大小,就会引起程序地址非法复位。程序地址非法复位状态结束后,不影响控制位 SWBS(IAP_CONTR.6)的值,单片机将根据复位前控制位 SWBS(IAP_CONTR.6)的值选择是从用户程序区启动,还是从系统 ISP 监控程序区启动。

4.5.2　复位状态

单片机复位后,单片机内 CPU 及其他功能部件都处在一个确定的初始状态,并从这个状态开始工作。STC15W4K32S4 系列单片机的复位状态如下。

(1) 不同的复位方式可能会影响程序启动区的选择控制位 SWBS(IAP_CONTR.6)的值,SWBS 清 0 时从用户程序区启动,SWBS 置 1 时从 ISP 监控程序区启动。

(2) PC 初始化为 0000H,使 CPU 从 0000H 开始执行程序。

(3) 特殊功能寄存器初始化为复位值,复位值见表 4-2。

(4) 所有并行 I/O 接口初始化为高电平(除了 P2.0 取决于烧录程序时的硬件设置)。

(5) 复位不影响内部 RAM 的状态。

4.6　STC15W4K32S4 系列单片机的省电模式

STC15W4K32S4 系列单片机可以运行 3 种省电模式以降低功耗，它们分别是低速模式、空闲模式和掉电模式。正常工作模式下，单片机的典型功耗是 $2.7\sim 7\text{mA}$，而掉电模式下的典型功耗是小于 $0.1\mu\text{A}$，空闲模式下的典型功耗是 1.8mA。

1. 低速模式

低速模式由时钟分频器 CLK_DIV(PCON2)控制，可以通过降低系统时钟频率，达到降低功耗的目的。

2. 空闲模式(IDLE)

将控制位 IDL(PCON.0)置为 1，单片机将进入空闲模式。在空闲模式下，仅 CPU 无时钟停止工作，但是外部中断、内部低压检测电路、定时器、A/D 转换等仍正常运行。而看门狗在空闲模式下是否工作取决于其自身的 IDLE 模式位 IDLE_WDT(WDT_CONTR.3)。在空闲模式下，RAM、堆栈指针(SP)、程序计数器(PC)、程序状态字(PSW)、累加器(A)等寄存器都保持原有数据。I/O 接口保持空闲模式被激活前的逻辑状态。

有两种方式可以退出空闲模式：①任何一个中断的产生都会引起 IDL(PCON.0)被硬件清除，从而退出空闲模式；②外部 RST 引脚复位，将复位脚拉高，产生复位。单片机被唤醒后，CPU 将继续执行进入空闲模式语句的下一条指令。

3. 掉电模式

将控制位 PD(PCON.1)置为 1，单片机将进入掉电模式。进入掉电模式后，单片机所使用的时钟(内部系统时钟或外部晶体/时钟)停振，由于无时钟源，CPU、看门狗、定时器、串口、A/D 转换等功能模块停止工作，外部中断、CCP 继续工作。如果低压检测电路被允许可产生中断，则低压检测电路也可继续工作；否则将停止工作。进入掉电模式后，所有 I/O 接口、特殊功能寄存器(SFRs)维持进入掉电模式前的状态不变。如果掉电唤醒专用定时器在进入掉电模式之前被打开，则进入掉电模式后，掉电唤醒专用定时器将开始工作。

进入掉电模式后，STC15W4K32S4 系列单片机中可将掉电模式唤醒的引脚资源有：①INT0/P3.2，INT1/P3.3，上升沿下降沿中断均可；②INT2/P3.6，INT3/P3.7，INT4/P3.0，仅可下降沿中断；③引脚 CCP0/CCP1；④引脚 RxD/RxD2/RxD3/RxD4；⑤引脚 T0/T1/T2/T3/T4 下降沿，前提是在进入掉电模式前相应的定时器中断已经被允许；⑥低压检测中断，前提是低压检测中断被允许，且在 STC-ISP 烧录目标程序时不勾选"允许低压复位(禁止低压中断)"复选框；⑦内部低功耗掉电唤醒专用定时器。

本章小结

STC15W4K32S4 系列单片机包含 CPU、程序存储器、数据存储器、EEPROM、定时器/计数器、串口、中断系统、比较器模块、ADC 模块、CCP 模块、专用 PWM 模块、SPI 接口以及硬件看门狗、电源监控、专用复位电路、内部高精度 R/C 时钟等模块。本章对其中的 CPU、存储器、主时钟、复位、省电模式进行了介绍，学习重点是对特殊功能寄存器的读/写操作。其他模块如并行 I/O 接口、中断系统、定时器/计数器等将在后续章节中详细介绍其用法。

第 5 章

单片机I/O接口的应用

学习目标

➢ 了解 STC15W4K32S4 系列单片机 I/O 接口的工作模式。

➢ 掌握 LED 的灌电流接法及其应用(重点)。

➢ 掌握 LED 数码管的编码方法及其应用(重点、难点)。

➢ 掌握按键、行列矩阵键盘的接法及其应用(重点、难点)。

➢ 熟悉蜂鸣器的控制方法及其应用。

5.1 STC15W4K32S4 系列单片机 I/O 接口的特性

5.1.1 I/O 接口的功能

STC15W4K32S4 系列单片机引脚排列如图 5-1 所示。图 5-1(a)所示为 PDIP40 封装,图 5-1(b)所示为 LQFP44 封装,其他封装可参考 STC 单片机数据手册。其中电源为 Gnd 和 V_{CC} 两个引脚,其余引脚的第一功能均是输入/输出(I/O)接口,且各有不同的第二功能。

1. 电源引脚

V_{CC}:单片机电源端,工作电压为 2.0～5.5V。根据需要一般接电源的＋5V 或 ＋3.3V 端。

Gnd:单片机接地端。接电源地 GND。

2. 输入/输出(I/O)接口

STC15W4K32S4 系列单片机的 PDIP40 封装共 40 个引脚,除了电源引脚外,还有 38 个 I/O 接口;LQFP44 封装共 44 个引脚,除了电源引脚外,还有 42 个 I/O 接口。具体主要有 P0 端口(P0.0～P0.7)、P1 端口(P1.0～P1.7)、P2 端口(P2.0～P2.7)、P3 端口(P3.0～ P3.7)、P4 端口、P5 端口等,用于与外部设备的连接和数据交换。单片机芯片封装不同,I/O

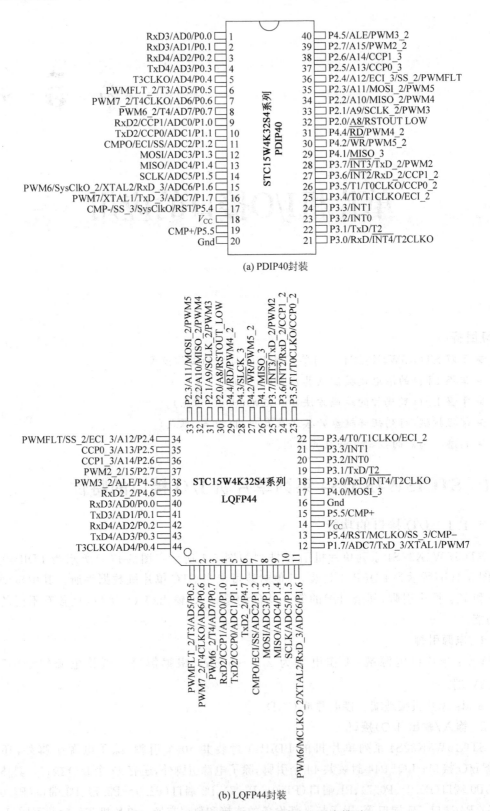

(a) PDIP40封装

(b) LQFP44封装

图 5-1 STC15W4K32S4 系列单片机引脚排列

接口的数量和分布也有所不同,实际应用中应根据需要选型,具体可参照 STC 单片机数据手册。

I/O 接口串接限流电阻的情况下,输出低电平的驱动能力均可达到 20mA 的灌电流,其中推挽输出模式时输出高电平的驱动能力也可达到 20mA 的拉电流,但单片机工作时流过整个芯片的最大电流不要超过 90mA。一般建议每个 I/O 接口对外串联一个 300Ω 电阻以保护单片机。

3. 外接晶振引脚

STC15W4K32S4 系列单片机内部集成高精度 RC 振荡电路,但也预留外接晶振引脚 XTAL1 和 XTAL2。XTAL1 与 P1.7 复用,XTAL2 与 P1.6 复用,默认为 I/O 接口,即默认使用内部 RC 振荡电路,也可以通过 STC-ISP 编程软件将 P1.7 和 P1.6 设置为晶振引脚,使用外接晶振电路使单片机产生主时钟。

4. 复位引脚

STC15W4K32S4 系列单片机内部集成复位电路,同时预留硬件复位引脚 RST。RST 与 P5.4 复用,默认为 I/O 接口,即默认使用内部集成复位电路,也可以通过 STC-ISP 编程软件将 P5.4 设置为 RST 复位引脚(高电平复位),使用外接复位电路实现单片机硬件复位。

5. ALE 引脚

允许地址锁存 ALE,当访问外部存储器或者外部扩展的并行 I/O 接口时,ALE 的输出用于锁存地址的低位字节。单片机 ALE 引脚与 P4.5 复用,现在 ALE 已较少使用。

6. 其他复用功能

I/O 接口的复用功能主要有定时器/计数器、中断系统、A/D 转换模块、比较器模块、PCA 可编程阵列模块、PWM 模块、串行口模块以及 SPI 模块等,第 6～9 章将会详细介绍。

STC15W4K32S4 系列单片机上电或复位后,除电源引脚外,其他引脚默认是普通 I/O 接口功能,当正确设置相应寄存器后可开启复用功能使用。另外,单片机内部集成模块的外部输入/输出引脚可通过编程进行切换,默认功能引脚的名称以原功能名称表示,切换后的名称在原功能名称基础上依次加序号表示。

5.1.2　I/O 接口的结构

STC15W4K32S4 系列单片机芯片 I/O 接口内部结构如图 5-2 所示。其中有 3 个上拉晶体管适应输出时不同的需要: VT_1 为强上拉,其上拉电流能达到 mA 级; VT_2 为极弱上拉,上拉能力一般为 5～18μA; VT_3 为弱上拉,上拉能力一般为 150～250μA。

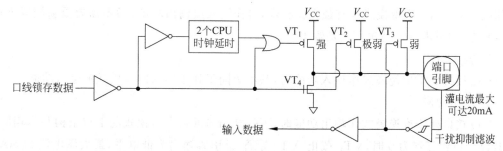

图 5-2　STC15W4K32S4 系列单片机 I/O 接口内部结构

每个 I/O 端口内部都包含一个 8 位锁存器,即特殊功能寄存器 P0~P7。这种结构在数据输出时具有锁存功能,即在重新输出新的数据之前,引脚上的数据一直保持不变,但对输入信号是不锁存的,所以外设输入的数据必须保持到取数指令执行为止。

STC15W4K32S4 系列单片机所有的 I/O 接口均有 4 种工作模式,即准双向口模式、推挽模式、高阻输入模式和开漏模式。

1. 准双向口模式

准双向口模式等同传统 8051 单片机 I/O 接口工作模式,具有弱上拉特性,可作输入或输出功能,而不需重新配置 I/O 接口状态(即不需指定是作输入还是输出)。

1) 输入功能。

当从引脚上输入数据时,VT_4 应一直处于截止状态。如果在输入数据之前正在输出低电平 0,则 VT_4 是导通的,该引脚保持低电平无法随输入数据而改变,所以无法读取输入数据的高、低电平。因此,处在准双向口模式且需要输入数据时,应先向接口锁存器写 1,使 VT4 截止,VT_2、VT_3 导通弱上拉,才可作数据输入。

I/O 接口带有一个干扰抑制电路,作数据输入时一般情况下应加限流电阻。

2) 输出功能。

当 I/O 接口锁存器为 1 时,VT_2 导通,如果 I/O 引脚外部悬空,VT_2 这个极弱的上拉源产生很弱的上拉电流,将该引脚上拉为高电平;同时,该高电平使 VT_3 导通,VT_3 弱上拉电流也将该引脚上拉为高电平。如果 I/O 引脚被外部电路下拉到低电平时,VT_3 断开弱上拉,而 VT_2 维持导通极弱上拉,但外部电路灌电流依然让 I/O 引脚被拉到低电平。

当 I/O 接口锁存器为 0 时,VT_1、VT_3 和 VT_2 均截止,VT_4 导通,该引脚输出为低电平,最大灌电流 20mA,使用中应加限流电阻。

当 I/O 接口锁存器由 0 变 1 时,VT_1 用来加快准双向口由逻辑电平 0 到逻辑电平 1 的转换。此时,VT_1 强上拉导通约 2 个时钟以使引脚能够迅速上拉到高电平,之后 VT_1 截止。

当 I/O 接口输出为高电平 1 时驱动能力很弱,允许外部装置将其拉低;当 I/O 接口输出为低电平 0 时,它的驱动能力较强,可吸收最大 20mA 的电流。当输出低电平 0 的 I/O 引脚通过限流电阻与另一个输出高电平 1 的 I/O 引脚连在一起时,两个 I/O 引脚均是低电平 0。

2. 推挽模式

I/O 接口处于推挽模式时,图 5-2 中仅部分元器件发挥作用,为便于理解,将此部分重画如图 5-3 所示。推挽模式具有强上拉特性,可作输入或输出功能,而不需要重新配置 I/O 接口状态(即不需指定是输入还是输出)。

1) 输入功能

I/O 接口处于推挽模式作输入功能时,基本等同于处于准双向口模式的输入功能。

2) 输出功能

I/O 接口处于推挽模式作输出功能时,下拉结构与准双向口模式的下拉结构基本相同。当 I/O 接口锁存器为 0 时,VT_1 截止,VT_4 导通,该引脚输出为低电平,最大灌电流 20mA;当 I/O 接口锁存器为 1 时,VT_1 导通,VT_4 截止,可提供持续的强上拉功能,最大拉电流

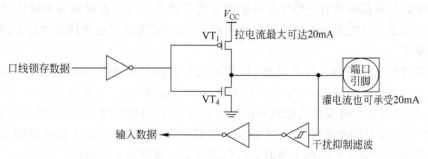

图 5-3 推挽模式内部结构

20mA；使用中I/O引脚应加限流电阻。推挽模式适用于输出高电平时需要较大驱动电流的情况。

3. 高阻输入模式

I/O接口处于高阻输入模式时，图 5-2 中仅部分元器件发挥作用，为便于理解，将此部分重画如图 5-4 所示。I/O接口处于高阻输入模式时只可作输入，不能作输出。高阻输入模式具有电流既不能流入也不能流出的特性，I/O接口不提供 20mA 灌电流的能力。高阻输入模式的输入功能基本等同于准双向口模式的输入功能。

图 5-4 高阻输入模式内部结构

4. 开漏模式

I/O接口处于开漏模式时，图 5-2 中仅部分元器件发挥作用，为便于理解，将此部分重画如图 5-5 所示。开漏模式又称 OD(Open Drain)模式，具有漏极开路输出，也即内部上拉电阻断开，无法产生拉电流的特性；可作输入(需上拉电阻)或输出功能。

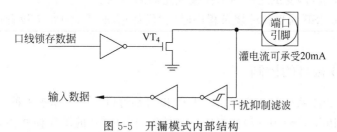

图 5-5 开漏模式内部结构

1）输入功能

I/O接口处于开漏模式作输入功能时，必须外接上拉电阻，此时基本等同于准双向口模式的输入功能。

2）输出功能

I/O接口处于开漏模式作输出功能时，下拉结构与准双向口模式的下拉结构基本相同。当I/O接口锁存器为 0 时，VT_4 导通，该引脚输出为低电平，最大灌电流 20mA；当I/O接口锁存器为 1 时，VT_4 截止，外接上拉电阻时可输出高电平。

开漏模式的开漏输出这一特性的一个明显优势就是可以很方便地调节输出电平,因为输出电平完全由上拉电阻连接的电源电平决定,所以在需要进行电平转换的地方,非常适合使用开漏输出。

需要逻辑电平转换的一种情况是,与单片机 I/O 接口互连器件的额定电压比单片机 V_{CC} 更低。例如,IAP15W4K58S4 的工作电压是 5V,若需与 3.3V 器件互连,可如图 5-6 所示,将 I/O 接口设置成开漏模式以断开内部的上拉电阻,对外串接一个 330Ω 的限流电阻与 3.3V 器件的 I/O 引脚相连接;3.3V 器件的 I/O 引脚外部加 10kΩ 上拉电阻到 3.3V。这样 I/O 引脚高电平时 3.3V,低电平时 0V,可以保证正常的输入输出。

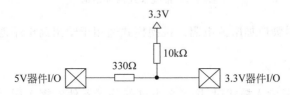

图 5-6   5V 器件 I/O 引脚与 3.3V 器件 I/O 引脚互连电路

同理,需要逻辑电平转换的另一种情况是,与单片机 I/O 接口互连器件的额定电压比单片机 V_{CC} 高。比如单片机 I/O 接口开漏模式,上拉电阻接 12V,则单片机输出高电平时 I/O 引脚输出 12V,方便匹配外部电路。

5.1.3   I/O 接口的复位状态

STC15W4K32S4 系列单片机每个 I/O 接口复位之后都为高电平。其中 P2.0 可在 STC-ISP 编程软件烧录程序时的"硬件选项"中设置成复位后为低电平。

STC15W4K32S4 系列单片机多数 I/O 接口复位之后的工作模式是准双向口,除了以下情况。

(1) P0.6、P0.7、P1.6、P1.7、P2.1、P2.2、P2.3、P2.7、P3.7、P4.2、P4.4、P4.5 这些与 PWM 相关的 I/O 接口,复位之后的工作模式是高阻输入。

(2) 可在 STC-ISP 编程软件烧录程序时的"硬件选项"中将 P3.7 设置成复位后的工作模式为推挽输出。

5.1.4   I/O 接口的控制

STC15W4K32S4 系列单片机的每个 I/O 接口都可以分别工作于 4 种工作模式之一,由寄存器 PnM1 和 PnM0(n=0~7)的相应位来控制,例如,P0 的工作模式由寄存器 P0M1 和 P0M0 控制。寄存器与 I/O 接口的对应关系如表 5-1 所示,其他端口的工作模式寄存器与此类似。

表 5-1   P0 工作模式寄存器

寄 存 器	配　　置							
	P0.7	P0.6	P0.5	P0.4	P0.3	P0.2	P0.1	P0.0
P0M1	B7	B6	B5	B4	B3	B2	B1	B0
P0M0	B7	B6	B5	B4	B3	B2	B1	B0

寄存器对I/O接口工作模式的设置方式如表5-2所示。

表5-2 寄存器对I/O接口工作模式的设置方式

PnM1	PnM0	I/O接口工作模式	特　性
0	0	准双向口模式	可作输入或输出,等同传统8051单片机I/O接口模式; 灌电流最大20mA,要加限流电阻,拉电流270～150μA
0	1	推挽模式	可作输入或输出,具有强上拉特性; 灌电流最大20mA,拉电流20mA,要加限流电阻
1	0	高阻输入模式	只可作输入,不能作输出,电流既不能流入也不能流出
1	1	开漏模式	可作输入或输出,内部上拉电阻断开; 灌电流最大20mA,拉电流为0,使用中要加限流电阻

例如,要求写出C51语句,设置P2.3接口为推挽模式。P2M1和P2M0用于设定P2端口的工作模式,其中P2M1.3和P2M0.3用于设定P2.3接口的工作模式。如表5-3所示,即可将P2.3设置为推挽模式。

表5-3 将P2.3设置为推挽模式

模式	B7	B6	B5	B4	B3	B2	B1	B0
P2M1	—	—	—	—	0	—	—	—
P2M0	—	—	—	—	1	—	—	—

由于P2M1的地址为95H、P2M0的地址为96H,均不可位寻址。因此,写出以下C51语句将P2.3设置为推挽模式:

```
P2M1 = P2M1&0xF7;          // P2M1.3清0,不影响其他位
P2M0 = P2M1 | 0x08;        // P2M0.3置1,不影响其他位
```

若要求P2端口的8个接口均设置为准双向口模式,可通过以下C51语句来实现:

```
P2M1 = 0;       P2M0 = 0;      //设置P2端口为准双向口模式
```

若要求P1端口的8个接口均设置为高阻输入模式,可通过以下C51语句来实现:

```
P1M1 = 0xFF;    P1M0 = 0x00;   //设置P1端口为高阻输入模式
```

5.2 显示电路及应用

5.2.1 发光二极管显示电路

发光二极管(Light-Emitting Diode,LED)是一种能将电能转化为光能的半导体电子元件,具有单向导电性,在单片机系统中常常用于指示某个开关量的状态。LED符号如图5-7所示。

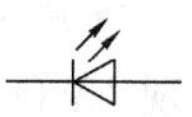

目前LED种类繁多,根据封装不同,常用的有直插式ϕ5mm和ϕ3mm尺寸的有贴片式封装结构;根据颜色不同,常用的有红、黄、绿、蓝、白等各种颜色的LED;根据散射或聚光不同,又分为散光LED

图5-7 LED符号

和聚光LED；根据用途不同，常用的有普通LED、高亮LED、照明LED、装饰美化LED灯串等。普通红色LED实物如图5-8所示。

(a) 直插式LED　　　(b) 贴片式LED

图5-8　普通红色LED实物

普通LED一般流过2～3mA以上的电流即可发光，LED导通电压一般为1.8V左右。电流越大，亮度越强，但电流过大，则可能损坏LED。在使用中一般需要给LED串联一个限流电阻，控制流过LED的电流，保证LED正常工作。

图5-9(a)所示为单片机采用灌电流方式驱动发光二极管电路。一般在实际应用中，应尽量采用这种驱动方式，从而提高系统的负载能力和可靠性。图5-9(b)是单片机采用拉电流方式驱动发光二极管，需要将相应的I/O接口设置为推挽模式时，输出高电平才能点亮LED。

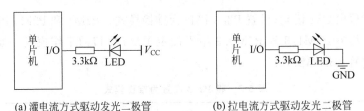

(a) 灌电流方式驱动发光二极管　　　(b) 拉电流方式驱动发光二极管

图5-9　普通发光二极管LED驱动电路

【例5-1】　图5-9(a)所示是灌电流方式驱动发光二极管原理图，应用STC15W4K32S4系列IAP15W4K58S4单片机，系统时钟频率为12MHz，P4.6连接一个LED。编写C51程序实现功能：LED一亮一灭地闪烁。

C51源程序如下：

```
1     # include < stc15.h>           //包含STC15系列单片机头文件
2     sbit LED = P4^6;               //定义LED为可位寻址位并指定地址为P4.6
3     void main()                    //定义主函数
4     {
5         unsigned int t;            //定义t为无符号整型变量，用作for延时
6         P4M1 = 0; P4M0 = 0;        //设置P4为准双向口模式
7         while(1)                   //主循环
8         {
9             LED = 0;               // LED(即P4.6)输出逻辑0，即低电平，LED点亮
10            for(t = 0;t < 65000;t++);  //for函数循环空语句实现延时
11            LED = 1;               // LED(即P4.6)输出逻辑1，即高电平，LED熄灭
12            for(t = 0;t < 65000;t++);  //for函数循环空语句实现延时
13        }
14    }
```

分析如下。

(1) 采用灌电流方式驱动LED，单片机I/O接口工作于准双向口模式，P4.6输出低电平0即可点亮LED，延时一点时间，输出高电平1即可熄灭LED，延时一点时间。如此循环即可实现LED闪烁。

(2) 可在官方STC15单片机实验箱4对例5-1进行实践，也可通过Proteus仿真或自行搭建实验环境对例5-1进行实践。

【**例 5-2**】 如图 5-10 所示,应用 STC15W4K32S4 系列 IAP15W4K58S4 单片机,系统时钟频率为 12MHz,P0 端口连接 8 个普通发光二极管 LED,采用灌电流方式驱动。编写 C51 程序实现功能:3 种模式的 LED 流水灯效果。

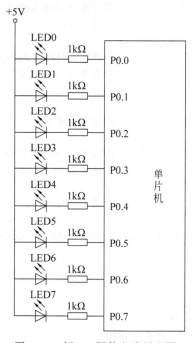

图 5-10 例 5-2 硬件电路原理图

C51 源程序如下:

```
1    # include < stc15.h >              //包含 STC15 系列单片机头文件
2    # define uchar unsigned char       //定义 uchar 为 unsigned char
3    void Delay (unsigned int x);       //声明延时函数
4    void mode1();                      //声明模式 1
5    void mode2();                      //声明模式 2
6    void mode3();                      //声明模式 3
7    void main()                        //定义主函数
8    {
9        P0M1 = 0; P0M0 = 0;            //设置 P0 为准双向口模式
10       while(1)                       //主循环
11       {
12           mode1();                   //调用模式 1
13           mode2();                   //调用模式 2
14           mode3();                   //调用模式 3
15       }
16   }
17   void Delay(unsigned int n)         //定义延时函数,单片机工作频率 12MHz
18   {
19       unsigned char i,j;             //定义无符号字符型变量 i、j
20       for( ;n > 0;n -- )             //循环 n 次
21           for(i = 12;i > 0;i -- )    //循环 12 次
22               for(j = 169;j > 0;j -- ); //空语句循环 169 次
```

```
23      }
24      void mode1()                        //定义模式1
25      {
26          uchar n;                        //定义无符号字符型变量n
27          P0 = 0x55;                      //设置P0的初始值为0x55,LED间隔发光
28          for(n = 0;n < 8;n++)            //循环8次
29          {
30              Delay (300);                //调用延时函数Delay(),实参为300
31              P0 = ～P0;                  //P0取反,LED状态反转
32          }
33      }
34      void mode2()                        //定义模式2
35      {
36          P0 = 0x80;                      //设置P0初始值为0x80,即只有P0.7的LED灭,其他亮
37          while(P0!= 0)                   //循环至P0的值为0
38          {
39              Delay (300);                //调用延时函数Delay(),实参为300
40              P0 = P0 >> 1;
41      //P0向右移1位.例如,P0原值为0010 0000 B,向右移一位变成0001 0000B
42          }
43      }
44      void mode3()                        //定义模式3
45      {
46          uchar n[8] = {0x7E,0x3C,0x18,0x00,0x81,0xC3,0xE7,0xFF};
47      //定义无符号字符型数组n,存放编码
48          uchar i;                        //定义无符号字符型变量i,用作计算次数
49          for(i = 0;i < 8;i++)            //循环8次
50          {
51              P0 = n[i];   //读取n数组的i元素赋值给P0输出,则LED按当前编码进行显示
52              Delay (300);                //调用延时函数Delay(),实参为300
53          }
54      }
```

可在官方STC15单片机实验箱4+扩展板对例5-2进行实践,也可通过Proteus仿真或自行搭建实验环境对例5-2进行实践。

5.2.2　LED数码管显示与应用

1. LED数码管显示原理

　　LED数码管是显示数字和字母等数据的重要显示器件之一,其显示原理是通过点亮内部的LED,点亮相应的字段组合从而实现相应数字、字母和符号的显示。常用的数码管有1位数码管、2位数码管、3位数码管和4位数码管;数码管的右下角有些带小数点有些不带小数点;有些带有冒号":"用于时钟的显示;还有"米"字数码管等,其实物如图5-11所示。LED数码管的显示颜色有红色,也有绿色、蓝色等,可以根据需要选用。

　　1) 1位LED数码管

　　1位LED数码管里面共有8个独立的LED,每个LED称为一个字段。显示一个8字需要a、b、c、d、e、f、g共7个字段,显示小数点dp需要1个字段,还有一个公共端com同时连接第3和第8引脚,所以1位数码管共封装了10个引脚,其引脚分布如图5-12(a)所示。根据

LED公共端的连接方式,又分为共阴极数码管[图5-12(b)]和共阳极数码管[图5-12(c)]。

图 5-11　各种常用 LED 数码管实物

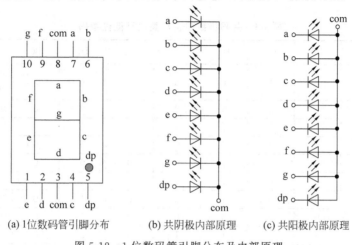

(a) 1位数码管引脚分布　　(b) 共阴极内部原理　　(c) 共阳极内部原理

图 5-12　1 位数码管引脚分布及内部原理

　　共阳极数码管内部 8 个 LED 的阳极全部连接在一起作为公共端 com,硬件电路设计时 com 接高电平,某字段的阴极接低电平则相应的 LED 点亮,接高电平则 LED 熄灭。类似地,共阴极数码管内部 8 个 LED 的阴极全部连接在一起作为公共端 com,硬件电路设计时 com 接低电平,某字段的阳极接高电平则相应的 LED 点亮,接低电平则相应的 LED 熄灭。

　　显示数字需要同时点亮相应的字段,为了编程方便,一般在编程之初就给需显示的字符编码。具体的编码与硬件息息相关:根据共阳极和共阳极数码管的不同,点亮各字段的高、低电平是相反的;一般情况下 8 个字段顺序连接 I/O 端口,编码就是按顺序从高位到低位或者从低位到高位进行,但有时 8 个字段与 I/O 端口不是顺序连接,此时应该根据硬件连接的实际情况进行编码。共阴极数码管按顺序从高位到低位对显示 0~9 进行编码如表 5-4 所示。共阳极数码管按顺序从高位到低位对显示 0~9 进行编码如表 5-5 所示。

表 5-4　共阴极数码管从高位到低位编码

数据位	B7	B6	B5	B4	B3	B2	B1	B0	共阴极编码
字段	dp	g	f	e	d	c	b	a	不带小数点/带小数点
显示 0	0/1	0	1	1	1	1	1	1	0x3F/0xBF
显示 1	0/1	0	0	0	0	1	1	0	0x06/0x86
显示 2	0/1	1	0	1	1	0	1	1	0x5B/0xDB
显示 3	0/1	1	0	0	1	1	1	1	0x4F/0xCF
显示 4	0/1	1	1	0	0	1	1	0	0x66/0xE6

续表

数据位	B7	B6	B5	B4	B3	B2	B1	B0	共阴极编码
显示 5	0/1	1	1	0	1	1	0	1	0x6D/0xED
显示 6	0/1	1	1	1	1	1	0	1	0x7D/0xFD
显示 7	0/1	0	0	0	0	1	1	1	0x07/0x87
显示 8	0/1	1	1	1	1	1	1	1	0x7F/0xFF
显示 9	0/1	1	1	0	1	1	1	1	0x6F/0xEF

表 5-5　共阳极数码管从高位到低位编码

数据位	B7	B6	B5	B4	B3	B2	B1	B0	共阳极编码
字段	dp	g	f	e	d	c	b	a	不带小数点/带小数点
显示 0	1/0	1	0	0	0	0	0	0	0xC0/0x40
显示 1	1/0	1	1	1	1	0	0	1	0xF9/0x79
显示 2	1/0	0	1	0	0	1	0	0	0xA4/0x24
显示 3	1/0	0	1	1	0	0	0	0	0xB0/0x30
显示 4	1/0	0	0	1	1	0	0	1	0x99/0x19
显示 5	1/0	0	0	1	0	0	1	0	0x92/0x12
显示 6	1/0	0	0	0	0	0	1	0	0x82/0x02
显示 7	1/0	1	1	1	1	0	0	0	0xF8/0x78
显示 8	1/0	0	0	0	0	0	0	0	0x80/0x00
显示 9	1/0	0	0	1	0	0	0	0	0x90/0x10

2）多位一体 LED 数码管

除了 1 位数码管之外，2 位一体、3 位一体和 4 位一体的数码管是实际应用中用得较多的显示器件。多位一体数码管，其内部每一位独立对应一个公共端 com，称为"位选线"，可控制相应的数码管是否显示；而每位的对应段线则全部连接在一起，称为"段选线"，可控制点亮的数码管显示什么数字。单片机及外围电路通过控制位选线和段选线就可以控制任意的数码管显示任意的数字或符号。2 位一体共阳数码管内部原理图如图 5-13 所示。

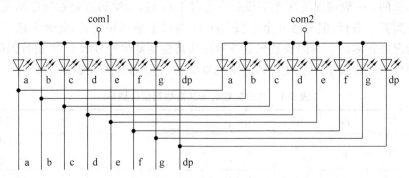

图 5-13　2 位一体共阳数码管内部原理图

单片机控制 LED 数码管的显示主要有以硬件资源为主的静态显示和以软件为主的动态扫描显示两种方式。此时传输数据用的是并行数据传输。有时为了节省单片机 I/O 接口,需要将串行数据转换成并行数据,同时还有一些专门用于 LED 数码管显示和按键的芯片。下面分别介绍数码管静态显示和动态显示的原理。

2. 数码管静态显示

静态显示是指数码管显示某一字符时,相应的发光二极管恒定导通或截止。工作时每位数码管相互独立;共阴极数码管所有公共端恒定接地,共阳极数码管所有公共端恒定接正电源;每个数码管的 8 个字段分别与一个 8 位 I/O 端口相连。I/O 端口只要有段码输出,相应的字符即显示出来,并保持不变,直到 I/O 端口输出新的段码。

【例 5-3】 图 5-14 所示是两个 1 位共阳数码管的静态显示原理图,应用 STC15W4K32S4 系列 IAP15W4K58S4 单片机,系统时钟频率为 12MHz。编写 C51 程序实现功能:2 位数码管循环显示数学凑十法的相对应的两个数,即 1-9、2-8、3-7、4-6、5-5。

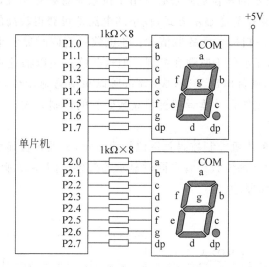

图 5-14 两个 1 位共阳数码管静态显示原理图

C51 源程序如下:

```
1    #include <stc15.h>                //包含 STC15 系列单片机头文件
2    void Delay(unsigned int n);      //声明延时函数
3    unsigned char tab[ ] = {0xC0,0xF9,0xA4,0xB0,0x99,0x92,0x82,0xF8,0x80,0x90};
                                       //数字 0~9 编码
4    void main()                      //主函数
5    {
6        unsigned char i;             //定义无符号字符型变量 i,用于记录当前显示的数
7        P1M1 = 0; P1M0 = 0;          //设置 P1 为准双向口模式
8        P2M1 = 0; P2M0 = 0;          //设置 P2 为准双向口模式
9        while(1)                     //主循环
10       {
11           for(i = 1;i < = 5;i++)   //数码管 1 从数字 1 显示到数字 5
12           {
13               P1 = tab[i];   //读取数字 i 的编码并赋值给 P1,从而控制数码管 1 显示数字 i
14               P2 = tab[10 - i];    //读取数字 10-i 的编码并赋值给 P2,从而控制数
                                       //码管 2 显示数字 10 - i
15               Delay (500);         //调用延时函数 Delay()
```

```
16              }
17          }
18      }
19      void Delay(unsigned int n)          //定义延时函数,单片机工作频率12MHz
20      {
21          unsigned char i,j;              //定义无符号字符型变量 i, j
22          for( ;n>0;n-- )                 //循环 n 次
23              for(i=12;i>0;i-- )          //循环 12 次
24                  for(j=169;j>0;j--);     //空语句循环 169 次
25      }
```

可在 Proteus 中仿真,或自行搭建实验环境对例 5-3 进行实践。

需特别注意,静态显示的每位数码管必须由 1 位数码管独立实现,而不能使用多位一体的数码管来实现显示。采用静态显示方式,较小的电流即可获得较高的亮度,所以同等显示环境下限流电阻要比动态扫描显示的取值大;各位数码管同时显示不需要扫描,所以占用 CPU 时间少,编程简单,显示便于监测和控制。但这些优点是以牺牲硬件资源实现的,因为占用单片机 I/O 接口多,硬件电路复杂,成本高,所以只适合显示位数较少的场合,实际应用中较少使用,例 5-3 只用作帮助读者理解独立数码管的控制方式。

3. 数码管动态显示

动态扫描显示是指单片机控制数码管逐位轮流显示,只要每位显示的间隔足够短,利用余晖效应,就会让人感觉到每位数码管在同时显示的效果。图 5-15 所示是一个 4 位一体共阳数码管的动态扫描显示原理图。

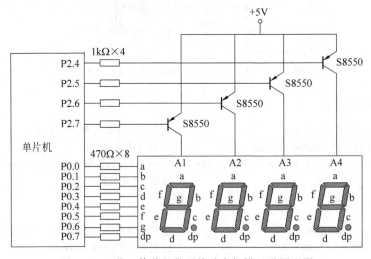

图 5-15 4 位一体共阳数码管动态扫描显示原理图

实现动态扫描显示,实际上是单片机轮流向各位数码管送出字符编码和相应的位选信号。为了更好地理解,下面对 LED 数码管动态扫描显示原理进行慢动作分解。

(1) 打开第 1 位数码管(即该位位选线 P2.7 低电平),关闭其他位数码管(即其他位选线高电平),按照第 1 位数码管需显示的数据向段选线 P0 输出编码;延时一点时间。

(2) 打开第 2 位数码管,关闭其他位数码管,输出第 2 位数据编码;延时一点时间。

    ⋮

（n）打开第 n 位数码管,关闭其他位数码管,输出第 n 位数据编码;延时一点时间。

（n+1）返回第(1)步,以此循环。

从慢动作分解看到的显示效果是数码管第 1 位显示相应的数字一点时间,然后熄灭;第 2 位显示相应的数字一点时间,然后熄灭;一直到第 n 位显示相应的数字一点时间,然后熄灭;接着第 1 位显示相应的数字一点时间,然后熄灭;以此循环。只要延时的时间足够小,在人眼看来,所有数码管就可以稳定地同时显示了。

采用动态扫描显示方式比较节省单片机的 I/O 接口,硬件电路也较静态显示方式简单,但其显示亮度比静态显示方式稍暗,而且在显示位数较多时,单片机要依次扫描,占用 CPU 的时间较多。

工作在动态扫描显示方式的数码管,需要通过增大扫描时的驱动电流来提高数码管的显示亮度。一般情况下采用三极管分立元件或专用的驱动芯片(如 ULN2003 等)作为位选驱动,采用 74LS244 或 74LS573 作为段选锁存及驱动。当然 STC 单片机 I/O 接口具有较强的驱动能力,特别是对低电平的拉低能力,推挽模式也可以直接驱动 LED 数码管。

【例 5-4】 图 5-15 所示是 4 位共阳数码管动态显示电路原理图,应用 STC15W4K32S4 系列 IAP15W4K58S4 单片机,系统时钟频率为 12MHz。编写 C51 程序实现功能:4 位数码管从左往右依次显示 6、7、8、9。

C51 源程序如下:

```
1    # include < stc15. h>                              //包含 STC15 系列单片机头文件
2    # define Led_Data P0                               //定义段选线
3    sbit LED1 = P2^7;                                  //定义第 1 位位选线
4    sbit LED2 = P2^6;                                  //定义第 2 位位选线
5    sbit LED3 = P2^5;                                  //定义第 3 位位选线
6    sbit LED4 = P2^4;                                  //定义第 4 位位选线
7    unsigned char code SEG7[] = {0xC0,0xF9,0xA4,0xB0,0x99,0x92,0x82,0xF8,0x80,0x90,0xff};
     //"0、1、2、3、4、5、6、7、8、9、灭"的共阳数码管编码
8    void delay(unsigned int v)                         //延时函数
9    {
10       while(v!= 0)v -- ;                             //空语句循环 v 次
11   }
12   void Display(unsigned char j,unsigned char k)      //数码管显示函数
13   {                                                  //j 为第几位,k 为需显示的字符
14       LED1 = 1;LED2 = 1;LED3 = 1;LED4 = 1; delay (10);  //全灭,消除重影
15       Led_Data = SEG7[k];                            //输出段码
16       switch(j)                                      //判断 j 取值
17       {
18           case 0: LED1 = 1;LED2 = 1;LED3 = 1;LED4 = 1;break; //j 为 0 则数码管全灭
19           case 1: LED1 = 0;LED2 = 1;LED3 = 1;LED4 = 1;break; //j 为 1 则第 1 位数码管亮,其他灭
20           case 2: LED1 = 1;LED2 = 0;LED3 = 1;LED4 = 1;break; //j 为 2 则第 2 位数码管亮,其他灭
21           case 3: LED1 = 1;LED2 = 1;LED3 = 0;LED4 = 1;break; //j 为 3 则第 3 位数码管亮,其他灭
22           case 4: LED1 = 1;LED2 = 1;LED3 = 1;LED4 = 0;break; //j 为 4 则第 4 位数码管亮,其他灭
23       }
24       delay (100);                                   //延时
25   }
26   void main()                                        //主函数
27   {
```

```
28        P0M1 = 0; P0M0 = 0;                    //设置 P0 为准双向口模式
29        P2M1 = 0; P2M0 = 0;                    //设置 P2 为准双向口模式
30        while(1)                               //主循环
31        {
32            Display(1,6);                      //调用 Display()令第 1 位数码管显示 6
33            Display(2,7);                      //调用 Display()令第 2 位数码管显示 7
34            Display(3,8);                      //调用 Display()令第 3 位数码管显示 8
35            Display(4,9);                      //调用 Display()令第 4 位数码管显示 9
36        }
37    }
```

可在官方 STC15 单片机实验箱 4＋扩展板对例 5-4 进行实践，也可通过 Proteus 仿真或自行搭建实验环境对例 5-4 进行实践。

4. 串行数据动态显示

图 5-14 所示的数码管静态显示电路占用 16 个 I/O 接口用于显示 2 位字符；图 5-15 所示的 4 位数码管动态显示电路占用 12 个 I/O 接口用于显示 4 位字符。对于一些稍微复杂的单片机系统，I/O 接口资源可能不够用，这时就需要使用串行数据转并行数据芯片，从而进一步降低对单片机 I/O 接口的占用。常用串行数据转并行数据芯片有 74LS164 和 74HC595 等，其中 74LS164 更多应用于单个 LED 数码管的驱动显示，特别是在电磁炉等小家电产品中得到广泛应用；而 74HC595 则更多应用于多级的级联驱动显示。

图 5-16 所示是 74HC595 串行转并行驱动 LED 数码管动态显示电路的典型应用原理图。段选和位选数据都可以由 74HC595 作串行数据转并行传输，这样就大大减少了对单片机 I/O 接口的占用。

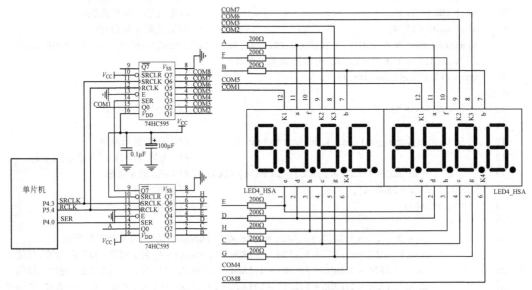

图 5-16　LED 数码管动态显示电路原理图

【例 5-5】　图 5-16 所示是 LED 数码管动态显示电路原理图，应用 STC15W4K32S4 系列 IAP15W4K58S4 单片机，系统时钟频率为 12MHz。编写 C51 程序实现功能：8 位数码管从左往右依次显示十六进制 1H～FH 的单数。

C51 源程序如下：

```
1    #include<stc15.h>                       //包含 STC15 系列单片机头文件
     /* --------- I/O 接口定义 --------- */
2    sbit P_HC595_SER = P4^0;                //接 74HC595 第 14 引脚 SER,数据输入
3    sbit P_HC595_RCLK = P5^4;               //接 74HC595 第 12 引脚 RCLK,锁存时钟
4    sbit P_HC595_SRCLK = P4^3;              //接 74HC595 第 11 引脚 SRCLK,移位时钟
     /* --------- 段控制码、位控制码的定义 --------- */
5    unsigned char code SEG7[] = {           //共阴数码管编码
6        0x3F,0x06,0x5B,0x4F,0x66,0x6D,0x7D,0x07,0x7F,0x6F,0x77,0x7C,0x39,0x5E,0x79,0x71,
                                             //0、1、2、3、4、5、6、7、8、9、A、B、C、D、E、F
7        0xBF,0x86,0xDB,0xCF,0xE6,0xED,0xFD,0x87,0xFF,0xEF,0xF7,0xFC,0xB9,0xDE,0xF9,0xF1,
                                             //0.、1.、2.、3.、4.、5.、6.、7.、8.、9.、A.、B.、C.、D.、E.、F.
8        0x00};                              //灭
9    unsigned char code Scon_bit[] = {0xff,0xfe,0xfd,0xfb,0xf7,0xef,0xdf,0xbf,0x7f};
                                             //位控制码
     /* --------- 向 595 发送字节函数 --------- */
10   void F_Send_595(unsigned char x)
11   {
12       unsigned char i;                    //定义无符号字符型变量 i
13       for(i = 0;i < 8;i++)                //执行 8 次
14       {
15           P_HC595_SRCLK = 0;              //移位时钟为 0
16           P_HC595_SER = x&0x80;           //取出 x 最高位并向 595 发送
17           x = x << 1;                     //x 左移 1 位
18           P_HC595_SRCLK = 1;              //移位时钟从 0 变为 1,数据移位 1 次
19       }
20   }
     /* --------- 数码管动态显示函数 --------- */
21   void display(unsigned char j,unsigned char k)  //j 取值 1~8,对应第 1~8 位数码管
22   {                                       //k 取值 0~16,对应 0~9,A~F,灭
23       unsigned char i;                    //定义无符号字符型变量 i 记录传输位数
24       for(i = 0;i < 8;i++)                //执行 8 次
25       {
26           P_HC595_RCLK = 0;               //锁存时钟为 0
27           F_Send_595(Scon_bit[j]);        //向 595 发送位控制码
28           F_Send_595(SEG7[k]);            //向 595 发送段控制码
29           P_HC595_RCLK = 1;               //锁存时钟由 0 变 1,向数码管输出数据
30       }
31   }
32   void main()                             //主程序
33   {
34       P4M1 = 0; P4M0 = 0;                 //设置 P4 为准双向口模式
35       P5M1 = 0; P5M0 = 0;                 //设置 P5 为准双向口模式
36       while(1)                            //主循环
37       {
38           display(1,1);                   //第 1 位数码管显示 1
```

```
39              display(2,3);                    //第2位数码管显示3
40              display(3,5);                    //第3位数码管显示5
41              display(4,7);                    //第4位数码管显示7
42              display(5,9);                    //第5位数码管显示9
43              display(6,11);                   //第6位数码管显示b
44              display(7,13);                   //第7位数码管显示d
45              display(8,15);                   //第8位数码管显示f
46          }
47      }
```

分析如下。

(1) 74HC595 串行转并行驱动 LED 数码管动态显示电路是常用电路,可将此程序修改成头文件 595.h(附录 G),此后单片机系统设计时,均可应用图 5-16 所示的电路,然后将头文件 595.h 粘贴到工程所在文件夹,在 C51 程序中包含 595.h,此后即可调用 display 函数来控制数码管显示数据。

(2) 可在官方 STC15 单片机实验箱 4 对例 5-5 进行实践,也可通过 Proteus 仿真或自行搭建实验环境对例 5-5 进行实践。

5. 数码管显示常用芯片

在实际单片机应用系统开发过程中,为了节省单片机 I/O 接口硬件资源,提高单片机 CPU 的处理效率,在 LED 数码管的显示接口设计方面,常使用串行数据动态显示的方式,大幅减少单片机 I/O 接口的占用;特别是同时伴随有按键电路的情况下,常使用数码管显示驱动和键盘扫描专用芯片,常用的有 MAX7219、TM1638 等。本书对此不作介绍,可以根据需要查阅相关的芯片手册,进行相关的设计应用。

5.3　按键电路及应用

5.3.1　按键工作原理

1. 按键外形及符号

图 5-17 是常用的一些单片机系统机械按键实物。在单片机应用系统中经常用到的按键是机械弹性开关,当用力按下按键时,按键闭合,即两个引脚之间导通;松开手后按键自动恢复常态,即两个引脚之间断开。图 5-18 是按键符号。

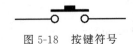

图 5-17　常用机械按键实物　　　　　　　　　图 5-18　按键符号

2. 按键触点的机械抖动及处理

机械式按键在按下或松开时,由于机械弹性作用的影响,通常伴随有触点机械抖动,一定时间之后其触点才稳定下来。其抖动过程如图 5-19 所示。按键在按下或松开瞬间有明显抖动现象,抖动时间的长短和按键的机械特性有关,一般为 5~10ms。而按键按下而又未

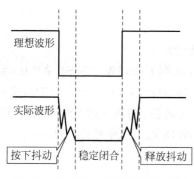

图 5-19　按键触点的机械抖动过程

松开期间,一般称为按键闭合的稳定期,这个时间由用户操作按键的动作决定,一般都在几十毫秒至几百毫秒,甚至更长时间。

因此,单片机应用系统中检测按键是否按下时都要加上去抖动处理,通常有硬件电路去抖动和软件延时去抖动两种方法。硬件电路去抖动主要有 R-S 触发器去抖动电路、RC 积分去抖动电路和专用去抖动芯片电路等。而软件延时去抖动的方法也可以很好地解决按键抖动问题,并且不需要添加额外的硬件电路,从而节约了硬件成本,在实际单片机应用系统中得到普遍应用。

3. 键盘的分类

键盘分为编码键盘和非编码键盘。编码键盘是指键盘上闭合键的识别由专用的硬件编码器实现,并产生键编码号或键值的键盘,如计算机键盘;而非编码键盘是指靠软件编程来识别的键盘。在单片机应用系统中,更常用的是非编码键盘。非编码键盘主要分为独立键盘和行列矩阵式键盘两种。

5.3.2　独立键盘的检测原理及应用

在单片机应用系统中,如果只需要几个功能键,而不需要输入数字 0～9 等,则采用独立式键盘结构较为合适。

1. 独立键盘的结构与原理

独立键盘是直接用单片机 I/O 接口连接单个按键构成的电路,其特点是每个按键单独占用一个 I/O 接口,每个键盘的工作不会影响其他 I/O 接口的状态。独立键盘应用原理如图 5-20 所示。单片机复位后 I/O 接口为高电平,所以常态下(即不按按键)I/O 接口为高电平;而当按下按键,按键两引脚连通使 I/O 接口接地,由于 I/O 接口工作于准双向口模式,此时 I/O 接口被拉低电平,检测结果为低电平。因此,按键检测电路低电平有效。

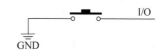

图 5-20　独立键盘应用原理图

由于 STC15W4K32S4 系列单片机的 I/O 接口内部已有上拉电阻,按键外电路可以不接上拉电阻;如果单片机 I/O 接口内部没有上拉电阻(如传统 89C51 单片机的 P0 端口),则需要上拉电阻,按键没按时才可保持高电平。

2. 独立键盘的应用

独立键盘是单片机应用系统中常用的应用。其软件处理的流程如下。

(1) 确保每个按键所接 I/O 接口输出高电平;否则无法读取输入电平。

(2) 逐位查询每个按键所接的 I/O 接口输入状态:若都是高电平,则重复步骤(2);若某个 I/O 接口输入为低电平,则执行步骤(3)。

(3) 调用延时子函数进行软件去抖。

(4) 再次检测按键所接 I/O 接口是否确实被按下出现低电平:若是高电平则执行步骤(2);若是低电平则执行步骤(5)。

（5）进行按键功能处理。

（6）等待按键松开。

（7）返回步骤（2），或执行程序其他操作后再返回步骤（2）。

【例 5-6】 电路如图 5-21 所示，应用 STC15W4K32S4 系列 IAP15W4K58S4 单片机，系统时钟频率为 12MHz，P3.2 连接按键 SW17，P3.3 连接按键 SW18；P1.7 连接 LED7，灌电流方式驱动。编写 C51 程序实现独立按键控制 LED 的显示状态：每按一次 SW17 则 LED7 状态翻转一次（亮/灭）；按下 SW18 则 LED7 闪烁，松开 SW18 则 LED7 停止闪烁。

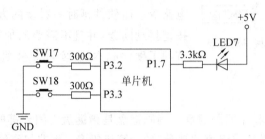

图 5-21　例 5-6 硬件电路原理图

C51 源程序如下：

```
1    # include < stc15.h >          //包含 STC15 系列单片机头文件
2    sbit LED7 = P1^7;             //定义 LED7 为可位寻址位并指定地址为 P1.7
3    sbit SW17 = P3^2;             //定义 SW17 为可位寻址位并指定地址为 P3.2
4    sbit SW18 = P3^3;             //定义 SW18 为可位寻址位并指定地址为 P3.3
5    void delay (unsigned int n);  //声明延时函数
6    void main()                   //主函数
7    {
8        P1M1 = 0;    P1M0 = 0;    //设置 P1 为准双向口模式
9        P3M1 = 0;    P3M0 = 0;    //设置 P3 为准双向口模式
10       while(1)                  //主循环
11       {
12           if(SW17 == 0)         //检测 SW17 是否按下出现低电平
13           {
14               delay (20);       //调用延时子函数进行软件去抖动
15               if(SW17 == 0)     //再次检测 SW17 是否确实按下出现低电平
16               {
17                   LED7 = ~LED7; //LED7 取反
18                   while (SW17 == 0); //等待 SW17 松开
19               }
20           }
21           if(SW18 == 0)         //检测按键是否按下出现低电平
22           {
23               delay (20);       //调用延时子函数进行软件去抖动
24               if(SW18 == 0)     //再次检测按键是否确实按下出现低电平
25               {
26                   LED7 = ~LED7; // LED7 输出取反
27                   delay (200);  //调用延时子函数
28               }
29           }
```

```
30          }
31      }
32      void delay(unsigned int n)              //定义延时函数,单片机工作频率为 12MHz
33      {
34          unsigned char i,j;                  //定义无符号字符型变量 i、j
35          for( ;n>0;n-- )                     //循环 n 次
36              for(i=12;i>0;i-- )              //循环 12 次
37                  for(j=169;j>0;j-- ); //空语句循环 169 次
38      }
```

分析如下。

(1) 本例只需要两个按键即可实现功能,所以采用了独立键盘结构,两个按键的连接、检测相互独立,布线、编程都比较方便。

(2) STC15W4K32S4 系列单片机建议每个I/O引脚都串接一个300Ω电阻以保护单片机。因此,SW17、SW18 是串联了 300Ω 电阻再接入单片机的。

(3) 两个按键的检测过程中都做了软件延时去抖处理,实际应用中去抖的延时时间可根据实际情况调整,以用户舒适体验为准。

(4) 图 5-22(a)所示为主循环流程图,图 5-22(b)所示为 SW17 流程图,图 5-22(c)所示为 SW18 流程图。从 C51 程序及流程图可看出,SW17 和 SW18 的流程图有点类似:都是检测到低电平,然后软件延时去抖,接着实现功能(LED7 状态翻转)。不同的是 SW17 流程在实现功能后,只有等到松开 SW17 才视为当次按键操作结束。而 SW18 流程在实现功能后,延时了一定时间就结束了本次流程,在主循环再次执行到 SW18 流程时,若 SW18 持续按下则 LED7 再次翻转,从而实现按键连按的功能,在本例中实现"按下 SW18 则 LED7 闪烁"的效果。

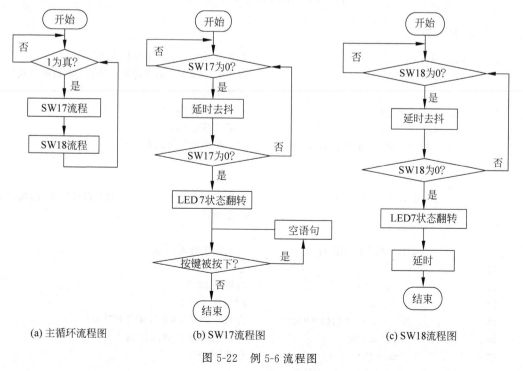

(a) 主循环流程图　　　　(b) SW17流程图　　　　(c) SW18流程图

图 5-22　例 5-6 流程图

（5）可在官方 STC15 单片机实验箱 4，或在 Proteus 中仿真，或自行搭建实验环境对例 5-6 进行实践。

3．独立键盘的改进

从例 5-6 所列的对独立键盘的应用可看出，在按键实现功能后主要应用了"while 语句"和"延时"两种方法对按键按下后松开的处理。应用 while 语句方法检测按键是否按下，若按下则循环空语句，直到松开按键才视为当次按键操作结束；这样处理的好处是每按一次按键，都只进行一次操作，避免出现按键连按的情况；但同时又会导致一些问题，若用户一直按着按键或者按键坏了，导致按键两个引脚一直短接无法断开，则会出现 CPU 无法执行其他程序段的问题，在一些实时性比较高的单片机系统中可能会出现意想不到的后果。而应用延时的方法，在按键松开后需要延时一定的时间，可能导致降低单片机的工作效率。因此，需要对独立键盘进行改进。

【例 5-7】 电路如图 5-23 所示，应用 STC15W4K32S4 系列 IAP15W4K58S4 单片机，系统时钟频率为 12MHz。编写 C51 程序实现独立键盘控制加 1 或减 1，并用数码管显示出来：按下 SW17 使 2 位 LED 数码管显示的数字加 1，当加 1 到最大值 99 后回到最小值 0；按 SW18 显示的数字减 1，当减 1 到最小值 0 后回到最大值 99。

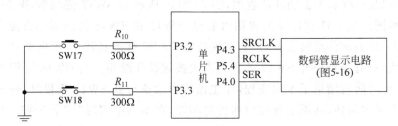

图 5-23　例 5-7 硬件电路原理图

C51 源程序如下：

```
1    #include<stc15.h>              //包含 STC15 系列单片机头文件
2    #include"595.h"                //包含 74HC595 串行转并行驱动 LED 数码管动态
                                    //显示头文件
3    sbit SW17 = P3^2;             //定义按键 SW17
4    sbit SW18 = P3^3;             //定义按键 SW18
5    unsigned char KEY_Scan(bit mode);   //声明按键扫描函数
6    void main(void)               //主函数
7    {
8        signed int i = 0;         //为了 i 能小于 0,定义 i 为有符号变量,初始值 0
9        while(1)                  //主循环
10       {
11           switch(KEY_Scan(0))  //判断按键返回值
12           {
13               case 17:         //按键 SW17
14                   i-- ;        //变量 i 减 1
15                   if(i<0){i=99;}   //判断如果 i<0 就重新赋值 99
16                   break;       //跳出当前 switch 结构
17               case 18:         //按键 SW18
```

```
18              i++;                        //变量 i 加 1
19              if(i>99){i=0;}              //判断如果 i>99 就重新赋值 0
20              break;                      //跳出当前 switch 结构
21          default:break;                  //默认跳出当前 switch 结构
22          }
23          display(7,i/10);                //数码管显示十位数据
24          display(8,i%10);                //数码管显示个位数据
25      }
26  }
27  unsigned char KEY_Scan(bit mode)        //按键扫描函数
28  {                                       //mode=0：按一次，mode=1：连按
29      unsigned int t;                     //用作延时
30      static bit key_flag=1;              //按键松开标志
31      if (mode)  key_flag=1;              //支持连按
32      if (key_flag&&(SW17==0||SW18==0))   //判断是否有按键按下
33      {
34          for(t=2000;t>0;t--);            //延时去抖动
35          key_flag=0;                     //按键按下标志
36          if(SW17==0)  return 17;         //按键 SW17 按下返回 17
37          else if(SW18==0)  return 18;    //按键 SW18 按下返回 18
38      }
39      else if (SW17==1&&SW18==1)          //如果两个按键都松开
40          key_flag=1;                     //按键松开标志
41      return 0;                           //无按键按下返回 0
42  }
```

分析如下。

（1）对独立键盘编写了按键扫描函数，由 mode 决定按键的工作模式。当 mode=0，按键按一次，则程序严格执行一次；当 mode=1，则实现连按功能，配合定时器使用，可能效果更好。

（2）按键扫描函数中应用了 static 定义"按键标志位 key_flag"为静态局部变量，可令 key_flag 在函数调用结束后不释放存储单元，保留原值，可实现下一次调用该函数时，该变量保留上一次函数调用结束时的值，从而实现每按一次按键程序只执行一次的功能。

（3）可在官方 STC15 单片机实验箱 4，或在 Proteus 中仿真，或自行搭建实验环境对例 5-7 进行实践。

5.3.3 行列矩阵键盘的原理及应用

在单片机应用系统中，如果按键比较多的情况下，采用独立键盘结构会占用单片机过多的 I/O 接口资源，因此通常选用行列矩阵键盘或 A/D 键盘。其中 A/D 键盘将在第 8 章讲解。

1. 行列矩阵键盘的结构与原理

如图 5-24 所示，行列矩阵键盘由行线和列线组成，按键位于行线和列线的交叉点上，只要 8 个 I/O 接口就可以构成 4×4 共 16 个按键的键盘，比独立按键多出 1 倍。图 5-24 与附图 D-6 稍有区别，图 5-24 是原理图，附图 D-6 每个 I/O 接口均串联 300Ω 电阻作为保护单片

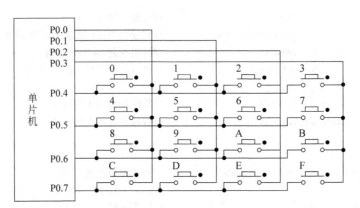

图 5-24　行列矩阵键盘电路原理图

机之用,而且 4×4 键盘连接单片机 P0 端口,所以接了 4 个 $10k\Omega$ 的上拉电阻。

按键的检测原理:由程序设置某个按键的行线为高电平而列线为低电平,当该按键没有被按下,则其行线保持高电平;当该按键被按下,由于 I/O 接口工作在准双向口模式,行线电平被列线拉低,此时检测行线结果为低电平。反之,若设置某个按键的行线为低电平而列线为高电平,当该按键没有被按下,则其列线保持高电平;当该按键被按下,由于 I/O 接口工作在准双向口模式,列线电平被行线拉低,此时检测列线结果为低电平。

2. 行列矩阵键盘的识别与编码

按照行列矩阵键盘的按键检测原理,只能逐个按键进行检测,程序效率较低。实际应用中,要识别整个矩阵键盘中哪个按键被按下,可按以下流程编程。

(1) 判断键盘中有无按键被按下。将全部行线置低电平,然后检测列线的状态。只要列线不全是高电平,则起码有一列线电平为低电平,即表示键盘中有按键被按下,而且闭合的按键位于低电平列线与 4 根行线相交叉的 4 个按键之中。若所有列线均为高电平,则键盘中无键按下。

(2) 判断闭合键所在的位置。在确认有键按下后,即可进入确定具体闭合键的过程。最常见的是扫描法和翻转法。

扫描法是依次将行线置为低电平,即在置某根行线为低电平时其他行线为高电平,找出会令列线出现低电平的行线;此时再逐列检测电平状态,若某列线为低电平,则该列线与置为低电平的行线交叉处的按键就是闭合的按键,根据闭合键的行值和列值得到按键的键值。

翻转法是行全扫描,读取列码;列全扫描,读取行码。

(3) 确定按下按键的键值。翻转法得出的是闭合键的行码、列码,也就是键码,此时可根据键码,采用查表法得出键值。键值一般用 $0\sim15$ 或 $1\sim16$ 来表示 16 个按键。

不管是翻转法、扫描法还是其他方法,无非就是把被按下的按键位置找出来,从位置分析键值,继而实现对相关功能的控制。

3. 行列矩阵键盘的应用

【例 5-8】　电路如图 5-25 所示,应用 STC15W4K32S4 系列 IAP15W4K58S4 单片机,系统时钟频率为 12MHz,P0 端口连接键盘。编写 C51 程序,实现 4×4 行列矩阵键盘控制 LED 显示键值,要求运用查询扫描方式,采用翻转法通过 4 个 LED 二进制显示 4×4 矩阵键盘的键值 $0\sim15$。

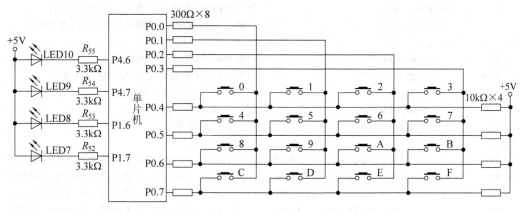

图 5-25 例 5-8 硬件电路原理图

C51 源程序如下：

```
1    #include<stc15.h>                      //包含 STC15 系列单片机头文件
2    #include<intrins.h>                    //包含 intrins.h头文件,其中定义了空函数_nop_()
3    #define KeyBus P0                       //P0 端口接键盘
4    unsigned char keyscan();               //声明判断键值函数
5    sbit  LED7 = P1^7;                      //定义 LED7
6    sbit  LED8 = P1^6;                      //定义 LED8
7    sbit  LED9 = P4^7;                      //定义 LED9
8    sbit  LED10 = P4^6;                     //定义 LED10
9    void main()
10   {
11       unsigned char i;                   //定义局部变量存放键值
12       P0M1 = 0; P0M0 = 0;                 //设置 P0 为准双向口模式
13       P1M1 = 0; P1M0 = 0;                 //设置 P1 为准双向口模式
14       P4M1 = 0; P4M0 = 0;                 //设置 P4 为准双向口模式
15       while(1)                            //主循环
16       {
17           i = keyscan();                  //通过 keyscan()函数读取键值,并赋予变量 i
18           if(i!= 16)                       //键值不等于 16 表示有按键被按下,此时执行相应功能
19           {
20               LED7 = !(i/8);   //LED7 显示 i 的二进制最高位(因此时 i 在二进制下只有 4 位)
21               LED8 = !(i/4 % 2);          //LED8 显示 i 的二进制第二高位
22               LED9 = !(i/2 % 2);          //LED9 显示 i 的二进制第二低位
23               LED10 = !(i % 2);           //LED10 显示 i 的二进制最低位
24           }
25       }
26   }
27   unsigned char keyscan()
28   {                                       //判断键值函数:若有,则按下按键返回键值(0~
                                             //15);若无,则按下按键返回 16
29       unsigned char temH;                 //定义变量 temH 存放行码
30       unsigned char temL;                 //定义变量 temL 存放列码
31       unsigned char key;                  //定义变量 key 存放键值
```

```
32        KeyBus = 0x0F;                        //行全扫描(全部行线置0,全部列线置1)
33        if (KeyBus!= 0x0F)                    //若低4位(列线)出现低电平表示有按键被按下
34        {
35            temL = KeyBus;                     //用temL保存当前列码
36            KeyBus = 0xF0;                     //列全扫描(全部列线置0,全部行线置1)
37            _nop_(); _nop_(); _nop_(); _nop_();  //延时等待状态稳定
38            temH = KeyBus;                     //用temH保存当前行码
39            switch(temL)                       //查表得出列值
40            {
41                case 0x0e: key = 0; break;    //若temL为00001110B,表示第0列有按键被按下
42                case 0x0d: key = 1; break;    //若temL为00001101B,表示第1列有按键被按下
43                case 0x0b: key = 2; break;    //若temL为00001011B,表示第2列有按键被按下
44                case 0x07: key = 3; break;    //若temL为00000111B,表示第3列有按键被按下
45                default:return 16;            //没有按键被按下则输出16
46            }
47            switch(temH)                       //查表得出键值
48            {
49                case 0xe0: return key; break;      //若temH为11100000B表示按下的按键
                                                     //在第0行,计算并返回键值
50                case 0xd0: return key + 4; break;  //若temH为11010000B表示按下的按键
                                                     //在第1行,计算并返回键值
51                case 0xb0: return key + 8; break;  //若temH为10110000B表示按下的按键
                                                     //在第2行,计算并返回键值
52                case 0x70: return key + 12; break; //若temH为01110000B表示按下的按键
                                                     //在第3行,计算并返回键值
53                default:return 16;                 //若没有按键被按下则返回16
54            }
55        }
56        else return 16;                       //若没有按键被按下,则返回16;若无此句,则编译warning
57    }
```

分析如下。

(1) LED7～LED10 的显示控制运用了 3.3.2 小节的数据拆分知识,也可运用 switch 语句对每种 i 的情况单独判别,继而分别控制 4 个 LED:

```
switch(i)                                         //分析键值i(0～15)
{
    case 0: LED7 = 1;LED8 = 1; LED9 = 1; LED10 = 1; break;   //若按键0被按下,则LED全灭
    case 1: LED7 = 1;LED8 = 1; LED9 = 1; LED10 = 0; break;   //若按键1被按下,则LED10亮,其他
                                                             //LED全灭

        …

}
```

(2) 例 5-6、例 5-7、例 5-8 对键盘的检测都运用了查询扫描方式,即主循环一次,就对键盘扫描一次。这在中大型单片机系统中是比较浪费 CPU 资源的,甚至会影响 CPU 对其他器件的监控。解决方法是运用定时扫描或中断扫描对键盘进行检测。定时扫描是利用单片机内部定时器产生一定时间的定时,定时扫描键盘是否有操作,一旦检测到有按键按下立即响应,根据键值执行相应的功能操作,定时扫描方式将在第 7 章学习定时器/计数器时讲解。

中断扫描是通过单片机中断系统检测按键有否被按下,在有被按下时才执行按键相应的操作,中断扫描方式在第6章学习中断系统时讲解。对CPU资源的占用,查询扫描方式最多,定时扫描次之,中断扫描最少,可根据实际应用系统中程序结构和功能实现的复杂程度等因素来选取。

（3）可在官方STC15单片机实验箱4,或在Proteus中仿真,或自行搭建实验环境对例5-8进行实践。

5.4 蜂鸣器驱动原理及应用

5.4.1 蜂鸣器的原理

蜂鸣器是一种一体化结构的电子讯响器,采用直流电压供电,广泛应用于计算机、报警器、洗衣机、电磁炉、计算器、电子钟表、电子玩具等电子产品中作发声器件。根据蜂鸣器发音的方式不同,蜂鸣器主要分为电磁式蜂鸣器和压电式蜂鸣器两种类型。蜂鸣器在电路中常用字母H或HA表示。蜂鸣器符号如图5-26(a)所示。

(a)蜂鸣器符号　　　(b)有源蜂鸣器实物　　　(c)无源蜂鸣器实物

图5-26　蜂鸣器

1.有源蜂鸣器和无源蜂鸣器

根据蜂鸣器内部是否含有振荡源,将蜂鸣器分为有源蜂鸣器[图5-26(b)]和无源蜂鸣器[图5-26(c)]。有源蜂鸣器内部包含振荡源,引脚有正、负极之分,只要接入直流电源就会发出一定频率的声音;而无源蜂鸣器内部没有振荡源,不能直接接入一个直流电压,而是要用几千赫兹的方波信号去驱动,才能发出相应频率的声音。一般单片机系统应用情况下,如果仅仅作为按键提示音或报警音使用,选用有源蜂鸣器即可;如果在单片机的控制下需要发出不同音调的多种声音、演奏各种音调的音乐等,则选用无源蜂鸣器更为合适。

2.蜂鸣器硬件驱动电路

蜂鸣器的工作电流一般要几十毫安,但单片机的I/O接口本身的驱动能力有限,所以需要通过晶体管接稳压源驱动蜂鸣器才能正常发出声音。蜂鸣器典型应用电路如图5-27所示。晶体管选用PNP三极管S8550,基极通过电阻连接单片机I/O接口。对于有源蜂鸣器,当I/O接口输出低电平时,三极管导通,蜂鸣器通电,发出声音;当I/O接口输出高电平时,三极管截止,蜂鸣器不工作。对于无源蜂鸣器,可运用单片机的定时器或PWM输出方

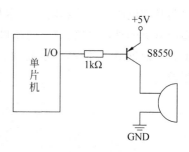

图5-27　蜂鸣器典型应用电路

波,或简单地通过程序使 I/O 接口输出方波,使无源蜂鸣器发出一定频率的声音。

5.4.2　蜂鸣器的应用

【例 5-9】　图 5-27 所示是蜂鸣器典型应用电路,应用 STC15W4K32S4 系列 IAP15W4K58S4 单片机,系统时钟频率为 12MHz。晶体管 S8550 驱动一个有源蜂鸣器,当单片机的 P2.2 输出低电平时,蜂鸣器工作。编写 C51 程序实现功能:控制蜂鸣器发出"响-停-响-停"的"嘀嘀嘀嘀"报警声音。

C51 源程序如下:

```
1    #include<stc15.h>              //包含 STC15 系列单片机头文件
2    sbit BUZZER = P2^2;            //定义 BUZZER 为可位寻址位并指定地址为 P2.2
3    void main()                    //定义主函数
4    {
5        unsigned int t;            //定义 t 为无符号整型变量,用作 for 延时
6        P2M1 = 0;    P2M0 = 0;      //设置 P2 为准双向口模式
7        while(1)                   //主循环
8        {
9            BUZZER = 0;            //BUZZER(即 P2.2)输出逻辑 0,即低电平,驱动有源蜂
                                    //鸣器发声
10           for(t = 0;t<65000;t++);  //for 函数循环空语句实现延时
11           BUZZER = 1;            //BUZZER(即 P2.2)输出逻辑 1,即高电平,有源蜂鸣器
                                    //不发声
12           for(t = 0;t<65000;t++);  //for 函数循环空语句实现延时
13       }
14   }
```

分析如下。

(1) 根据图 5-27,有源蜂鸣器需单片机接口输出低电平即可驱动。题目要求有源蜂鸣器间隔发声,因此只需控制相应 I/O 接口间隔输出低电平即可完成题目要求,此控制与例 5-1 类似。

(2) 可在官方 STC15 单片机实验箱 4+扩展板,或在 Proteus 上仿真,或自行搭建实验环境对例 5-9 进行实践。

本章小结

本章分析了 STC15W4K32S4 系列单片机的 I/O 接口的工作模式,然后介绍了 I/O 接口与外部电路的连接和应用。本章介绍的 LED、数码管、按键、键盘、蜂鸣器等,都是单片机系统常见的外部电路,其结构简单,便于控制/检测,掌握之后就可举一反三地控制其他外部电路。而继电器、液晶显示模块、红外模块等其他常用外部模块,可在实践过程中再自行学习。

第 **6** 章

单片机的中断系统

学习目标

➤ 熟悉中断的基本概念。

➤ 熟悉中断响应过程(难点)。

➤ 掌握单片机中断设置、中断服务函数的 C51 编写方法(重点)。

➤ 掌握 STC15W4K32S4 系列单片机外部中断的 C51 应用方法(重点)。

在单片机运行过程中,有很多随机事件需要处理,如某个引脚传来了一个下降沿信号、如定时器计满溢出(第 7 章)等,若不停地检测这些信号,势必浪费 CPU 资源;若这些随机事件同时需要 CPU 处理,又会造成资源竞争。为解决这些问题,单片机引入了中断系统,这实际上是一种资源共享技术,可以使单片机的工作更灵活、效率更高。

6.1 中断系统概述

如图 6-1 所示,中断是 CPU 执行程序过程中,外部或内部发生了随机事件,通过硬件打

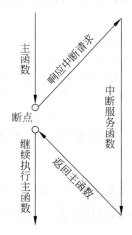

图 6-1 中断响应过程

断程序的执行,请求 CPU 迅速去处理;CPU 暂时停止当前程序的执行,而转去执行预先安排好的处理该事件的中断服务函数;当处理结束后,CPU 再返回到被暂停的程序断点处,按照原来的流程继续执行程序。

实现这种中断功能的硬件系统和软件系统统称为中断系统,这是单片机的重要组成部分。中断系统在实时控制、故障处理、单片机与外设间传送数据、实现人机交互等情景下被广泛应用。

6.2　中断过程

一个中断的工作过程包括中断请求、中断响应、中断服务和中断返回 4 个阶段,每个阶段包含的详细步骤如图 6-2 所示。下面参照 STC15W4K32S4 系列单片机介绍中断系统的工作过程,其他型号的 51 单片机的中断系统工作过程与此大致相同。

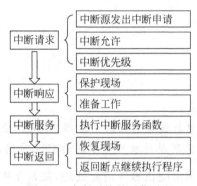

图 6-2　中断系统的工作过程

6.2.1　中断请求

1. 中断源发出中断申请

引起 CPU 中断的根源或原因称为中断源。当某个触发行为(中断源)发生时,该事件相应的中断申请标志位(特殊功能寄存器中的某个特定位)会被硬件置 1,即该中断源向 CPU 发出中断申请,如图 6-3 所示。

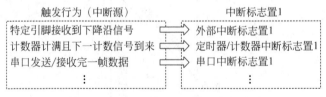

图 6-3　中断源向 CPU 发出中断申请

2. 中断允许

单片机中断系统有两种不同类型的中断:一类称为非屏蔽中断;另一类称为可屏蔽中断。对非屏蔽中断,不能用软件的方法加以禁止,一旦有中断申请,CPU 必须予以响应;对可屏蔽中断,则可以通过软件方法来控制是否允许某中断源的中断请求,允许中断称为中断开放,不允许中断称为中断屏蔽。

STC15W4K32S4 系列单片机的中断源大多是可屏蔽中断,每个中断源都有各自的中断允许控制位,置 1 时允许该中断申请,置 0 时禁止该中断申请,复位值为 0。还有一个总中断允许控制位 EA,置 1 时开放 CPU 中断申请,置 0 时禁止所有中断申请,复位值为 0。

图 6-4 是 STC15W4K32S4 系列单片机的几个常用中断源的部分结构,其中的开关都是由特殊功能寄存器中某个控制位来控制的。例如,定时器/计数器 0(Timer0)溢出时,其标志位 TF0 被硬件置 1,接着信号要经过两个开关,一个是其允许控制位 ET0 控制的,另一个是总中断控制位 EA 控制的,只有这两个控制位都被软件置 1,开关才导通,Timer0 的中断申请信号才能继续向 CPU 传输。由此可见,允许一个中断,必须同时满足:①该中断开放;②总中断 EA 开放。

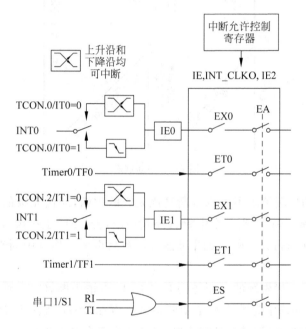

图 6-4 STC15W4K32S4 系列单片机的几个常用中断源的部分结构

这里要提出一点,当某个触发行为发生时,该事件相应的中断申请标志位就会被硬件置 1,无论这个中断是被开放的还是被屏蔽的。这就为 C51 编程中的查询方式提供了基础,查询方式将在后续章节中学习。

3. 中断优先级

单片机的 CPU 是单线程工作的。当多个中断源同时发出中断申请时,CPU 只能选择其中一个优先响应,然后再逐个响应其他的中断申请。这就必须给每个中断源设置一个优先等级的顺序,这就是中断优先级。

STC15W4K32S4 系列单片机一般有两个优先级,即高优先级、低优先级。CPU 会优先处理高优先级的中断。系统复位后,所有中断的优先级均为低优先级,某些中断源的优先级可设置为高优先级,只需在程序中把其优先级控制位设置为 1 即可,如外部中断 INT0、INT1 以及定时器/计数器 T0、T1 溢出中断和串行口 1 中断等;某些中断源的优先级固定为低优先级,如外部中断 INT2、INT3、INT4 以及定时器/计数器 T2、T3、T4 溢出中断。

下面分析几种情形下 CPU 响应中断的次序。

(1) 高优先级的中断请求可以打断低优先级的中断。例如,当 CPU 正在响应低优先级的中断 A,此时高优先级的中断 B 申请中断,则 CPU 会暂停中断 A 的响应,优先响应中断 B,待完成了中断 B 的中断服务函数,再回到中断 A 的中断服务函数断点处继续执行,最后回到主函数断点继续执行。此过程称为中断嵌套,如图 6-5 所示。

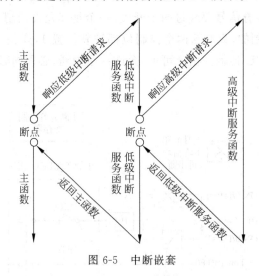

图 6-5 中断嵌套

(2) 低优先级的中断请求不可以打断高优先级的中断,同优先级的中断请求也不可以打断正在响应的中断。例如,当一个中断 A 申请中断,若 CPU 正在执行同级或高优先级的中断 B,则 CPU 会在执行完中断 B 的中断服务函数后再重新检查中断申请,响应当前优先级最高的中断申请。

(3) 如果多个同一优先级的中断源同时向 CPU 申请中断,CPU 通过内部硬件查询逻辑,按自然优先级顺序确定先响应哪个中断请求。例如,中断 A、B 同是低优先级,同时向 CPU 申请中断,则 CPU 查询其自然优先级,自然优先级高者先被响应。在中断服务后再重新检查中断申请,响应当前优先级最高的中断申请。

6.2.2 中断响应

中断响应是指 CPU 对中断源中断请求的响应,它包括完成当前任务和准备工作两个步骤。

1. 完成当前任务

当中断源发出请求,在中断允许的条件下,CPU 会响应中断。但 CPU 并非任何时刻都会立刻响应中断请求,若有下列任何一种情况存在,会不同程度地增加 CPU 响应中断的时间。

(1) CPU 正在执行同级或高优先级的中断。

（2）正在执行 RETI 中断返回指令或访问与中断有关的寄存器指令,如访问 IE 和 IP 的指令。

（3）当前指令未执行完。

若存在上述任何一种情况,CPU 暂时不响应中断请求,而在完成上述任务的下一指令周期重新查询各中断标志,然后在下一指令周期响应当前优先级最高的中断申请。

2. 准备工作

在执行中断服务函数之前,还需做一些准备工作,这些步骤都是由中断系统内部自动完成的。

（1）保护现场。用入栈指令将程序状态标志寄存器 PSW、累加器 ACC、程序计数器 PC 以及需保护的寄存器的内容压入堆栈保护起来,避免中断服务函数与主函数用到相同寄存器而破坏之前的数据,以及为中断返回做准备。

（2）阻止同级别其他中断。

（3）将程序执行流程转向中断源相应的中断服务函数,准备执行。每个中断源都对应一个中断号,编写中断服务函数必须标明中断号,则中断源申请中断并被允许时,程序执行流程就会转向对应中断号的中断服务函数。

例如,程序中定义了以下中断服务函数（省略函数体）：

```
void INT0_ ISR (void) interrupt 0 {...}
void Timer0_ ISR (void) interrupt 1 {... }
void INT1_ ISR (void) interrupt 2 {... }
void Timer1_ ISR (void) interrupt 3 {...}
```

其中,interrupt 后面的数字就是中断号。0 是外部中断 INT0 的中断号；1 是定时器/计数器 T0 的中断号；2 是外部中断 INT1 的中断号；3 是定时器/计数器 T1 的中断号。假设这些中断都被允许,此时 T0 计满溢出,申请中断,则程序执行流程将会转向中断号为 1 的函数。

6.2.3 中断服务

中断服务就是执行中断服务函数。

中断服务函数定义的一般形式为（省略函数体）

函数类型 函数名 (形参列表) interrupt n {...}

编写中断服务函数时,须注意以下几点。

（1）函数类型。在中断服务函数定义一个返回值将得到不正确的结果。所以,最好在定义中断函数时将其定义为 void 类型,以明确说明没有返回值。

（2）函数名。跟普通函数调用不同,中断响应不是通过函数名查找中断服务函数,而是通过中断号查找的。因此,中断服务函数的函数名只需符合 C51 标识符规则即可。另外,不能像调用其他函数那样直接调用中断服务函数。

（3）形参列表。中断服务函数不能进行参数传递,如果中断服务函数中包含任何参数声明都将导致编译出错。因此,参数列表应该为空,但一对括号不能缺省。

（4）中断号。interrupt 后面的 n 是中断号。中断号必须与中断源对应，以保证中断源申请中断时，中断系统能正确查找到需要执行的中断服务函数。

（5）函数体。中断服务函数一般执行比较简短的任务，如改变 LED 状态、改变某变量或标志位状态、保存某模块的数据（如通过串行口接收到的数据）等。不建议在中断服务函数中使用浮点运算、调用其他函数或进行循环操作。

如果中断服务函数中必须用到浮点运算，则应保存浮点寄存器的状态，当没有其他程序执行浮点运算时可以不保存。

如果在中断服务函数中必须调用其他函数，则被调用函数所使用的寄存器组必须与中断服务函数相同，否则会产生不正确的结果。如果定义中断服务函数时没有使用 using 选项，则由编译器选择一个寄存器组作绝对寄存器组访问。

为了避免中断服务之后中断申请标志位保持 1 而造成不必要的二次中断，在编写中断服务函数的函数体时，还要注意中断请求标志的清 0 问题。

① 某些中断请求标志位对开发者可见，CPU 响应中断后即由硬件自动清 0，也可由软件清 0。例如，定时器/计数器 T0、T1 溢出中断，外部中断 INT0、INT1。

② 某些中断请求标志位对开发者不可见，CPU 响应中断后即由硬件自动清 0。例如，定时器/计数器 T2、T3、T4 溢出中断，外部中断 INT2、INT3、INT4。

③ 某些中断请求标志位对开发者可见，但 CPU 响应中断后不会自动清 0，必须软件清 0，如串口 1 中断、A/D 转换中断。

6.2.4　中断返回

中断返回包括恢复现场和中断返回。这些步骤都是由中断系统内部自动完成的。

1．恢复现场

在中断服务结束之后，中断返回之前，用出栈操作指令将保护现场时压入堆栈的内容弹回到相应的寄存器中。

2．中断返回

中断服务完成后，CPU 返回中断之前执行的位置（断点），按原来的流程继续执行程序。

6.3　STC15W4K32S4 系列单片机的中断系统

STC15W4K32S4 系列单片机的中断系统有 21 个中断源，2 个优先级，可实现 2 级中断服务嵌套。

STC15W4K32S4 系列单片机由若干特殊功能寄存器的某些位记录各中断源的中断申请标志；由中断允许寄存器 IE、IE2、INT_CLKO 等控制 CPU 是否响应中断请求；由中断优先级寄存器 IP、IP2 安排各中断源的优先级。同一优先级内 2 个以上中断源同时提出中断请求时，由硬件确定其自然优先级。

表 6-1 按照中断类型分别列出了 STC15W4K32S4 系列单片机 21 个中断源的触发行

为。表 6-2 按照中断号(自然优先级)顺序分别列出了 STC15W4K32S4 系列单片机中断源的中断号、优先级、中断允许控制位及中断申请标志位。其中,13、14、15 是预留中断号;不可位寻址的控制位及标志位已经标出其所在寄存器及第几位,不标注位置的皆为可位寻址的。

表 6-1 STC15W4K32S4 系列单片机 21 个中断源的触发行为

类 型	中 断 源	符 号	触 发 行 为
外部中断	外部中断 INT0	INT0	INT0 引脚接收到触发信号
	外部中断 INT1	INT1	INT1 引脚接收到触发信号
	外部中断 INT2	$\overline{INT2}$	$\overline{INT2}$ 引脚接收到触发信号
	外部中断 INT3	$\overline{INT3}$	$\overline{INT3}$ 引脚接收到触发信号
	外部中断 INT4	$\overline{INT4}$	$\overline{INT4}$ 引脚接收到触发信号
定时器/计数器溢出中断	定时器/计数器 T0 溢出中断	Timer0	定时器/计数器 T0 计满溢出
	定时器/计数器 T1 溢出中断	Timer1	定时器/计数器 T1 计满溢出
	定时器/计数器 T2 溢出中断	Timer2	定时器/计数器 T2 计满溢出
	定时器/计数器 T3 溢出中断	Timer3	定时器/计数器 T3 计满溢出
	定时器/计数器 T4 溢出中断	Timer4	定时器/计数器 T4 计满溢出
串行口中断	串行口 1 中断	UART1	串行口 1 发送或接收完成
	串行口 2 中断	UART2	串行口 2 发送或接收完成
	串行口 3 中断	UART3	串行口 3 发送或接收完成
	串行口 4 中断	UART4	串行口 4 发送或接收完成
其他中断	A/D 转换中断	ADC	A/D 转换完成
	片内电源低电压检测中断	LVD	电源电压下降到低于 LVD 检测电压
	PCA/CPP 中断	CF	PCA 定时器/计数器计满溢出
		CCF0	匹配或捕获
		CCF1	
	SPI 中断	SPI	SPI 数据传输完成
	比较器中断	Comparator	比较器结果发生跳变
	PWM 中断	PWM	PWM 计数器归零中断 PWMn 翻转(n=2~7)
	PWM 异常检测中断	PWMFD	发生 PWM 异常

表 6-2　STC15W4K32S4 系列单片机中断源的中断号、优先级、允许控制位及申请标志位

中断源		中断号	优先级控制位(0为低,1为高,复位值为0)	自然优先级	中断允许控制位(0为屏蔽,1为开放,复位值为0)	中断申请标志位(0为不申请,1为申请,复位值为0)	
						标志位	自动清0
外部中断 0		0	PX0	最高	EX0	IE0	√
定时器/计数器 T0 中断		1	PT0		ET0	TF0	√
外部中断 1		2	PX1		EX1	IE1	√
定时器/计数器 T1 中断		3	PT1		ET1	TF1	√
串行口 1 中断		4	PS		ES	RI TI	×
A/D 转换中断		5	PADC		EADC	ADC_FLAG (ADC_CONTR. 4)	×
LVD 中断		6	PLVD		ELVD	LVDF (PCON. 5)	×
PCA 中断		7	PPCA		ECF(CMOD. 0)	CF	×
					ECCF0(CCAPM0. 0)	CCF0	×
					ECCF1(CCAPM0. 1)	CCF1	×
串行口 2 中断		8	PS2(IP2. 0)		ES2(IE2. 0)	S2RI(S2CON. 0)	×
						S2TI(S2CON. 1)	×
SPI 中断		9	PSPI(IP2. 1)		ESPI(IE2. 1)	SPIF(SPSTAT . 7)	×
外部中断 2		10			EX2(INT_CLKO. 4)	不可见	√
外部中断 3		11			EX3(INT_CLKO. 5)		√
定时器/计数器 T2 中断		12			ET2(IE2. 2)		√
外部中断 4		16			EX4(INT_CLKO. 6)		√
串行口 3 中断		17	固定为低优先级,不可设置		ES3(IE2. 3)	S3RI(S3CON. 0)	×
						S3TI(S3CON. 1)	×
串行口 4 中断		18			ES4(IE2. 4)	S4RI(S4CON. 0)	×
						S4TI(S4CON. 1)	×
定时器/计数器 T3 中断		19			ET3(IE2. 5)	不可见	√
定时器/计数器 T4 中断		20			ET4(IE2. 6)		√
比较器中断	上升沿	21			PIE(CMPCR1. 5)	CMPIF (CMPCR1. 6)	×
	下降沿				NIE(CMPCR1. 4)		
PWM 中断	PWM 计数器归零	22	PPWM (IP2. 2)		ECBI(PWMCR. 6)	CBIF(PWMIF. 6)	×
	PWM2 翻转				EPWM2I(PWM2CR. 2)	C2IF(PWMIF. 0)	×
	PWM3 翻转				EPWM3I(PWM2CR. 3)	C3IF(PWMIF. 1)	×
	PWM4 翻转				EPWM4I(PWM2CR. 4)	C4IF(PWMIF. 2)	×
	PWM5 翻转				EPWM5I(PWM2CR. 5)	C5IF(PWMIF. 3)	×
	PWM6 翻转				EPWM6I(PWM2CR. 6)	C6IF(PWMIF. 4)	×
	PWM7 翻转				EPWM7I(PWM2CR. 7)	C7IF(PWMIF. 5)	×
PWM 异常中断		23	PPWMFD (IP2. 3)	最低	EFDI(PWMFDCR. 3)	FDIF (PWMFDCR. 0)	×

注:PWM 中断还受 ECnT1SI、ECnT2SI 等允许控制位控制,具体见第 8 章。

6.4　外部中断

本节讲解如何应用外部中断。学会了外部中断,其他中断的应用方式大同小异,而其他中断都与单片机的某个模块相关,所以在后续章节再详细介绍。

6.4.1 STC15W4K32S4 系列单片机的外部中断

STC15W4K32S4 系列单片机有 5 个外部中断,即 INT0、INT1、$\overline{INT2}$、$\overline{INT3}$、$\overline{INT4}$,这是特定引脚接收到特定信号触发的中断。其相关信息已经在表 6-1、表 6-2 中列出。

不同于其他中断,STC15W4K32S4 系列单片机的外部中断的触发方式可选,各外部中断的触发方式见表 6-3。IT0、IT1 分别是外部中断 0(INT0)、外部中断 1(INT1)的触发方式控制位,可位寻址。

表 6-3　STC15W4K32S4 系列单片机各外部中断的触发方式

中断类型	触发方式控制位	触 发 方 式	复位值
外部中断 0(INT0)	IT0	0:对应引脚上升沿或下降沿均触发外部中断	0
外部中断 1(INT1)	IT1	1:对应引脚下降沿触发外部中断	
外部中断 2($\overline{INT2}$)			
外部中断 3($\overline{INT3}$)		固定为下降沿触发:对应引脚下降沿触发外部中断	
外部中断 4($\overline{INT4}$)			

6.4.2 中断的 C51 编程流程

中断的 C51 编程流程如图 6-6 所示。在主函数中,首先要中断设置,即对中断相关寄存器进行设置,这些设置可忽略而使用默认值;然后要中断开放,也就是某中断的中断允许控

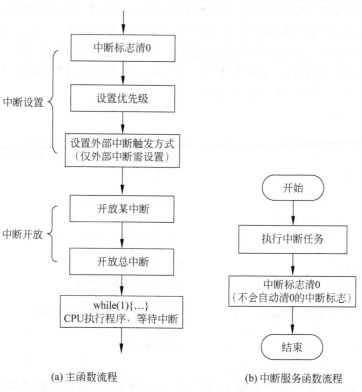

(a) 主函数流程　　　　(b) 中断服务函数流程

图 6-6　中断的 C51 编程流程

制位及总中断允许控制位都必须置 1,CPU 才会响应该中断。在中断服务函数中,除了按照需求执行中断相关任务外,对于不会自动清 0 中断申请标志的中断,还必须软件清 0 该标志位,避免重复申请中断。

此流程适合 51 单片机所有中断的 C51 程序编写,只有"设置外部中断触发方式"是外部中断独有的流程。

6.4.3　外部中断的应用

【例 6-1】　电路如图 6-7 所示,应用 STC15W4K32S4 系列 IAP15W4K58S4 单片机,P1.6 连接 LED,灌电流接法。编写 C51 程序实现功能:按键每按一次,LED 的状态翻转一次。要求运用外部中断 0 实现。

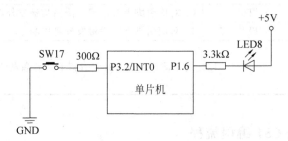

图 6-7　例 6-1 电路图

分析:按键接法如图 6-7 所示,运用单片机 I/O 接口准双向口模式的特性,不按按键时 I/O 接口为高电平,按下按键时 I/O 接口由高电平变为低电平,出现下降沿,持续按下按键时 I/O 接口为低电平,松开按键时 I/O 接口由低电平变为高电平,出现上升沿。外部中断 INT0 可接收 INT0(P3.2) 的信号,因此按键接在 P3.2。题目要求"按键每按一次,LED 的状态翻转一次",所以编程时外部中断 INT0 的触发方式需设置成"下降沿触发",避免上升沿也引起触发导致一次按键两次 LED 翻转。

C51 源程序如下:

```
1    #include<stc15.h>              //包含STC15系列单片机头文件
2    sbit LED = P1^6;              //定义LED为可位寻址位并指定地址为P1.6
3    void main(void)               //主函数
4    {
5        P1M1 = 0; P1M0 = 0;      //设置P1为准双向口模式
6        P3M1 = 0; P3M0 = 0;      //设置P3为准双向口模式
7        IT0 = 1;                 //外部中断INT0触发方式设置为下降沿触发
8        EX0 = 1;                 //开放外部中断INT0
9        EA = 1;                  //开放总中断
10       while(1);                //无限循环,等待中断
11   }
12   void int0_isr( ) interrupt  0   //外部中断INT0中断服务函数
13   {
14       LED = ~ LED;             //LED取反
15   }
```

可在官方 STC15 单片机实验箱 4,或在 Proteus 中仿真,或自行搭建实验环境对例 6-1 进行实践。

【例 6-2】 电路如图 6-8 所示,应用 STC15W4K32S4 系列 IAP15W4K58S4 单片机,P1 端口接一个共阳 LED 数码管,静态显示;P2 低 4 位分别连接 1 个按键,且 4 个按键信号经过 74LS21 作"与"运算后接入 P3.2。编写 C51 程序实现功能:每个按键按下后会令 LED 数码管有不同的显示效果。要求运用外部中断 0 实现按键的检测。

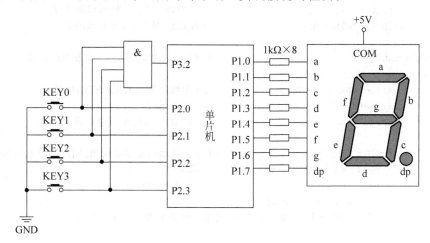

图 6-8 例 6-2 电路图

C51 源程序如下:

```
1    # include < stc15.h >              //包含 STC15 系列单片机头文件
2    # define SEG P1                     //P1 端口接数码管
3    sbit KEY0 = P2^0; sbit KEY1 = P2^1;  //定义 KEY0、KEY1 并指定地址
4    sbit KEY2 = P2^2; sbit KEY3 = P2^3;  //定义 KEY2、KEY3 并指定地址
5    unsigned char x;                    //x 用作存放键值
6    unsigned char code SEG7[] = {0xC0, 0xF9, 0xA4, 0xB0, 0x99, 0x92, 0x82, 0xF8, 0x80, 0x90,
7    0x88, 0x83,0xc6,0xa1,0x86,0x8e,0xff};  //共阳数码管 0~F 段码
8    void mode0(); void mode1();          //声明 mode0 函数,mode1 函数
9    void mode2(); void mode3();          //声明 mode2 函数,mode3 函数
10   void main()                         //主函数
11   {
12       P1M1 = 0; P1M0 = 0;             //设置 P1 为准双向口模式
13       P2M1 = 0; P2M0 = 0;             //设置 P2 为准双向口模式
14       P3M1 = 0; P3M0 = 0;             //设置 P3 为准双向口模式
15       IT0 = 1;                        //设定外部中断 0 为下降沿触发
16       EX0 = 1;                        //开放外部中断 0
17       EA = 1;                         //开放总中断
18       while(1)                        //无限循环
19       {
20           switch(x)                   //判断键值
21           {
22               case 0:mode0();break;   //若键值为 0,则调用函数 mode0()
23               case 1:mode1();break;   //若键值为 1,则调用函数 mode1()
24               case 2:mode2();break;   //若键值为 2,则调用函数 mode2()
25               case 3:mode3();break;   //若键值为 3,则调用函数 mode3()
26           }
27       }
```

```
28      }
29      void int0() interrupt 0            //外部中断 0 中断服务函数
30      {
31          if(KEY0 == 0)x = 0;            //若 KEY0 被按下,则 x 赋值为 0
32          if(KEY1 == 0)x = 1;            //若 KEY1 被按下,则 x 赋值为 1
33          if(KEY2 == 0)x = 2;            //若 KEY2 被按下,则 x 赋值为 2
34          if(KEY3 == 0)x = 3;            //若 KEY3 被按下,则 x 赋值为 3
35      }
36      void mode0()                       //模式 0: 数码管从 a~f 段顺时针亮
37      {
38          unsigned char i = 0x01;        //i 为数码管当前段码取的反量
39          unsigned int t;                //t 用作延时
40          while (x == 0)                 //x 的值为 0,则保持当前模式
41          {
42              SEG = ~i;                  //i 取反赋值给 SEG 输出,则数码管显示当前字段
43              for (t = 0;t < 50000;t++); //延时
44              i = i << 1;                //i 向左移 1 位
45              if (i > 0x20) i = 0x01;
46          } //若 i 左移至大于 0010 0000 B,则重新赋值为 0000 0001 B
47      }
48      void mode1()                       //模式 1: 数码管从 a~b 段逆时针亮
49      {
50          unsigned char i = 0x01;        //i 为数码管当前段码取的反量
51          unsigned int t;                //t 用作延时
52          while (x == 1)                 //x 的值为 1,则保持当前模式
53          {
54              SEG = ~i;                  //i 取反赋值给 SEG 输出,则数码管显示当前字段
55              for (t = 0;t < 50000;t++); //延时
56              i = i >> 1;                //i 向右移 1 位
57              if (i == 0x00) i = 0x20;
58          } //若 i 右移至等于 0000 0000 B,则重新赋值为 0010 0000 B
59      }
60      void mode2()                       //模式 2: 数码管循环显示 0~F
61      {
62          unsigned char i = 0;           //i 为数码管当前显示的数字
63          unsigned int t;                //t 用作延时
64          while (x == 2)                 //x 的值为 2,则保持当前模式
65          {
66              SEG = SEG7[i];             //取当前数字的段码赋值给 SEG
67              for (t = 0;t < 65000;t++); //延时
68              i++;                       //i 自增
69              if (i == 16) i = 0;        //若 i 为 16,则重新赋值为 0
70          }
71      }
72      void mode3()                       //模式 3: 数码管循环显示 F~0
73      {
74          unsigned char i = 16;          //i 为数码管当前显示的数字
75          unsigned int t;                //t 用作延时
76          while (x == 3)                 //x 的值为 3 则保持当前模式
77          {
78              i--;                       //i 自减
```

```
79            SEG = SEG7[i];              //取当前数字的段码赋值给 SEG
80            for (t = 0;t < 65000;t++);  //延时
81            if (i == 0) i = 16;         //若 i 为 0,则重新赋值为 16
82        }
83    }
```

分析如下。

(1) 例 6-2 中的单片机接了 4 个按键。若用例 5-6 的方式在主函数对 4 个按键轮流扫描,则占用 CPU 资源太多;若用例 6-1 的方式每个按键占用 1 个外部中断接口,则占用外部中断资源太多,甚至一些低配单片机的外部中断不足 4 个而无法运用例 6-1 的方式。而例 6-2 的"中断＋扫描"(也称"外部中断扩展")是折中方式,主函数无须扫描按键状态,因为 INT0 设置成"下降沿触发",所以任意一个按键按下都会触发 INT0,然后在外部中断服务函数内扫描是哪一个按键被按下,再实现相应功能。此外,还有以下两种方式可扩展外部中断。

① 利用定时中断扩展外部中断。当某个定时器/计数器不使用时,可用来扩展外部中断。将定时器/计数器设置在计数状态,初始值设置为全"1",这时定时器/计数器对应引脚检测到一个脉冲输入即溢出申请中断,其功能相当于外部中断。具体内容见第 7 章。

② PCA 中断扩展外部中断。当 PCA 不使用时,也可扩展为下降沿触发的外部中断,具体内容见第 8 章。

(2) 中断服务函数中尽量避免调用函数。在例 6-2 中若中断服务函数直接调用其他函数来实现功能,会造成 CPU 陷在某个函数中无法跳出的情况。因此,例 6-2 的中断服务函数只是改变标志位 x,而实现功能依然交给主函数来调用完成。

(3) 例 6-2 的 mode0()、mode1()函数分别是控制 LED 数码管顺时针/逆时针方向点亮某个字段。在 C51 程序中定义了无符号字符型变量 i,用作保存当前数码管的段码按位取反值,如何利用 i 控制数码管各字段按题目要求变化显示,读者可自行列表,参照程序观察各字段、P1 端口各引脚、i 的对应关系,即可一目了然。

(4) 可在 Proteus 中仿真,或自行搭建实验环境对例 6-2 进行实践。

本章小结

本章学习了 STC15W4K32S4 系列单片机的中断系统,重点学习了外部中断。除了外部中断外,其他每个模块(定时器/计数器、串行口等)都有中断,应用方法也与外部中断基本一致,善于利用中断能使单片机系统更高效。而其他 51 单片机的中断系统与 STC15W4K32S4 系列单片机的中断系统大同小异,掌握了本章内容之后可以举一反三地运用其他 51 单片机的中断系统。

第 **7** 章

单片机的定时器/计数器

学习目标

➤ 熟悉定时器/计数器的工作过程(难点)。

➤ 掌握定时器的定时时间、计数器的计数次数的计算方法(重点、难点)。

➤ 掌握 STC15W4K32S4 系列单片机的定时器/计数器 C51 程序的编写方法(重点)。

在单片机应用系统中,常常需要实现定时控制,可供选择的定时方式有以下几种。

1. 软件定时

让 CPU 循环执行一段程序,通过多次循环以实现软件定时。软件定时完全占用 CPU,降低 CPU 工作效率,因此时间不宜太长,仅适用于 CPU 较空闲的程序。

2. 硬件定时

定时功能全部由硬件电路(如 555 时基电路)完成,不占用 CPU 时间,但调节定时时间时需要改变电路的参数,在使用上不够方便,也增加了硬件成本。

3. 可编程定时器定时

51 单片机集成了定时器/计数器模块,其参数可通过编程来控制,定时/计数阶段不占用 CPU 资源,使用方便;可通过对系统时钟计数达到定时的目的,用于定时器、分频器、波特率发生器等;还可对外部输入信号进行计数,用于事件记录。

7.1 单片机定时器/计数器的工作原理

现以 STC15W4K32S4 系列单片机定时器/计数器为例,说明其结构和工作原理。STC15W4K32S4 系列单片机定时器/计数器集成了 5 个 16 位的定时器/计数器(T0、T1、T2、T3、T4)。这 5 个定时器/计数器的结构类似,较完整的结构如图 7-1 所示,部分定时器/计数器缺少某些控制位、功能,后文再详细描述。图 7-1 可分为启动控制、信号输入、计数电路、输出电路 4 个部分。

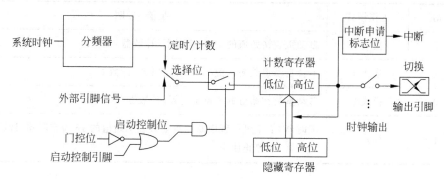

图 7-1　STC15W4K32S4 系列单片机定时器/计数器结构框图

7.1.1　启动控制

定时器/计数器 T0、T1 的启、停是受软件、硬件控制的。由图 7-1 可知,当门控位的值为 0,定时器/计数器模块的启、停只受启动控制位控制;当门控位的值为 1,定时器/计数器模块的启、停不只受启动控制位控制,还受到启动控制引脚的控制。

定时器/计数器 T2、T3、T4 的启、停只受启动控制位控制。

7.1.2　信号输入

定时器/计数器模块有两种输入信号可选择,即系统时钟信号、外部引脚信号,通过定时/计数选择位可选择输入信号。

输入信号为系统时钟信号时,通过分频器把信号 12 分频(12T,兼容传统 8051)或无分频(1T)处理后再传输给计数单元。因系统时钟的频率是确定的,对其计数也就达到了计算时间的目的,也就是定时功能。

输入信号为外部引脚信号时,某个定时器/计数器对应的引脚接收到下降沿的信号,该信号就会传输给计数器,达到对外部输入信号进行计数的目的,也就是计数功能。

7.1.3　计数电路

计数电路主要包括计数寄存器和隐藏寄存器。在对定时器/计数器设置时,一般会对计数寄存器设置一个初始值,定时器/计数器启动后,对时钟或外部事件的计数从初始值开始。每次有效信号到达,计数寄存器就会加 1。直到计数寄存器全 1(二进制),再接收到信号就计满溢出,完成一次定时或计数。

1. 工作模式

STC15W4K32S4 系列单片机的定时器/计数器有 4 种工作模式,如表 7-1 所示。T0、T1 可通过 M1、M0 设置成任意一种模式,T2、T3、T4 固定为模式 0。

表 7-1　STC15W4K32S4 系列单片机的定时器/计数器的 4 种工作模式

M1	M0	工作模式	功能说明
0	0	模式 0	自动重装初始值的 16 位定时器/计数器（推荐）
0	1	模式 1	不会自动重装初始值的 16 位定时器/计数器
1	0	模式 2	自动重装初始值的 8 位定时器/计数器
1	1	模式 3	定时器 0：不可屏蔽中断的自动重装初始值的 16 位定时器/计数器 定时器 1：停止使用

1）模式 0

模式 0 为 16 位自动重装载模式。计数寄存器分为高 8 位和低 8 位；隐藏寄存器也分为高 8 位和低 8 位。当定时器/计数器停止运行时，对计数寄存器设置初始值，该值会被同时写入隐藏寄存器。定时器/计数器运行时，当接收到计数信号，只有计数寄存器加 1，而隐藏寄存器不变。此时如果对计数寄存器设置初始值，该值会只被写入隐藏寄存器，而不写入计数寄存器，以防影响定时器/计数器正常计数。当计数寄存器的低 8 位计满，则向高 8 位进位；若全部 16 位都为 1（二进制），再接收到计数信号，则计满溢出，隐藏寄存器所储存的值就会被读出，写入计数寄存器，计数寄存器重新从初始值开始计数。T0 计数单元模式 0 的结构框图如图 7-2 所示。

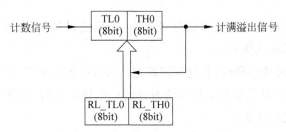

图 7-2　T0 计数单元模式 0 的结构框图

2）模式 1

模式 1 为 16 位不会自动重装载模式。计数寄存器分为高 8 位和低 8 位。对计数寄存器设置初始值并启动后，每次接收到计数信号则计数寄存器加 1；当计数寄存器的低 8 位计满，则向高 8 位进位。若全部 16 位都为 1（二进制），再接收到计数信号，则计满溢出，不会自动重装初始值。T0 计数单元模式 1 的结构框图如图 7-3 所示。

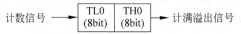

图 7-3　T0 计数单元模式 1 的结构框图

3）模式 2

模式 2 为 8 位自动重装载模式。计数寄存器分为高 8 位和低 8 位。当定时器/计数器停止运行时,对计数寄存器的低 8 位设置初始值,高 8 位设置重装值。启动后,每次接收到计数信号则计数寄存器低 8 位加 1；当计数寄存器的低 8 位都为 1(二进制),再接收到计数信号,则计满溢出,计数寄存器高 8 位所储存的值就会被读出,写入计数寄存器的低 8 位,低 8 位重新从初始值开始计数。T0 计数单元模式 2 的结构框图如图 7-4 所示。

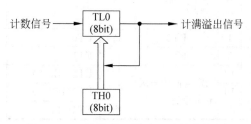

图 7-4　T0 计数单元模式 2 的结构框图

4）模式 3

模式 3 时,T1 停用,T0 为不可屏蔽中断的 16 位自动重装载模式。该模式较少使用,不再赘述。

2. 定时时间/计数次数

定时时间/计数次数的设置是体现单片机定时器/计数器"可编程"特点的最重要步骤。

1）定时时间

通过定时/计数选择位可选择定时器/计数器模块工作于定时方式,此时输入信号为系统时钟,定时时间可按照式(7-1)计算,即

$$定时时间 = \underbrace{系统时钟周期 \times 分频系数}_{每次计数所用时间} \times \underbrace{(2^{定时器位数} - 初始值)}_{计数次数} \tag{7-1}$$

例如,定时器工作在 12 分频时,即分频系数为 12,这种情况下经历 12 个系统时钟周期,定时器才计数 1 次,所用时间再与计数次数相乘,就是定时器从初始值算到计满溢出所用的时间。

2）计数次数

通过定时/计数选择位可选择定时器/计数器模块工作于计数方式,此时输入信号为外部引脚的下降沿信号。计数从初值开始到溢出,计数次数可按照式(7-2)计算,即

$$计数次数 = 2^{计数器位数} - 初始值 \tag{7-2}$$

7.1.4　输出电路

1. 定时器/计数器中断

当定时器/计数器的计数寄存器所有位都为 1,再接收到计数信号则计满溢出,中断标志被硬件置 1,向 CPU 申请中断。STC15W4K32S4 系列单片机的 5 个定时器/计数器的中断相关位如表 7-2 所示。

表 7-2　STC15W4K32S4 系列单片机定时器/计数器的中断相关位

中 断 源	中断号	优先级控制位（0为低，1为高，复位值为0）	自然优先级	中断允许控制位（0为禁止，1为开放，复位值为0）	中断申请标志位（0为不申请，1为申请，复位值为0）	
					标志位	自动清0
定时器/计数器 T0 溢出中断	1	PT0	高	ET0	TF0	√
定时器/计数器 T1 溢出中断	3	PT1		ET1	TF1	√
定时器/计数器 T2 溢出中断	12	固定为低优先级不可设置	↓	ET2(IE2.2)	不可见	√
定时器/计数器 T3 溢出中断	19			ET3(IE2.5)		√
定时器/计数器 T4 溢出中断	20		低	ET4(IE2.6)		√

注：① 自然优先级的高低只是各定时器/计数器的对比，若程序中还包含其他中断，可参考表 6-2 查阅完整的中断信息。

② 有 3 个控制位不可位寻址，在表中已标出其所在寄存器以及所在位。其他控制位、标志位皆可位寻址。

其中，当定时器/计数器 T0 工作在模式 3 时，如果此时 T0 中断被允许（只需将 ET0 置 1 即可，不需将 EA 置 1），则该中断优先级是所有中断中最高的，任何一个中断都不能打断它，而且该中断被打开后不仅不受 EA 控制，也不再受 ET0 控制。

2．时钟输出

STC15W4K32S4 系列单片机的定时器/计数器模块还包含了时钟输出功能。只要打开时钟输出控制位，在定时器/计数器计满溢出时，相应的引脚电平就会翻转。连续的"溢出-翻转"即定时器/计数器模块控制该引脚输出了一定频率的方波。使用该功能，定时器/计数器必须选择模式 0 或模式 2，即具有自动重装初值功能的模式。

由于输出引脚的电平两次翻转才是输出方波的一个周期，所以输出方波频率可按照式（7-3）计算，即

$$f_{输出方波} = \frac{1}{2} f_{定时器/计数器} \tag{7-3}$$

式中，$f_{定时器/计数器}$ 是定时器/计数器的溢出频率，即溢出周期（或定时时间）的倒数。

若定时器/计数器模块在计数器状态下，输入信号是外部引脚输入的信号，则输出方波频率可按照式（7-4）计算，此时单片机的计数器相当于一个分频器，即

$$f_{输出方波} = \frac{1}{2} f_{计数器} = \frac{1}{2} \times \frac{1}{T_{输入信号} \times (2^{计数器位数} - 计数器初始值)}$$
$$= \frac{f_{输入信号}}{2 \times (2^{计数器位数} - 计数器初始值)} \tag{7-4}$$

7.2　STC15W4K32S4 系列单片机定时器/计数器的控制

表 7-3 列出了 STC15W4K32S4 系列单片机定时器/计数器相关的寄存器（中断除外），表 7-4 列出了各控制位、标志位的含义，结合表 7-2 就可以有一个全局的了解，以备单片机系统设计所用。

表 7-3 STC15W4K32S4 系列单片机定时器/计数器相关的寄存器

寄存器	描述	地址	B7	B6	B5	B4	B3	B2	B1	B0	复位值
TCON	定时器控制寄存器	88H	TF1	TR1	TF0	TR0	IE1	IT1	IE0	IT0	0000 0000B
TMOD	定时器工作方式寄存器	89H	GATE	C/T̄	M1	M0	GATE	C/T̄	M1	M0	0000 0000B
			←------ 定时器/计数器 1 ------→				←------ 定时器/计数器 0 ------→				
TL0	定时器 0 低 8 位寄存器	8AH									0000 0000B
TL1	定时器 1 低 8 位寄存器	8BH									0000 0000B
TH0	定时器 0 高 8 位寄存器	8CH									0000 0000B
TH1	定时器 1 高 8 位寄存器	8DH									0000 0000B
AUXR	辅助寄存器	8EH	T0x12	T1x12	UART_M0x6	T2R	T2_C/T̄	T2x12	EXTRAM	S1ST2	0000 0000B
INT_CLKO AUXR2	外部中断允许和时钟输出寄存器	8FH	—	EX4	EX3	EX2	MCKO_S2	T2CLKO	T1CLKO	T0CLKO	x000 0000B
IE	中断允许	A8H	EA	ELVD	EADC	ES	ET1	EX1	ET0	EX0	0000 0000B
IE2	中断允许	AFH	—	ET4	ET3	ES4	ES3	ET2	ESPI	ES2	x000 0000B
IP	中断优先级	B8H	PPCA	PLVD	PADC	PS	PT1	PX1	PT0	PX0	0000 0000B
T4T3M	T4 和 T3 的控制寄存器	D1H	T4R	T4_C/T̄	T4x12	T4CLKO	T3R	T3_C/T̄	T3x12	T3CLKO	0000 0000B
T4H	定时器 4 高 8 位寄存器	D2H									0000 0000B
T4L	定时器 4 低 8 位寄存器	D3H									0000 0000B
T3H	定时器 3 高 8 位寄存器	D4H									0000 0000B
T3L	定时器 3 低 8 位寄存器	D5H									0000 0000B
T2H	定时器 2 高 8 位寄存器	D6H									0000 0000B
T2L	定时器 2 低 8 位寄存器	D7H									0000 0000B

注：加底色的位与定时器/计数器模块无关。

表 7-4　STC15W4K32S4 系列单片机定时器/计数器的控制位/标志位（除中断外）

位	定时器/计数器选择控制位	计数器输入引脚	模式选择控制位	门控位	控制启、停的引脚	计数寄存器	运行控制位	分频系数控制位	时钟输出控制位	时钟输出引脚
说明	0：定时器 1：计数器	下降沿有效	对应模式见表7-1	0：软件控制启、停 1：软件、硬件控制启、停	低电平：停止 高电平：启动	—	0：停止 1：启动	0：分频系数为12 1：分频系数为1	0：禁止时钟输出 1：允许时钟输出	每次溢出电平翻转
复位值	0	1	0	0	1	0000 0000B	0	0	0	1
T0	$C/\overline{T}$ (TMOD.2)	P3.4/T0	M1(TMOD.1) M0(TMOD.0)	GATE (TMOD.3)	INT0	TH0(高8位) TL0(低8位)	TR0	T0x12 (AUXR.7)	T0CLKO (INT_CLKO.0)	T0CLKO
T1	$\overline{T}$ (TMOD.6)	P3.5/T1	M1(TMOD.5) M0(TMOD.4)	GATE (TMOD.7)	INT1	TH1(高8位) TL1(低8位)	TR1	T1x12 (AUXR.6)	T1CLKO (INT_CLKO.1)	T1CLKO
T2	$T2\_\overline{T}$ (AUXR.3)	P3.1/T2	固定为模式0不可设置	启、停只受启动控制位控制		T2H(高8位) T2L(低8位)	T2R (AUXR.4)	T2x12 (AUXR.2)	T2CLKO (INT_CLKO.2)	T2CLKO
T3	$T3\_\overline{T}$ (T4T3M.2)	P0.5/T3				T3H(高8位) T3L(低8位)	T3R (T4T3M.3)	T3x12 (T4T3M.1)	T3CLKO (T4T3M.0)	T3CLKO
T4	$T4\_\overline{T}$ (T4T3M.5)	P0.7/T4				T4H(高8位) T4L(低8位)	T4R (T4T3M.7)	T4x12 (T4T3M.5)	T4CLKO (T4T3M.4)	T4CLKO

注：① 部分控制位不可位寻址，已在表格中标出所在寄存器信息。其他位可位寻址。
　　② 门控位值为1时，只有"控制启、停的引脚"为高电平""运行控制位为1"两项条件均满足时定时器/计数器才启动；否则停止运行。

7.3　STC15W4K32S4系列单片机定时器/计数器的应用

7.3.1　定时器/计数器的C51编程流程

1. 查询式

在 CPU 任务较少时，或应用定时器/计数器作可编程时钟输出时，定时器/计数器的C51 编程可采用查询式，其流程如图 7-5 所示，其中左侧的寄存器为 T0、T1 对应的寄存器或控制位/标志位。在主函数中，首先应对定时器/计数器进行设置（对设置顺序无要求），然后启动定时器/计数器。在主循环中查询溢出时的中断申请标志位，在该位变为 1 时即定时器/计数器溢出，定时时间/计数次数已达到预设值，此时完成系统设计所要求的功能。因查询方式时溢出中断申请标志位不会自动清 0，所以最后应对其软件清 0，再等待下一次计满溢出。

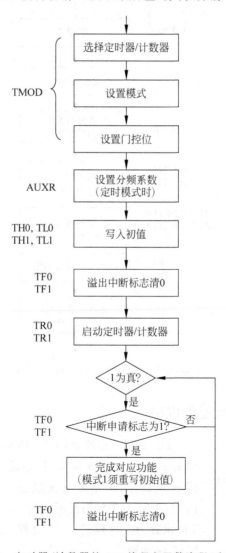

图 7-5　定时器/计数器的 C51 编程主函数流程（查询式）

2. 中断式

在 CPU 任务较多时,定时器/计数器的 C51 编程应采用中断式,其主函数流程如图 7-6 所示,其中左侧的寄存器为 T0、T1 对应的寄存器或控制位/标志位。在主函数中,首先应对定时器/计数器进行设置(包括中断设置,对设置顺序无要求),然后启动定时器/计数器(包括打开中断),之后 CPU 执行程序的同时等待定时器/计数器中断。在定时器/计数器计满溢出时,CPU 自动转向执行相应的中断服务函数,在中断服务函数中应编写定时时间/计数次数已达到预设值时系统设计所要求的功能,若定时器/计数器工作在模式 1 就必须重新写入初始值,定时器/计数器中断响应后相应的中断申请标志位会自动清 0。

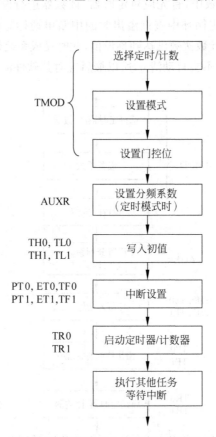

图 7-6 定时器/计数器的 C51 编程主函数流程(中断式)

7.3.2 定时器/计数器的应用

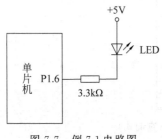

图 7-7 例 7-1 电路图

【例 7-1】 电路如图 7-7 所示,应用 STC15W4K32S4 系列 IAP15W4K58S4 单片机,系统时钟频率为 12MHz,P1.6 接一个 LED,采用灌电流接法。编写 C51 程序实现功能:LED 闪烁,改变状态的间隔为 1s。要求运用定时器/计数器 T1,设置为工作模式 0,12 分频,查询方式,用累计定时方式实现 1s 定时。

C51 源程序如下:

```
1      # include < stc15.h >              //包含 STC15 系列单片机头文件
2      sbit LED = P1^6;                   //定义 LED 为可位寻址位并指定地址 P1.6
3      unsigned char i = 0;               //定义 i 用作累计定时
4      void main(void)                    //主函数
5      {
6          P1M1 = 0; P1M0 = 0;            //设置 P1 为准双向口模式
7          TMOD = 0x00;                   //设置工作模式: TMOD = TMOD&0x0F;
8          AUXR = 0x00;                   //设置分频系数: AUXR = AUXR&0xBF;
9          TH1 = 15536/256;               //设置初始值高 8 位: TH1 = 0x3C;
10         TL1 = 15536 % 256;             //设置初始值低 8 位: TL1 = 0xB0;
11         TF1 = 0;                       //T1 溢出中断标志清 0
12         TR1 = 1;                       //启动 T1
13         while(1)                       //主循环
14         {
15             if (TF1 == 1)              //查询 T1 溢出标志,为 1 则 50ms 已到
16             {
17                 TF1 = 0;               //T1 溢出标志清 0
18                 i++;                   //每 50ms 计数 1 次
19                 if (i == 20)           //查询累计定时变量 i,为 20 则 1s 已到
20                 {
21                     i = 0;             //累计定时变量 i 清 0
22                     LED = ~LED;        //LED 取反输出,循环后实现闪烁
23                 }
24             }
25         }
26     }
```

分析如下。

（1）累计定时。题目要求 T1 设置为工作模式 0,12 分频,根据式(7-1),若初始值为 0 则得到最大的定时时间为 65.536ms,无法完成 1s 定时。因此运用"累计定时"方式,设置 T1 使其定时 50ms,定义一个变量 i,T1 每次溢出 i 就加 1, 当 i 的值从 0 累计到 20,则表示 50ms×20＝1(s)时间已到, 实现 1s 定时。

（2）初值计算。从(1)得出 T1 需定时 50ms;系统时钟周期为系统频率的倒数;题目要求 T1 设置为 12 分频,因此分频系数为 12;题目要求 T1 工作在模式 0,所以定时器位数为 16,则 $2^{16}＝65536$。结合以上数据,根据式(7-1)计算得出初始值为 15536(即 0x3CB0)。

（3）初值设置。初始值为 15536,需要在二进制情况下分成高 8 位、低 8 位,分别赋值给 TH1、TL1,程序中第 9、10 行是运用 3.3.2 小节的数据拆分法,而注释是运用把十进制数转换成十六进制数再进行拆分的方法,两法择其一即可。

（4）寄存器的设置。根据题意,TMOD 高 4 位应设为全 0,程序第 7 行是把无关的位默认为复位值的写法,而注释是不影响 TMOD 低 4 位的写法,在不使用 T0 时两法择其一即可。设置 AUXR 的写法与 TMOD 类似。

（5）图 7-8 所示为主循环的流程图。虽然没开放中断, 但 T0 溢出时,其中断申请标志 TF0 还是会由硬件置 1,因

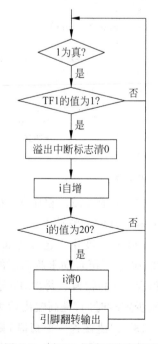

图 7-8 例 7-1 主循环的流程图

此可以在程序中直接查询中断申请标志。不过用查询法之后,中断申请标志是不会自动清0的,因此需要软件清0,见程序第17行。

(6) 可在官方 STC15 单片机实验箱 4,或在 Proteus 中仿真,或自行搭建实验环境对例 7-1 进行实践。

【例 7-2】 电路如图 7-9 所示,应用 STC15W4K32S4 系列 IAP15W4K58S4 单片机,系统时钟频率为 12MHz,P2.2 接一个无源蜂鸣器,用 PNP 三极管驱动。编写 C51 程序实现功能:运用单片机定时器 T0 输出方波使蜂鸣器发出响声,频率从低到高变化,再从低到高变化……一直循环。

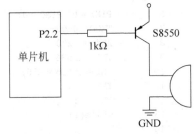

图 7-9 例 7-2 电路图

C51 源程序如下:

```
1    # include < stc15.h>              //包含 STC15 系列单片机头文件
2    sbit speaker = P2^2;              //无源蜂鸣器接在 P2.2
3    unsigned int i = 0xFB00;          //设置无符号整型变量 i 存放 T0 初值
4    void main()
5    {
6        P2M1 = 0;P2M0 = 0;            //设置 P2 为准双向口模式
7        TMOD = 0x01;                  //设置 T0 工作于模式 1
8        TL0 = i;                      //设置 T0 初始值低 8 位   //TL0 = i % 256;
9        TH0 = i >> 8;                 //设置 T0 初始值高 8 位   //TH0 = i/256;
10       TF0 = 0;                      //T0 溢出中断标志清 0
11       ET0 = 1;                      //开放 T0 中断
12       EA = 1;                       //开放总中断
13       TR0 = 1;                      //启动 T0
14       while(1);                     //无限循环,等待中断
15   }
16   void T0_isr()interrupt 1          //T0 中断服务函数
17   {
18       speaker = ~ speaker;          //P2.0 取反,循环下来就是无源蜂鸣器需要的方波
19       i++;                          //i 自增 1,即增加方波频率
20       TL0 = i;                      //设置 T0 初始值低 8 位
21       TH0 = i >> 8;                 //设置 T0 初始值高 8 位
22       if (i == 0xFF00)              //若 T0 初值 i 等于 0xFF00
23           i = 0xFB00;               //使其从 0xFB00 重新开始增加频率
24   }
```

分析如下。

(1) 生成方波。程序在 T0 每次溢出时,都控制 P2.2 取反输出,反复循环后就实现了对无源蜂鸣器的方波输出。

(2) 频率变化。题目要求蜂鸣器发声频率从低到高变化。程序中设置 T0 工作于模式 1,即 16 位不可自动重装初值的方式。然后定义了一个无符号整型变量 i,长度为 16 位,用作保存 T0 的初值。每次 T0 溢出,i 自增,然后赋值给 TH0、TL0,即增大 T0 的初值,也就是减少定时时间,提高输出给无源蜂鸣器的频率。

(3) 初值设置。把初值 i 赋值给 TH0、TL0,本程序中的方法是直接把 i 赋值给 TL0,此时会从 i 的最低位开始赋值给 TL0 最低位,TL0 是 8 位的,赋值完 8 位就停止赋值;而

TH0 赋值为 i≫8,即把 i 高 8 位向右移动成为低 8 位,再从最低位开始赋值给 TH0,那么 TH0 也就赋值为 i 的高 8 位了。当然,运用 3.3.2 小节的数据拆分法也可以,见程序注释。

(4) 可在官方 STC15 单片机实验箱 4+扩展板,或在 Proteus 中仿真,或自行搭建实验环境对例 7-2 进行实践。

【例 7-3】 应用 STC15W4K32S4 系列 IAP15W4K58S4 单片机的定时器/计数器设计一个简易频率计,采用 LED 数码管动态显示电路来显示结果。单片机系统时钟频率为 12MHz。

C51 源程序如下:

```
1    # include < stc15.h >              //包含 STC15 系列单片机头文件
2    # include"595.h"                   //包含 74HC595 串行转并行驱动 LED 数码管动态显示
                                        //头文件
3    unsigned int Freq = 0;            //定义无符号整型变量 Freq 用作保存频率
4    unsigned char cnt = 0;            //定义无符号字符型变量 cnt 用作累计定时
5    void Timer_init (void);           //声明 T0/T1 初始化子函数
6    void main(void)                   //主函数
7    {
8        P3M1 = 0; P3M0 = 0;           //设置 P3 为准双向口模式
9        P4M1 = 0; P4M0 = 0;           //设置 P4 为准双向口模式
10       P5M1 = 0; P5M0 = 0;           //设置 P5 为准双向口模式
11       Timer_init();                 //调用 T0/T1 初始化函数
12       while(1)                      //主循环
13       {
14           display(8, Freq % 10);    //数码管第 8 位显示频率值个位数
15           display(7, Freq /10 % 10); //数码管第 7 位显示频率值十位数
16           display(6, Freq /100 % 10); //数码管第 6 位显示频率值百位数
17           display(5, Freq /1000 % 10); //数码管第 5 位显示频率值千位数
18           display(4, Freq /10000);  //数码管第 4 位显示频率值万位数
19       }
20   }
21   void Timer_init (void)            // T0/T1 初始化子函数
22   {
23       TMOD = 0x40;                  //设置 T0 工作于模式 0 定时、T1 工作于模式 0 计数
24       TH0 = 15536/256;              //设置定时器 T0 初值高 8 位
25       TL0 = 15536 % 256;            //设置定时器 T0 初值低 8 位
26       TH1 = 0;                      //计数器 T1 高 8 位清 0
27       TL1 = 0;                      //计数器 T1 低 8 位清 0
28       TF0 = 0;                      //T0 溢出中断标志清 0
29       ET0 = 1;                      //开放 T0 中断
30       EA = 1;                       //开放总中断
31       TR0 = 1;                      //启动 T0
32       TR1 = 1;                      //启动 T1
33   }
34   void T0_isr(void) interrupt 1     // T0 中断服务函数
35   {
```

```
36          cnt++;                          //每 50ms 计数 1 次
37          if (cnt == 20)                  //查询累计定时变量 cnt,为 20 则 1s 已到
38          {
39              cnt = 0;                    //累计定时变量 cnt 清 0,开始下一秒定时
40              TR1 = 0;                    //暂停计数器 T1,达到写初值条件
41              Freq = (TH1 << 8) + TL1;    //把当前 T1 状态值装入频率变量
42              TL1 = 0; TH1 = 0;           //计数器 T1 清 0
43              TR1 = 1;                    //计数器 T1 重新开始计数
44          }
45  }
```

分析如下。

（1）如何采集频率。题目要求设计简易频率计,程序的设计思想是运用定时器 T0 累计定时 1s,在这段时间内计数器 T1 检测 T1 引脚(P3.5)接收到的脉冲数量,在 1s 时间到时收集 T1 计数寄存器数据,就是频率值。

（2）硬件接法。基于(1)的分析,本设计的被测信号应从单片机 T1 引脚接入,经单片机信号处理后,结果由数码管动态显示,电路图如图 7-10 所示。其中数码管显示电路如图 5-16 所示。

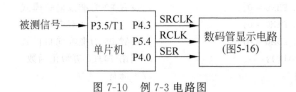

图 7-10　例 7-3 电路图

（3）题目要求用 74HC595 串行转并行驱动 LED 数码管动态显示电路来显示测量结果,因此程序第 2 行包含了头文件 595.h,实践时还应将该文件粘贴入工程所在文件夹,后续即可调用 display()函数来控制数码管显示数据。

（4）程序第 40 行暂停了 T1,在读出其计数寄存器及清 0 后,再在第 43 行重新开始 T1 的运行。一个原因是为了更准确地读取数据;另一个原因是 T1 工作在模式 0,在运行中是无法对计数寄存器写入数据的,必须在停止状态下写入。

（5）可在官方 STC15 单片机实验箱 4+信号发生器,或自行搭建实验环境对例 7-3 进行实践。

【例 7-4】　电路如图 7-11 所示,应用 STC15W4K32S4 系列 IAP15W4K58S4 单片机,系统时钟频率为 12MHz。编写 C51 程序,运用单片机定时器/计数器产生以下方波:

（1）用 T0 产生 600kHz 的方波信号并输出。

（2）用 T1 产生 50Hz 的方波信号并输出。

（3）用 T2 产生输入信号的 16 分频方波信号并输出。

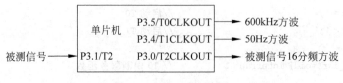

图 7-11　例 7-4 电路图

C51 源程序如下：

```
1    # include < stc15.h >          //包含 STC15 系列单片机头文件
2    void main(void)                //主函数
3    {
4        P3M1 = 0; P3M0 = 0;        //设置 P3 为准双向口模式
5        TMOD = 0x02;               //设置 T0 工作于模式 0 定时器、工作于 T1 模式 2 定时器
6        AUXR = AUXR | 0x08;        //设置 T2 计数器
7        AUXR = AUXR | 0x80;        //T0 设置无分频
8        AUXR = AUXR&0xBF;          //T1 设置 12 分频
9        TL0 = 246;                 //设置 T0 初始值
10       TH0 = 246;                 //设置 T0 重载值
11       TL1 = 55536 % 256;         //设置 T1 初始值低 8 位
12       TH1 = 55536/256;           //设置 T1 初始值高 8 位
13       T2L = 65528 % 256;         //设置 T2 初始值低 8 位
14       T2H = 65528/256;           //设置 T2 初始值高 8 位
15       INT_CLKO = INT_CLKO | 0x07; //允许 T0、T1、T2 输出时钟信号
16       TR0 = 1;                   //启动 T0
17       TR1 = 1;                   //启动 T1
18       AUXR = AUXR | 0x10;        //启动 T2
19       while(1);                  //主循环
20   }
```

分析如下。

（1）工作模式选择及初值计算方法如下。

① T0，定时器，工作模式 2，无分频，T0CLKOUT 引脚（P3.5）输出 600kHz 的方波信号。根据式（7-1）、式（7-3），得出 T0 初值应为 246。T0 也可以选择工作模式 0，但若选择 12 分频，在系统时钟频率为 12MHz 的情况下不能产生 600kHz 的方波，读者可自行计算验证。

② T1，定时器，工作模式 0，12 分频，T1CLKOUT 引脚（P3.4）输出 50Hz 的方波信号。根据式（7-1）、式（7-3），得出 T1 初值应为 55536。在系统时钟频率为 12MHz 的情况下，T1 若选择工作模式 2 或工作模式 0 无分频都不能产生 50Hz 的方波，读者可自行计算验证。

③ T2，计数器，工作模式固定为模式 0（不可设置），T2 引脚（P3.1）输入，T2CLKOUT 引脚（P3.0）输出/输入信号的 16 分频方波信号。根据式（7-4），应有 $2 \times (2^{计数器位数} - 计数器初值) = 16$，得出 T2 初值应为 65528。没有设计 T2 内部的分频系数，因为 STC15W4K32S4 系列单片机定时器/计数器在作为计数器时，信号是没有经过内部分配器的，如图 7-1 所示。

（2）寄存器的设计。根据（1）的设计，列表填写寄存器如表 7-5 所示。

（3）STC15W4K32S4 系列单片机的定时器/计数器可编程时钟输出，在设置并开启定时器/计数器之后会自行输出方波，因此第 19 行主循环内未包含任何执行语句。

（4）可在官方 STC15 单片机实验箱 4＋信号发生器＋示波器，或在 Proteus 中仿真，或自行搭建实验环境对例 7-4 进行实践。

表 7-5　例 7-4 的寄存器设置

寄存器	描述	地址	B7	B6	B5	B4	B3	B2	B1	B0	复位值
TCON	定时器控制寄存器	88H	TF1	TR1	TF0	TR0	IE1	IT1	IE0	IT0	0000 0000B
TMOD	定时器工作方式寄存器	89H	GATE	$C/\overline{T}$	M1	M0	GATE	$C/\overline{T}$	M1	M0	0000 0000B
			<------定时器/计数器 1------>			----->	<------定时器/计数器 0------>		1	0	
			0	0	0	0	0	0	1	0	
AUXR	辅助寄存器	8EH	T0x12	T1x12	UART_M0x6	T2R	T2_$C/\overline{T}$	T2x12	EXTRAM	S1ST2	0000 0000B
			1	0	—	1	1	1	—	—	
INT_CLKO 外部中断允许和时钟输出寄存器 AUXR2		8FH	—	EX4	EX3	EX2	MCKO_S2	T2CLKO	T1CLKO	T0CLKO	x000 0000B
			—	—	—	—	—	1	1	1	

注：其中加灰色底纹的是与定时器/计数器无关的位，"—"是无须设置的位。

本章小结

51单片机集成的定时器/计数器模块,可通过对系统时钟计数达到定时(延时)的目的,还可对外部输入信号进行计数,用于事件记录。其参数可通过编程来控制,使用方便,可用作定时(延时)器、分频器、波特率发生器等,是单片机系统中应用最频繁的模块之一。

第 8 章

单片机模拟信号和数字信号的应用

学习目标

➢ 了解什么是模拟信号和数字信号。

➢ 掌握 ADC 模块的应用(重点、难点)。

➢ 了解比较器模块的应用。

➢ 熟悉 PCA 模块的应用(难点)。

➢ 掌握 PWM 模块的应用(重点、难点)。

模拟信号和数字信号在单片机控制系统中应用广泛。本章主要介绍单片机系统中信号的一般概念、模拟信号和数字信号的应用,详细介绍目前单片机应用系统中常用的 ADC 模块、比较器模块、PCA 模块和 PWM 模块。

8.1　模拟信号和数字信号概述

1. 信号

信号是运载消息的工具,是消息的载体。从广义上讲,信号包括光信号、声信号和电信号等。在电子技术与单片机系统中,信号一般是指电信号。这些电信号由声音、图像、文字、符号、温度、压力、转速、光强等信号,经过传感器(转换器)变换而来,可以变换成电压、电流、功率等,通过幅度、频率、相位的变化来表示不同的消息。例如,送话器(俗称话筒或麦克风)转化得到的电压波形是信号,热敏电阻分压得到的随温度变化而大小变化的电压是信号,接收机天线接收到的是信号,信号发生器输出的也是信号,干扰、噪声、电磁波等同样是信号。信号可分为模拟信号和数字信号。

2. 模拟信号

在时间上和数值上都是连续的物理量称为模拟量。模拟量又称为连续量,也就是在一定范围(定义域)内可以取任意值(在值域内)。一般把表示模拟量的信号叫模拟信号,模拟信号是一种时间的连续函数,把工作在模拟信号下的电子电路叫模拟电路,如温度、压力、位移、图像等都是模拟量。电子线路中模拟量通常包括模拟电压和模拟电流。模拟量有可能是标准的正弦波,有可能是不规则的任何波形,也有可能是规则的方波、三角波等,人们常用十进制数表示模拟量的大小,如电压 5.0V、电流 1A 等。

3. 数字信号

在时间上和数量上都是离散的、不连续的物理量称为数字量。数字量又称为离散量,指的是分散开来的、不存在中间值的量。一般把表示数字量的信号叫作数字信号,数字信号是一种不连续的时间函数,把工作在数字信号下的电子电路叫作数字电路。数字量就是用一系列 0 和 1 组成的二进制代码表示某个信号大小的量。用数字量表示同一个模拟量时,数字位数可以多也可以少,位数越多表示的分辨率越高,位数越少表示的分辨率越低。

4. 常用的单片机应用系统

在单片机应用系统中,单片机的作用是对信号进行检测与控制,这些信号包括模拟信号和数字信号,而单片机内部存储、运算时用的是数字量,因此,需要对信号进行调理后才可输入单片机进行运算和处理并输出。图 8-1 是具有输入/输出功能的单片机应用系统框图。

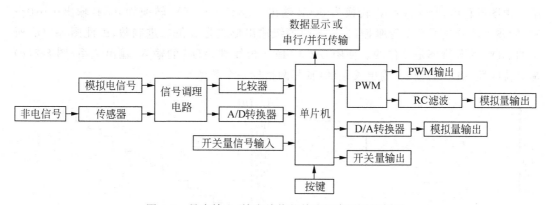

图 8-1 具有输入/输出功能的单片机应用系统框图

单片机应用系统的输入部分:对于开关量信号,其属于数字量,可直接输入单片机进行处理;对于温度、湿度、压力、流量、速度等非电信号的物理量,则需要使用相应的传感器转换成电信号;对于电压、电流、频率等电信号,则需要进一步通过信号调理电路把模拟电信号转变成单片机能检测的电压信号,同时调整信号的幅度以适应单片机工作电压的要求。之后可以运用 A/D 转换器、比较器等把信号转变成数字信号,输入单片机处理。A/D 转换器即模拟量/数字量转换器(Analog to Digital Change),常缩写为 ADC 或 A/D。

单片机应用系统的输出部分:单片机的数据可通过 PWM 模块输出频率、占空比可调整的矩形波,或者输出具有死区时间的对称矩形波;矩形波经过 RC 滤波,便可以转换为模拟量输出。单片机的数据也可以通过 D/A 转换器输出模拟量,目前此类应用已日趋减少;D/A 转换器即数字量/模拟量转换器(Digital to Analog Change),常缩写为 DAC 或 D/A。单片机的数据还可以直接输出开关量信号。同时,单片机的数据也可以通过显示屏直接显示出来,或者通过数据传输实现数据交换。

在单片机应用系统中,经常还设置有按键电路,用于改变系统的状态或设置参数。

STC15W4K32S4 系列单片机已将 ADC 模块、比较器模块、PWM 模块等集成在芯片中,本章将逐一讲解这些模块;而数据传输的应用将在第 9 章讲解。

8.2　单片机的 ADC 模块

模拟数字转换是通过 ADC,将时间连续、幅值也连续的模拟信号转换成时间离散、幅值也离散的数字信号输出,此输出信号能够忠实地反映原始输入信号。本节将学习 STC15W4K32S4 系列单片机的 ADC 模块。

8.2.1　ADC 的几个概念

1. A/D 转换的分辨率 N

分辨率是 ADC 能够分辨最小信号的能力,表示数字量变化一个相邻数码所需输入模拟电压的变化量。也就是对于允许范围内的模拟信号,ADC 能输出离散数字信号值的个数。这些信号值通常用二进制数来存储,因此分辨率经常用 bit(位)作为单位,且这些离散值的个数是 2 的幂指数。以 3 位 5V 单极性线性模数转换为例,图 8-2(a)是其输入/输出关系。由图可看出,0～0.625V 转换为 000B 输出,0.625～1.25V 转换为 001B 输出……0～5V 的输入被分成了 8 个等级输出,这 8 个等级输出形式是 3 位二进制数,因此图 8-2(a)所示的 ADC 的分辨率是 3 位的。而图 8-2(b)是 4 位线性 ADC 的输入/输出关系,图 8-2(c)是 5 位线性 ADC 的输入/输出关系(纵轴每两格标一个数值)。

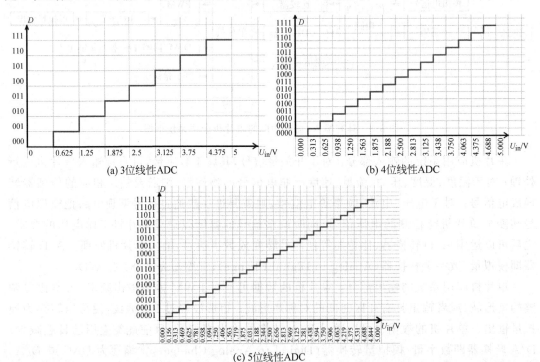

(a) 3位线性ADC

(b) 4位线性ADC

(c) 5位线性ADC

图 8-2　线性 A/D 转换的输入/输出关系

从图 8-2 可以看出,分辨率越高,转换时对输入模拟信号变化的反应就越灵敏,输入输出关系就越接近直线,所以这种 ADC 是接近线性的,且可以得出输入/输出的近似关系为

$$\frac{D}{2^N} \approx \frac{V_{in}}{E_{FSR}} \tag{8-1}$$

式中,V_{in} 为输入电压(V);E_{FSR} 为满量程电压范围,即是总的电压测量范围(V),在图 8-2 的 3 个例子中 E_{FSR} 都是 5V;D 为输出的数字信号值;N 为分辨率(bit)。

2. A/D 的转换速率

转换速率(Conversion Rate)是指完成一次从模拟转换到数字的 A/D 转换所需要的时间的倒数。采样时间是指两次转换的间隔,采样时间的倒数一般表示为采样速率(Sample Rate),又称为采样率、采样速度等。为了保证 A/D 转换的正确完成,采样速率不得大于转换速率。因此,有些人习惯上将转换速率在数值上等同于采样速率。采样速率常用单位是 sps(sample per sencond),表示每秒采样次数。这个值越大,采样速度越快。

3. ADC 的输入通道数

输入通道数是指同时可以实现多少路模拟信号的输入,常用 ADC 的内部一般只有一个公共的 A/D 转换模块,通过一个多路转换开关实现分时转换。

4. A/D 的参考电压

参考电压又称为基准电压。ADC 必须要有参考电压,这个参考电压必须是一个明确的值,在这个明确值的基础上才能得到对应的数字量,从而作为一个基准供 ADC 使用。参考电压不同于芯片的供电电源电压,一般高精度的 ADC 芯片设置有独立的参考电压输入引脚或集成内基准电压。STC15W4K32S4 系列单片机 ADC 模块的参考电压就是芯片工作电压 V_{CC}。

5. A/D 的转换方式

ADC 常用的转换方式有 3 种:计数式 ADC,其速度慢、价格低,适用于慢速系统;双积分式 ADC,其分辨率高、抗干扰性好,但转换速度较慢,适用于中速系统;逐次逼近型 ADC,其精度高、转换速度快、易受干扰。

STC15W4K32S4 系列单片机的 ADC 是逐次比较型 ADC。逐次比较型 ADC 由一个比较器和 D/A 转换器构成,通过逐次比较逻辑,从最高位开始,顺序地对每一输入电压与内置 D/A 转换器输出进行比较,经过多次比较,使转换所得的数字量逐次逼近输入模拟量的对应值。逐次比较型 ADC 具有速度快、功耗低等优点。

8.2.2　STC15W4K32S4 系列单片机 ADC 的结构

STC15W4K32S4 系列单片机集成有 8 通道 10 位高速电压输入型模拟数字转换器(ADC),采用逐次比较方式进行 A/D 转换,速度可达到 300kHz(30 万次/s),可应用于温度检测、电池电压检测、距离检测、按键扫描、频谱检测等。

STC15W4K32S4 系列单片机 ADC 的结构如图 8-3 所示,主要由电源、通道选择、逐次比较 ADC、结果输出四部分组成。

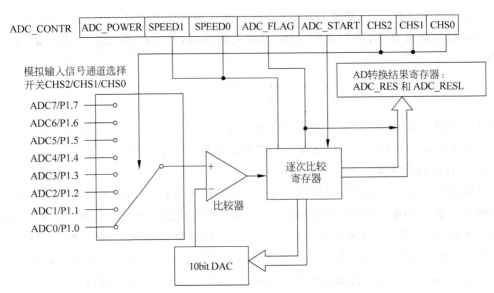

图 8-3　STC15W4K32S4 系列单片机 ADC 结构

8.2.3　STC15W4K32S4 系列单片机 ADC 的控制

STC15W4K32S4 系列单片机 ADC 模块相关寄存器如表 8-1 所示。下面介绍寄存器是如何对 ADC 各个组成部分作监测与控制的。

表 8-1　STC15W4K32S4 系列单片机 ADC 相关寄存器

寄存器	地址	B7	B6	B5	B4	B3	B2	B1	B0	复位值
CLK_DIV	97H	MCKO_S1	MCKO_S0	ADRJ	Tx_Rx	Tx2_Rx2	CLKS2	CLKS1	CLKS0	0000 0000B
P1ASF	9DH	P17ASF	P16ASF	P15ASF	P14ASF	P13ASF	P12ASF	P11ASF	P10ASF	0000 0000B
IE	A8H	EA	ELVD	EADC	ES	ET1	EX1	ET0	EX0	0000 0000B
IP	B8H	PPCA	PLVD	PADC	PS	PTI	PX1	PT0	PX0	0000 0000B
ADC_CONTR	BCH	ADC_POWER	SPEED1	SPEED0	ADC_FLAG	ADC_START	CHS2	CHS1	CHS0	0000 0000B
ADC_RES	BDH									0000 0000B
ADC_RESL	BEH									0000 0000B

注：加灰色底的位与 ADC 无关。

1．电源（控制位 ADC_POWER）

ADC 电源由 ADC 电源控制位 ADC_POWER（ADC_CONTR.7）控制,值为 0 关闭 ADC 电源,值为 1 打开 ADC 电源,复位值为 0。

初次打开 ADC 电源后需适当延时,等内部相关电路稳定后再启动 A/D 转换。启动 A/D 转换前一定要确认 ADC 电源已打开。A/D 转换结束后或进入空闲模式（见 4.6 节）前,最好关闭 ADC 电源以降低功耗,也可不关闭。

2．通道选择

1）引脚功能选择（寄存器 P1ASF）

STC15W4K32S4 系列单片机 ADC 模块是 8 通道的,对应的输入引脚是 P1 端口的 8 个

引脚。单片机硬件复位后,P1 的默认功能是普通 I/O 接口,若需要其中一个或多个引脚用作 ADC 输入,则需要在寄存器 P1ASF 设置。寄存器 P1ASF 是模拟输入通道功能控制寄存器,是只写寄存器(读无效),B7~B0 每一位对应控制 P1.7~ P1.0 的功能。即 P1 端口的8 个引脚都可以单独控制作为普通 I/O 接口(P1ASF 对应位值为 0),或者模拟信号输入接口(P1ASF 对应位值为 1)。例如,单片机复位后执行 P1ASF |=0x38,则 P1ASF 的值为0011 1000B,表示 P1.5、P1.4、P1.3 都设置成模拟信号输入接口,P1 端口其余引脚保留普通 I/O 接口功能(建议只作为输入)。ADC 启动后,转换结束之前,最好不要改变任何引脚的状态,这样有利于高精度 A/D 转换。

2) 转换通道选择(控制位 CHS2、CHS1、CHS0)

虽然 STC15W4K32S4 系列单片机 ADC 模块有个 8 通道,但核心的 A/D 转换机构只有一个,所以同一时间只能选择其中一个通道的信号进行转换。这就需要对模拟输入通道选择控制位 CHS2、CHS1、CHS0 进行设置,如表 8-2 所示。

表 8-2　模拟输入通道选择

位	CHS2	CHS1	CHS0	模拟输入通道选择
地址	ADC_CONTR.2	ADC_CONTR.1	ADC_CONTR.0	
值	0	0	0	选择 ADC0(P1.0)作为 ADC 输入
	0	0	1	选择 ADC1(P1.1)作为 ADC 输入
	0	1	0	选择 ADC2(P1.2)作为 ADC 输入
	0	1	1	选择 ADC3(P1.3)作为 ADC 输入
	1	0	0	选择 ADC4(P1.4)作为 ADC 输入
	1	0	1	选择 ADC5(P1.5)作为 ADC 输入
	1	1	0	选择 ADC6(P1.6)作为 ADC 输入
	1	1	1	选择 ADC7(P1.7)作为 ADC 输入

3. 逐次比较型 ADC

1) 转换启动设置(控制位 ADC_START)

逐次比较型 ADC 是 STC15W4K32S4 系列单片机 ADC 模块的核心部分。可以通过A/D 转换启动控制位 ADC_START(ADC_CONTR.3)来启动 A/D 转换:值为 0 停止转换,值为 1 启动转换。

2) 转换速度设置(控制位 SPEED1、SPEED0)

转换速度可用 A/D 转换速度控制位 SPEED1、SPEED0 来控制,如表 8-3 所示。

表 8-3　A/D 转换速度设置

位	SPEED1	SPEED0	A/D 转换一次所需时间
地址	ADC_CONTR.6	ADC_CONTR.5	
值	0	0	90 个时钟周期
	0	1	180 个时钟周期
	1	0	360 个时钟周期
	1	1	540 个时钟周期

3）A/D 转换

STC15W4K32S4 系列单片机 ADC 模块用逐次比较法进行 A/D 转换，该过程中需要基准电压送入 D/A 转换器，配合逐次逼近寄存器的数据，产生反馈电压，再与输入电压作比较。而基准电压就是单片机的输入工作电压 V_{CC}，也可外接基准参考电压源。

4. 结果输出（寄存器 ADC_RES、ADC_RESL，控制位 ADRJ）

A/D 转换结果会保存在特殊功能寄存器 ADC_RES、ADC_RESL 中。存储格式由 ADC 存储格式控制位 ADRJ(CLK_DIV.5)控制。

ADRJ 值为 0 时，存储格式如表 8-4 所示，其中 ADC_RES9 表示 A/D 转换结果的最高位，ADC_RES0 表示 A/D 转换结果的最低位。ADC 的 10 位转换结果被分割成两段 8 位二进制数，无法方便地进行分析。若要把 A/D 转换结果赋值给整型变量 ADRES，可写出以下 C51 语句：

```
int ADRES = ADC_RES * 4 + ADC_RESL;    //变量 ADRES 存储 A/D 转换的 10 位完整结果
int ADRES = ADC_RES;                    //变量 ADRES 存储 A/D 转换的高 8 位结果
```

表 8-4   ADRJ 值为 0 时 ADC_RES 和 ADC_RESL 的存储格式

寄存器	地址	B7	B6	B5	B4	B3	B2	B1	B0	复位值
ADC_RES	BDH	ADC_RES9	ADC_RES8	ADC_RES7	ADC_RES6	ADC_RES5	ADC_RES4	ADC_RES3	ADC_RES2	0000 0000B
ADC_RESL	BEH	—	—	—	—	—	—	ADC_RES1	ADC_RES0	0000 0000B

其中，第 1 条语句运用了 3.3.2 小节数据合成法的知识，变量 ADRES 存储了 A/D 转换的 10 位完整结果。若执行第 2 条语句，变量 ADRES 存储了 A/D 转换的高 8 位结果，后续的计算要注意这是分辨率为 8 的 A/D 转换结果，在分辨率要求不高时运用第 2 条语句较简便。

设置 ADRJ 值为 1 时，存储格式如表 8-5 所示。若要把 A/D 转换结果赋值给整型变量 ADRES，可写出以下语句：

```
int ADRES = ADC_RES * 256 + ADC_RESL;  //变量 ADRES 存储 A/D 转换的 10 位完整结果
```

表 8-5   ADRJ 值为 1 时 ADC_RES 和 ADC_RESL 的存储格式

寄存器	地址	B7	B6	B5	B4	B3	B2	B1	B0	复位值
ADC_RES	BDH	—	—	—	—	—	—	ADC_RES9	ADC_RES8	0000 0000B
ADC_RESL	BEH	ADC_RES7	ADC_RES6	ADC_RES5	ADC_RES4	ADC_RES3	ADC_RES2	ADC_RES1	ADC_RES0	0000 0000B

5. ADC 中断

输出结果的同时，ADC 模块向 CPU 申请中断。有关 ADC 中断的控制如下。

（1）优先级控制位 PADC（可位寻址）：值为 0 表示低优先级，值为 1 表示高优先级，复位值为 0。

（2）中断允许控制位 EADC（可位寻址）：值为 0 表示禁止中断，值为 1 表示开放中断，复位值为 0。

（3）转换结束中断申请标志位 ADC_FLAG（ADC_CONTR. 4）复位值为 0；A/D 转换结束时 ADC_FLAG 被硬件置 1,向 CPU 申请中断。

（4）ADC 中断号为 5。

（5）中断服务结束后 ADC_FLAG 不会自动清 0,需软件清 0。

8.2.4　STC15W4K32S4 系列单片机 ADC 的应用

1. 数据的处理

ADC 模块将输出结果按照 10 位分辨率或 8 位分辨率保存下来,但这个 A/D 转换结果只是一串数字编码,并没有实际意义。在实际应用中,还需要对这个 A/D 转换结果进行处理,把它与实际物理量联系起来,才能发挥 A/D 转换的作用。

1）反推模拟量

STC15W4K32S4 系列单片机 ADC 模块输入信号的满量程电压不能超过单片机芯片供电电压 V_{CC},根据式（8-1）可得出 ADC 模块输入、输出之间关系式,即

$$\frac{D}{2^N} \approx \frac{V_{in}}{V_{CC}} \tag{8-2}$$

式中,V_{in} 为输入电压（V）；V_{CC} 为输入信号的满量程电压（V）；D 为输出的数字信号值；N 为分辨率（bit）。

由式（8-2）可推导出式（8-3）,即

$$V_{in} \approx \frac{D}{2^N} \cdot V_{CC} \tag{8-3}$$

若被测量的值是 0～5V 的电压,那么根据式（8-3）即可反推输入电压。

若被测量的是值大于 5V 的电压,则需要分压电路保证单片机的 ADC 输入电压信号在 0～5V 范围内,得到 A/D 转换结果后再利用分压公式反推被测量的电压。

若被测量的是电流、功率等信号,必须运用硬件电路把信号转换成 0～5V 电压信号,再接入单片机 ADC,A/D 转换完成后再反推被测信号。

若利用温度、湿度、倾角等传感器获得 0～5V 电压信号,则需要查看传感器说明书,一般会有被测的物理量与 0～5V 电压信号之间的关系,据此反推被测物理量的值。在此说明一种比较特殊的情况：若物理量与电压信号之间是线性关系,且该物理量的变化范围是 0～X_{max},则有

$$\frac{X}{X_{max}} = \frac{V_{in}}{V_{CC}} \tag{8-4}$$

式中,X 为被测物理量当前值；X_{max} 为该物理量的幅值；V_{in} 为传感器的输出电压,接入单片机 ADC；V_{CC} 为单片机 ADC 输入信号的满量程电压范围。式（8-4）与式（8-2）联立,得

$$\frac{D}{2^N} \approx \frac{X}{X_{max}} \tag{8-5}$$

因此有

$$X \approx \frac{D}{2^N} \cdot X_{max} \tag{8-6}$$

根据式(8-6),可以直接用单片机 ADC 输出的结果计算传感器测量的物理量的值,而无须经过电压信号的计算,前提是该物理量与电压信号的关系是线性的,且该物理量的变化范围是 $0 \sim X_{max}$。

2) 结果的处理

得到测量结果后,常通过以下两种方式向用户展示。

(1) 运用显示模块。可以运用 LED 数码管或 LCD 液晶等模块将测量结果向用户显示。运用 3.3.2 小节的数据拆分法的知识,把测量结果在十进制下分割出每一个数位,然后控制显示模块对每一个数位进行显示。

若测量结果(如电压)是小数,而用户需求是保留 X 位小数,因为需要运用 3.3.2 小节的数据拆分法的知识,而此法需要被拆分的数值为整数,此时可以先把结果乘以 10^X,使小数变成整数,然后分离每个数位控制显示模块进行数字显示,最后再补充小数点的显示。例如,测量结果是 2.345V(一般测量结果是未知的,在此为了直观,用已知数值进行说明),用户需要保留两位小数。此时需要 2.345×100 得出 234.5,用一个整型变量(如 Y)保存则结果为 234,再分离 Y 的各个数位逐个驱动显示模块显示。注意,把 Y 的百位 2 分离出来时,因为实际上是测量结果的个位数,所以应控制显示模块加上小数点来显示。

特别提醒的是,在 A/D 转换结果的处理过程中涉及不少乘法、除法。根据 C51 规则,整型与整型的除法,其结果也为整型,小数部分会被丢弃。所以,要先分析得出完整的表达式,然后按照先乘法、后除法/求余的顺序来编写程序,避免丢失数据。

(2) 通过串行口发送到上位机显示。可以通过串行口把测量的数据发送到计算机或智能手机等上位机显示。由于串行口每次能发送 8 位数据,所以 8 位 A/D 转换结果可以直接发送,即把 ADC_RES 的值直接通过串行口发送到上位机,再由上位机处理这个 8 位分辨率的 A/D 转换结果;如果是超过 8 位的数据,如 10 位 A/D 转换结果,则把 ADC_RES 和 ADC_RESL 分别通过串行口先后发送到上位机,上位机再处理这个 10 位分辨率的 A/D 转换结果。

2. 编程要点

STC15W4K32S4 系列单片机 ADC 模块的编程要点如下。

(1) 设置 ADC_POWER(ADC_CONTR.7),打开 ADC 工作电源。

(2) 调用延时函数或编写延时语句,延时 1ms 左右,等待 ADC 内部模拟电源稳定。

(3) 设置寄存器 P1ASF,将 P1 端口中的对应引脚设置为 ADC 模拟输入功能。

(4) 根据需要设置 ADRJ(CLK_DIV.5),选择转换结果存储格式。

(5) 根据需要对 ADC 中断相关位 PADC(可位寻址)、EADC(可位寻址)、EA(可位寻址)进行设置。

(6) 设置 CHS2、CHS1、CHS0(ADC_CONTR.2-0)选择 P1 端口中的对应引脚作为 ADC 模拟量输入通道。

(7) 设置 ADC_START(ADC_CONTR.3)启动 A/D 转换。

(8) 查询 ADC 中断标志 ADC_FLAG(ADC_CONTR.4)或等待中断。

(9) 对 ADC_RES 和 ADC_RESL 两个寄存器的数据进行处理。

(10) 将中断标志 ADC_FLAG(ADC_CONTR.4)清 0。

(11) 如果是多通道模拟量进行转换,则可设置 CHS2、CHS1、CHS0 更换通道,然后适当延时等待 A/D 转换结果稳定(延时量与输入电压源的内阻有关,一般取 $20\sim200\,\mu s$ 即可;若输入电压源的内阻在 $10k\Omega$ 以下则可不加延时),之后重复步骤(8)~步骤(11)。

3. 应用举例

【**例 8-1**】 电路如图 8-4 所示,应用 STC15W4K32S4 系列 IAP15W4K58S4 单片机的 ADC 模块,测量两路 $0\sim5V$ 直流电压。编写 C51 程序实现功能:用 74HC595 串行转并行驱动 LED 数码管动态显示电路(见图 5-16)显示 A/D 转换结果。要求使用 ADC0(P1.0)和 ADC1(P1.1)作为输入,采用查询方式,分辨率为 10 位。

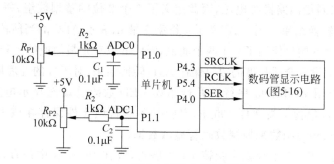

图 8-4 例 8-1 硬件电路原理图

C51 源程序如下:

```
1     # include < stc15.h >                        //包含 STC15 系列单片机头文件
2     # include"595.h"                             //包含 74HC595 串行转并行驱动 LED 数码管动态显示头文件
3     void main(void)                              //主函数
4     {
5          char n = 0;                             //n 为当前 ADC 转换通道
6          unsigned int AD[2];                     //用作保存 A/D 转换结果
7          unsigned int i;                         //i 用于延时
8          P1M1 = 0; P1M0 = 0;                     //设置 P1 为准双向口模式
9          P4M1 = 0; P4M0 = 0;                     //设置 P4 为准双向口模式
10         P5M1 = 0; P5M0 = 0;                     //设置 P5 为准双向口模式
11         ADC_CONTR | = 0x80;                     //打开 ADC 电源
12         for(i = 0; i < 1000; i++);              //适当延时
13         P1ASF = 0x03;                           //设置 P1.0、P1.1 为 ADC 模拟量输入功能
14         ADC_CONTR = 0x88;
15         //选择输入通道 ADC0(P1.0),选择基本速度,中断标志清 0,并启动 A/D 转换
16         while(1)                                //主循环
17         {
18              if((ADC_CONTR&0x10)!= 0)           //等待 A/D 转换完毕
19              {
20                   ADC_CONTR = 0x80;             //暂停 A/D 转换,将 ADC 中断标志清 0
21                   AD[n] = ADC_RES * 4 + ADC_RESL;//保存 A/D 转换的 10 位完整结果
22                   n = !n;                       //切换 ADC 通道
23                   ADC_CONTR = 0x88 + n;         //重新启动 A/D 转换,并切换到通道 n
24                   for(i = 0; i < 10; i++);      //适当延时
25              }
26              display(1, AD[0]/1000);            //第 1 位数码管显示 ADC 通道 0 转换结果千位数
27              display(2, AD[0] % 1000/100);      //第 2 位数码管显示 ADC 通道 0 转换结果百位数
28              display(3, AD[0] % 100/10);        //第 3 位数码管显示 ADC 通道 0 转换结果十位数
```

```
29          display(4,AD[0]%10);              //第 4 位数码管显示 ADC 通道 0 转换结果个位数
30          display(5,AD[1]/1000);            //第 5 位数码管显示 ADC 通道 1 转换结果千位数
31          display(6,AD[1]%1000/100);        //第 6 位数码管显示 ADC 通道 1 转换结果百位数
32          display(7,AD[1]%100/10);          //第 7 位数码管显示 ADC 通道 1 转换结果十位数
33          display(8,AD[1]%10);              //第 8 位数码管显示 ADC 通道 1 转换结果个位数
34      }
35  }
```

分析如下。

(1) 题目要求测量两路模拟电压,因此定义了一个 2 位的整型数组,每个数组元素保存一个通道的 A/D 转换结果。另外,定义了字符型变量 n,表示 ADC 的当前转换通道,第 22 行需要切换通道时,因本题只使用了 0、1 两个通道,因此 n 取反是最简便的。若需要检测更多通道,也可以参考此例设置合适长度的数组保存 A/D 转换结果,对于 n 的处理稍加修改即可。

(2) 题目要求用 74HC595 串行转并行驱动 LED 数码管动态显示电路来显示测量结果,因此程序第 2 行包含了头文件 595.h,实验时还应将该文件保存在该工程所在文件夹,后续即可调用 display()函数来控制数码管显示数据。

(3) 可在官方 STC15 单片机实验箱 4+扩展板,或在 Proteus 中仿真,或自行搭建实验环境对例 8-1 进行实践。

【例 8-2】 电路如图 8-5 所示,应用 STC15W4K32S4 系列 IAP15W4K58S4 单片机的 ADC 模块,测量 0~5V 直流电压。编写 C51 程序实现功能:用 74HC595 串行转并行驱动 LED 数码管动态显示电路(见图 5-16)显示 A/D 测量结果,保留两位小数。要求使用 ADC7 (P1.7)作为输入,采用中断方式,分辨率为 8 位。

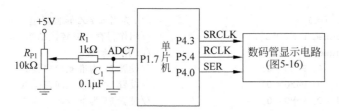

图 8-5 例 8-2 硬件电路原理图

C51 源程序如下:

```
1   # include < stc15.h >          //包含 STC15 系列单片机头文件
2   # include"595.h"              //包含 74HC595 串行转并行驱动 LED 数码管动态显示头文件
3   unsigned char AD;            //用作保存 A/D 转换结果
4   void main(void)              //主函数
5   {
6       unsigned int i;          //i 用于适当延时
7       unsigned int U100;       //用作保存被测电压的 100 倍
8       P1M1 = 0; P1M0 = 0;      //设置 P1 为准双向口模式
9       P4M1 = 0; P4M0 = 0;      //设置 P4 为准双向口模式
10      P5M1 = 0; P5M0 = 0;      //设置 P5 为准双向口模式
11      ADC_CONTR| = 0x80;       //打开 ADC 电源
12      for(i = 0;i < 1000;i++); //适当延时
13      P1ASF = 0x80;            //设置 P1.7 为 ADC 模拟量输入功能
```

```
14          ADC_CONTR = 0x8F;
                            //选择输入通道 ADC7(P1.7),选择基本速度,中断标志清 0,并启动 A/D 转换
15          EADC = 1;                          //打开 ADC 中断
16          EA = 1;                            //打开 CPU 总中断
17          while(1)                           //主循环
18          {
19              display(6, AD/100);            //第 6 位数码管显示 A/D 转换结果百位数
20              display(7, AD%100/10);         //第 7 位数码管显示 A/D 转换结果十位数
21              display(8, AD%10);             //第 8 位数码管显示 A/D 转换结果个位数
22              U100 = AD * 5.0 * 100 /256;    //反推被测电压的 100 倍,只保留整数
23              display(1, U100/100 + 16);     //第 1 位数码管显示被测电压的个位,带小数点
24              display(2, U100%100/10);       //第 2 位数码管显示被测电压的小数后 1 位
25              display(3, U100%10);           //第 3 位数码管显示被测电压的小数后 2 位
26          }
27      }
28      void ADC_ISR (void) interrupt 5       //ADC 中断服务子函数
29      {
30          ADC_CONTR = 0x87;                  //暂停 A/D 转换,将 ADC 中断标志清 0
31          AD = ADC_RES;                      //保存 A/D 转换结果
32          ADC_CONTR = 0x8F;                  //重新启动 A/D 转换
33      }
```

分析如下。

（1）题目要求用 74HC595 串行转并行驱动 LED 数码管动态显示电路来显示测量结果，因此程序第 2 行包含了头文件 595.h，实验时还应将该文件保存在该工程所在文件夹，后续即可调用 display() 函数来控制数码管显示数据。

（2）程序的 19～21 行是调用 display() 函数，控制数码管第 6～8 位显示 A/D 转换结果，用以对照 1～3 位显示的输入电压。从 31 行可以看出，变量 AD 只取了 A/D 转换结果的高 8 位，所以其值范围应是 0～255。

（3）本题要求显示 0.00～5.00V 被测电压值，保留两位小数。因此，在第 31 行用无符号字符型变量 AD 把 A/D 转换 8 位结果保存下来。按照式（8-3），有 $V_{in} \approx \dfrac{D}{2^N} \cdot V_{CC} = \dfrac{AD}{256} \times 5(V)$，而要按题目要求显示就还要得出 V_{in} 的 100 倍的结果，因此在第 22 行运算出需显示的数值并保留在整型变量 U100 中，接着在第 23～25 行将 U100 逐个位分离，调用 display() 函数控制数码管显示即可完成题目要求。在第 22 行 U100 的计算中，进行了式（8-3）和求 100 倍两步计算，为避免丢失数据，运算时先乘后除；因为乘法运算时可能超出运算范围，因此×5.0 用了浮点常量，这样可扩大常量运算时的运算范围。

（4）第 23 行分离出 U100 的百位，实际上是被测电压的个位；第 24 行分离出 U100 的十位，实际上是被测电压的小数点后 1 位；第 25 行分离出 U100 的个位，实际上是被测电压的小数点后 2 位。

（5）第 23 行在分离出输入电压的个位数后，还＋16 再控制数码管显示，因为头文件 595.h（附录 G）内，带小数点的 16 个十六进制数编码放在了不带小数点的 16 个编码之后。

（6）可在官方 STC15 单片机实验箱 4＋扩展板，或在 Proteus 中仿真，或自行搭建实验

环境对例 8-2 进行实践。

【例 8-3】 电路如图 8-6 所示,应用 STC15W4K32S4 系列 IAP15W4K58S4 单片机的 ADC 模块,编写 C51 程序实现功能:16 个按键的键盘作为输入,用 74HC595 串行转并行驱动 LED 数码管动态显示电路(见图 5-16)显示按键值 0~F。

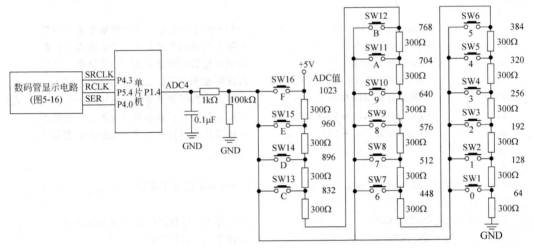

图 8-6 例 8-3 硬件电路原理图

C51 源程序如下:

```
1    # include < stc15.h>            //包含 STC15 系列单片机头文件
2    # include < intrins.h>          //包含 intrins.h 头文件,其中定义了空函数 _nop_()
3    # include"595.h"                 //包含 74HC595 串行转并行驱动 LED 数码管动态显示头文件
4    # define OFFSET  16              //A/D 转换结果允许偏差
5    bit ADC_KeyState = 0;     //按键按下标志,0/1 表示无/有按键按下,单片机复位时无按键按下
6    unsigned char KeyCode = 32;      //按键码,0~F 有效,初始化 32 可令单片机复位时数码管灭
7    void AdcKey(unsigned int adc);   //声明 A/D 键盘按键获取函数
8    unsigned int Get_ADC(char channel); //声明 A/D 转换结果读取函数
9    void main(void)                  //主函数
10   {
11       unsigned int j;             //定义变量 j 用于保存 10 位 A/D 转换结果
12       unsigned char cnt = 0;      //定义变量 cnt 用于计算主循环次数
13       P1M1 = 0; P1M0 = 0;         //设置 P1 为准双向口
14       P4M1 = 0; P4M0 = 0;         //设置 P4 为准双向口
15       P5M1 = 0; P5M0 = 0;         //设置 P5 为准双向口
16       Get_ADC(4);                 //运行一次 A/D 转换结果读取函数使 ADC 模块稳定
17       while(1)                    //主循环
18       {
19           if(++cnt >= 100)        //主循环 100 次时
20           {
21               cnt = 0;            //重新计算主循环次数
22               j = Get_ADC(4);     //调用 Get_ADC()函数读取通道 4 的 A/D 转换结果
23               AdcKey(j);          //按照通道 4(即 A/D 键盘)的 A/D 转换结果更新按键码
24           }
25           display(8,KeyCode );     //第 8 位数码管显示按键码
26       }
```

```
27      }
28      unsigned int Get_ADC(char channel)   //用查询法读取 A/D 转换结果
29      {
30          P1ASF | = 0x01 << channel;        //将通道 channel 设为模拟输入
31          ADC_RES = 0;                      //ADC 高位寄存器清 0
32          ADC_RESL = 0;                     //ADC 低位寄存器清 0
33          ADC_CONTR = 0xE8 | channel;
                                              //A/D 转换结束标志清 0,对 channel 开始 A/D 转换,转换速度 540T
34          _nop_();_nop_();_nop_();_nop_();  //适当延时
35          while((ADC_CONTR & 0x10) == 0);   //查询 A/D 转换结束标志,等待 A/D 转换完成
36          ADC_CONTR & = 0xEF;               //A/D 转换结束标志清 0
37          return  ((ADC_RES << 2) | ADC_RESL); //返回 10 位 A/D 转换结果
38      }
39      void AdcKey (unsigned int adc)        //根据 A/D 转换结果查找按键码
40      {
41          unsigned char i;                  //定义变量 i 用于查找按键码
42          for (i = 0; i < 16; i++)          //i 从 0 开始向上查找按键码
43              if((adc > = (64 * (i + 1) − OFFSET)) && (adc <= (64 * (i + 1) + OFFSET)))
                                              //若 A/D 转换结果与按键 i 匹配
44                  break;                    //不再查找
45          if (i == 16)                      //若 for 循环结束时 i 的值为 16,表示无按键按下
46              ADC_KeyState = 0;             //按键按下标志位置 0
47          else                              //若有按键按下
48              if (ADC_KeyState == 0 )       //而且前一状态为无按键按下,即此时为按下瞬间
49              {
50                  ADC_KeyState = 1;         //按键按下标志位置 1
51                  KeyCode = i;              //更新按键码
52              }
53      }
```

分析如下。

（1）A/D 键盘电路原理图如图 8-6 所示。图中电阻组成分压电路,当不同的按键按下时,分压电阻是不同的,所以键盘输出的模拟电压也是不同的。ADC4 接 IAP15W4K58S4 单片机的 ADC4(P1.4),利用 ADC 模块将键盘输出的模拟电压值转换为数字量,将数字量处理后对数码管进行显示,即可完成题目要求。

（2）需要指出的是,因为分压电阻的实际阻值是有误差的,同时,按键按下导通阻值也是有误差的,这导致 ADC4 接收到的模拟电压与理论值之间有所偏差。因此,可以定义一个符号常量 OFFSET,这是 ADC4 实际接收到的电压与理论电压值之间的允许偏差。这个偏移量用了符号常量来定义,可以方便在调试中将其修改至合适。

（3）第 43 行中,64 * (i+1)是 i 号按键按下时输出的电压经过单片机 A/D 转换后的 10 位数字量理论值,if 语句的条件是判断当前的 A/D 转换结果是否在 64 * (i+1)±OFFSET 的范围内,若结果为真,则可判断出当前 i 按键被按下。

（4）本例程序只是 A/D 键盘的简易检测程序,若需要更精确,建议使用定时器读取 A/D 转换结果,并且保存最后 3 次的读数,其变化比较小时再判断按键。

（5）可在官方 STC15 单片机实验箱 4 或自行搭建实验环境对例 8-3 进行实践。

8.3 单片机的比较器模块

8.3.1 比较器的基本原理

比较器是一种用于比较两个输入模拟信号电压的大小并输出结果的电路。图 8-7 是比

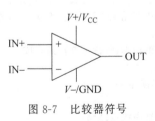

图 8-7 比较器符号

较器的符号,IN+是同相输入端,IN-是反相输入端,OUT 是输出端,GND 和 V_{CC} 是比较器的供电端。其中两个输入端电压可以是两路模拟输入信号,也可以是一个模拟输入信号和一个设置好的参考电压(又称为基准电压)。当 IN+输入电压大于 IN-电压时,OUT 输出高电平;当 IN+输入电压小于 IN-电压时,OUT 输出低电平。

8.3.2 STC15W4K32S4 系列单片机比较器模块的结构

STC15W4K32S4 系列单片机比较器模块的内部结构如图 8-8 所示,主要由输入电路、比较器电路、滤波电路、输出电路四部分电路组成。

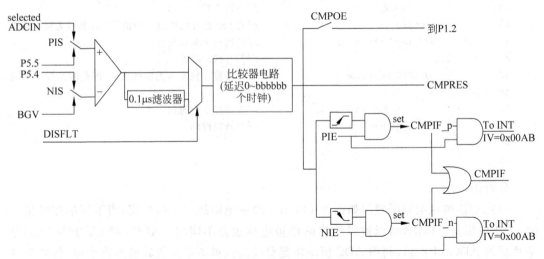

图 8-8 STC15W4K32S4 系列单片机比较器模块结构

8.3.3 STC15W4K32S4 系列单片机比较器模块的控制

STC15W4K32S4 系列单片机比较器模块相关寄存器如表 8-6 所示。下面将介绍寄存器是如何对比较器各个组成部分作监测与控制的。

表 8-6 STC15W4K32S4 系列单片机比较器相关寄存器

寄存器	描 述	地址	B7	B6	B5	B4	B3	B2	B1	B0	复位值
CMPCR1	比较器控制寄存器 1	E6H	EMPEN	CMPIF	PIE	NIE	PIS	NIS	CMPOE	CMPRES	0000 0000B
CMPCR2	比较器控制寄存器 2	E7H	INVCMPO	DISFLT	LCDTY[5:0]						0000 1001B

1．电源

比较器模块使能控制位 CMPEN（CMPCR1.7）：值为 0 关闭比较器电源，值为 1 打开比较器电源；复位值为 0。

2．输入选择

（1）比较器同相输入端 IN＋选择位 PIS（CMPCR1.3）：（PIS）＝0 选择外部引脚 CMP＋（P5.5）；（PIS）＝1 选择 ADCIS[2:0]所选择到的 ADCIN；复位值为 0。

（2）比较器反相输入端 IN－选择位 NIS（CMPCR1.2）：（NIS）＝0 选择内部 BandGap 电压 BGV，约 1.27V；（NIS）＝1 选择外部引脚 CMP－（P5.4）；复位值为 0。

3．比较器电路

比较器对同相输入端 IN＋和反相输入端 IN－的电压大小做比较并输出。

4．滤波电路

（1）0.1μs 滤波选择控制位 DISFLT（CMPCR2.6）：（DISFLT）＝0 有滤波。（DISFLT）＝1 无滤波；复位值为 0。

（2）电平变化控制电路的时长控制位 LCDTY[5:0]（CMPCR2.5-0）：当比较器电路输出电平由低变高，必须侦测到该高电平持续至少 LCDTY[5:0]个时钟，控制电路才认定比较器电路的输出是由低变高；如果在 LCDTY[5:0]个时钟内，比较器电路的输出又回到低电平，则控制电路认为比较器电路的输出一直维持在低电平。当比较器电路输出电平由高变低，必须侦测到该低电平持续至少 LCDTY[5:0]个时钟，控制电路才认定比较器电路的输出是由高变低；如果在 LCDTY[5:0]个时钟内，比较器电路的输出又回到高电平，则控制电路认为比较器电路的输出一直维持在高电平。LCDTY[5:0]复位值为 01001B。

5．输出电路

1）输出比较结果

比较结果标志位 CMPRES（CMPCR1.0）：（CMPRES）＝0 表示同相输入端 IN＋的电平低于反相输入端 IN－的电平；（CMPRES）＝1 表示同相输入端 IN＋的电平高于反相输入端 IN－的电平；CMPRES 复位值为 0。CMPRES 是只读位，写操作不起作用。

比较结果输出控制位 CMPOE（CMPCR1.1）：（CMPOE）＝0 禁止比较器的比较结果输出；（CMPOE）＝1 允许比较器的比较结果输出到 CMPO 引脚（P1.2）；复位值为 0。

比较器输出取反控制位 INVCMPO（CMPCR2.7）：（INVCMPO）＝0 时比较器的比较结果正常输出到 CMPO 引脚；（INVCMPO）＝1 时比较器的比较结果取反后再输出到 CMPO 引脚；复位值为 0。

2）比较器中断

比较器中断相关信息见表 6-2，具体说明如下。

（1）比较器中断优先级固定为低级，不可设置。

（2）比较器上升沿中断允许控制位 PIE（CMPCR1.5）：（PIE）＝0 禁止中断；（PIE）＝1 则当比较器输出由低变高时内建寄存器 CMPIF_p 被硬件置 1；复位值为 0。

（3）比较器下降沿中断允许控制位 NIE（CMPCR1.4）：（NIE）＝0 禁止中断；（NIE）＝1 则当比较器输出由高变低时内建寄存器 CMPIF_n 被硬件置 1；复位值为 0。

（4）比较器中断号为 21。

（5）比较器中断申请标志位为 CMPIF（CMPCR1.6），CMPIF 的值为（CMPIF_p ||

CMPIF_n),复位值为 0,若为 1 则申请中断。中断服务后 CMPIF 不会自动清 0,需软件清 0。CMPIF 清 0 时,CMPIF_p、CMPIF_n 也会被同时清 0。

8.3.4 STC15W4K32S4 系列单片机比较器模块的应用

1. 编程要点

STC15W4K32S4 系列单片机比较器模块的 C51 编程要点如下。

(1) 设置特殊功能寄存器 CMPCR2。

① INVCMPO(CMPCR2.7):设置比较器输出时是否取反。

② DISFLT(CMPCR2.6):设置是否开启 0.1μs 滤波。

③ LCDTY[5:0](CMPCR2.5-0):设置电平变化控制的滤波长度。

(2) 设置特殊功能寄存器 CMPCR2。

① CMPEN(CMPCR1.7):置 1 开启比较器电源。

② CMPIF(CMPCR1.6):清 0 比较器中断申请标志位。

③ PIE(CMPCR1.5)、NIE(CMPCR1.4):根据需要开启/禁止比较器中断。

④ PIS(CMPCR1.3)、NIS(CMPCR1.2):选择同相输入端 IN+、反相输入端 IN- 的信号源。

⑤ CMPOE(CMPCR1.1):设置比较器结果是否输出到 CMPO 引脚。

(3) 查询比较器中断标志 CMPIF(CMPCR1.6)或等待中断。

(4) 对比较结果进行处理:CMPRES(CMPCR1.0)、CMPO 引脚(P1.2)。

(5) 将中断标志 CMPIF(CMPCR1.6)清 0。

2. 应用举例

【例 8-4】 电路如图 8-9 所示,应用 STC15W4K32S4 系列 IAP15W4K58S4 单片机的比较器模块,其中反相输入端 IN- 接内部 BGV 作为基准电压,同相输入端 IN+ 接外部引脚 CMP+(P5.5),P5.5 接由电阻 R_{12} 和可调电阻 W_1 组成的分压电路,实现掉电检测功能。单片机 P4.6 连接 LED10,以灌电流方式驱动。编写 C51 程序实现功能:手动调整可调电阻 W_1,当 P5.5 电压小于 BGV 时,单片机控制 LED 闪烁用于提示电压过低;当 P5.5 电压大于 BGV 时,单片机控制 LED 熄灭。要求比较器工作于查询方式。

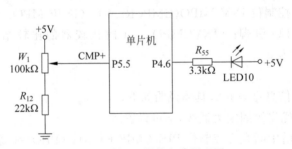

图 8-9 例 8-4 硬件电路原理图

C51 源程序如下:

```
1    #include<stc15.h>              //包含 STC15 系列单片机头文件
2    sbit LED10 = P4^6;             //定义 LED10 并指定地址为 P4.6
3    void main()                    //主函数
```

```
4    {
5        unsigned int j;                        //用作延时
6        P4M1 = 0; P4M0 = 0;                    //设置 P4 为准双向口模式
7        CMPCR2 = 0x00;                         //比较器设置为全 0 状态
8        CMPCR2 &= 0xBF;                        //使能 0.1μs 滤波
9        CMPCR2 |= 0x10;                        //比较器电平变化控制的滤波长度为 16 个时钟
10       CMPCR1 = 0x00;                         //比较器设置为复位状态
11       CMPCR1 &= 0xDF;                        //禁止比较器上升沿中断
12       CMPCR1 &= 0xEF;                        //禁止比较器下降沿中断
13       CMPCR1 &= 0xF7;                        //选择 P5.5 为 CMP+
14       CMPCR1 &= 0xFB;                        //内部 BGV 基准电压为 CMP-
15       CMPCR1 &= 0xFD;                        //禁止比较器外部引脚输出
16       CMPCR1 |= 0x80;                        //打开比较器模块的电源
17       while (1)                              //主循环
18       {
19           if ((CMPCR1&0x01) == 0)            //若 CMP+ 的电平低于 CMP- 的电平
20           {
21               for(j=0; j<65000; j++);        //延时一点时间
22               LED10 = ~ LED10;               //LED10 取反,循环之后实现闪烁
23           }
24           else LED10 = 1;                    //否则 LED10 熄灭
25       }
26   }
```

分析如下。

（1）程序第 7～16 行对单片机比较器模块进行了设置,在此每项设置写一行以使程序更清晰,也可以把第 7～9 行综合成一句 CMPCR2＝0x10;把第 10～16 行综合成一句 CMPCR1＝0x80。

（2）可在官方 STC15 单片机实验箱 4,或在 Proteus 中仿真,或自行搭建实验环境对例 8-4 进行实践。

8.4　STC15W4K32S4 系列单片机的 PCA 模块

8.4.1　PCA 模块的结构

STC15W4K32S4 系列单片机集成了二路可编程计数器阵列（Programmable Counter Array,PCA）模块,可实现外部脉冲的捕获（Capture）、软件定时器（实质是对计数值进行比较,Compare）、高速脉冲输出（实质也是对计数值进行比较并输出,Compare）以及脉冲宽度调制（Pulse Width Modulation,PWM）输出 4 种功能,所以常简称为 PCA 模块的 CCP 功能,有时 PCA 和 CCP 也会等同使用。

在 STC15W4K32S4 系列单片机中,PCA 模块含有一个特殊的 16 位定时器/计数器（CH 和 CL）,有 2 个 16 位的捕获/比较模块与之相连,PCA 模块结构如图 8-10 所示。其中,16 位 PCA 定时器/计数器是 2 个模块的公共时间基准,各模块连接到相应引脚,通过特殊功能寄存器的控制实现 4 种功能（外部脉冲的捕获、软件定时器、高速脉冲输出、脉冲宽度

调制输出)其中一种,各模块所连接的引脚也可以通过特殊功能寄存器的控制来更换。

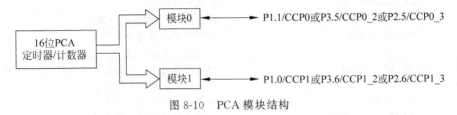

图 8-10 PCA 模块结构

8.4.2 PCA 模块的控制

1. 16 位 PCA 定时器/计数器

16 位 PCA 定时器/计数器是 2 个模块的公共时间基准,其结构如图 8-11 所示,其相关寄存器如表 8-7 所示。下面介绍寄存器是如何对 16 位 PCA 定时器/计数器作监测与控制的。

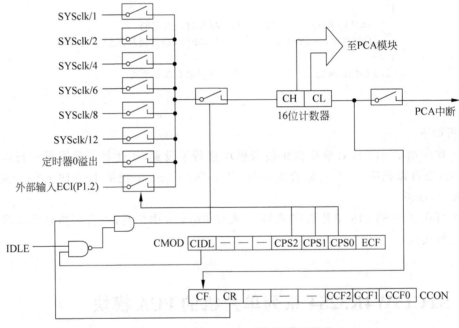

图 8-11 16 位 PCA 定时器/计数器结构

表 8-7 16 位 PCA 定时器/计数器相关寄存器

寄存器	描 述	地址	B7	B6	B5	B4	B3	B2	B1	B0	复位值
CCON	PCA 控制寄存器	D8H	CF	CR	—	—	—	—	CCF1	CCF0	00xx xx00B
CMOD	PCA 模式寄存器	D9H	CIDL	—	—	—	CPS2	CPS1	CPS0	ECF	0xxx 0000B
CL	PCA 定时器/计数器寄存器低 8 位	E9H									0000 0000B
CH	PCA 定时器/计数器寄存器高 8 位	F9H									0000 0000B

1) 时钟源选择

CPS2、CPS1、CPS0(CMOD.3-1):PCA 计数器计数脉冲源选择控制位。PCA 计数器计数脉冲源的选择如表 8-8 所示。

表 8-8 PCA 计数器计数脉冲源的选择

CPS2	CPS1	CPS0	PCA 计数器的计数脉冲
0	0	0	系统时钟/12
0	0	1	系统时钟/2
0	1	0	T0 溢出脉冲
0	1	1	ECI 引脚(P1.2)输入脉冲(最大速率＝系统时钟/2)
1	0	0	系统时钟/1
1	0	1	系统时钟/4
1	1	0	系统时钟/6
1	1	1	系统时钟/8

2) PCA 定时器/计数器启动控制

(1) PCA 定时器/计数器运行控制位 CR:值为 0 则停止 PCA 计数器计数;值为 1 则启动 PCA 计数器计数;复位值为 0。

(2) 空闲模式下是否停止 PCA 计数的控制位 CIDL(CMOD.7):值为 0 则空闲模式下 PCA 定时器/计数器继续计数;值为 1 则空闲模式下 PCA 计数器停止计数;复位值为 0。单片机空闲模式见 4.6 节。

3) 向模块提供时间基准

CH、CL 两个寄存器对时钟源进行计数,并把计数结果提供给各 PCA 模块,是 PCA 各模块的公共时间基准。

当输入信号为系统时钟,PCA 定时器/计数器定时时间可按照式(8-7)计算。

$$\text{PCA 定时器 / 计数器定时时间} = \underbrace{\text{系统时钟周期} \times \text{分频系数}}_{\text{每次计数所用时间}} \times \underbrace{[\text{CH,CL}]}_{\text{计数次数}} \qquad (8\text{-}7)$$

4) PCA 定时器/计数器中断

PCA 模块中断结构如图 8-12 所示,PCA 计数器中断相关信息见表 6-2。具体说明如下。

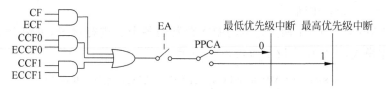

图 8-12 PCA 模块中断结构

(1) PCA 定时器/计数器中断申请标志位为 CF(CCON.7,可位寻址),复位值为 0,PCA 计数器溢出时 CF 由硬件置位。中断服务后 CF 不会自动清 0,需软件清 0。

(2) PCA 定时器/计数器中断允许控制位 ECF(CMOD.0):值为 0 则禁止中断申请;值为 1 则允许中断申请;复位值为 0。

(3) PCA 模块中断号为 7。

(4) PCA 模块优先级控制位 PPCA(IP.7,可位寻址):值为 0 表示低优先级;值为 1 表示高优先级;复位值为 0。

除了 PCA 定时器/计数器溢出外,PCA 还有其他中断事件,中断响应入口相同,中断号都为 7。其他中断事件在 PCA 各工作模式介绍中再讲解。

2．PCA 模块 n 的工作模式选择

PCA 模块 0/模块 1 的工作模式可在特殊功能寄存器 CCAPM0/CCAPM1 中设置，两个寄存器的信息如表 8-9 所示。

表 8-9　PCA 模块 n 工作模式寄存器信息

寄存器	描　　述	地址	B7	B6	B5	B4	B3	B2	B1	B0	复位值
CCAPM0	PCA 模块 0 工作模式寄存器	DAH	—	ECOM0	CAPP0	CAPN0	MAT 0	TOG0	PWM0	ECCF0	x000 0000B
CCAPM1	PCA 模块 1 工作模式寄存器	DBH	—	ECOM1	CAPP1	CAPN1	MAT 1	TOG1	PWM1	ECCF1	x000 0000B

CCAPM0/CCAPM1 两个特殊功能寄存器的各位含义如下($n=0$ 或 1)。

（1）ECOMn：比较器功能允许控制位。ECOMn＝1，允许 PCA 模块 n 的比较器功能。

（2）CAPPn：上升沿捕获控制位。CAPPn＝1，允许 PCA 模块 n 引脚的上升沿捕获。

（3）CAPNn：下降沿捕获控制位。CAPNn＝1，允许 PCA 模块 n 引脚的下降沿捕获。

（4）MATn：匹配控制位。MATn＝1，PCA 计数寄存器 CH、CL 的计数值与模块 n 的比较/捕获寄存器 CCAPnH、CCAPnL 的值相等时，将置位 PCA 控制寄存器 CCON 中的中断请求标志位 CCFn。

（5）TOGn：翻转控制位。TOGn＝1，PCA 模块工作于高速脉冲输出模式。当 PCA 计数器 CH、CL 的计数值与模块 n 的比较/捕获寄存器 CCAPnH、CCAPnL 的值相匹配时，PCA 模块 n 引脚的输出状态翻转。

（6）PWMn：脉宽调制模式控制位。PWMn＝1，PCA 模块 n 工作于脉宽调制输出模式，PCA 模块 n 引脚用作脉宽调制输出。

（7）ECCFn：PCA 模块 n 中断使能控制位。

ECCFn ＝ 1：允许 PCA 模块 n 的 CCFn 标志位被置 1，产生中断。

ECCFn ＝ 0：禁止中断。

对 CCAPM0/CCAPM1 两个特殊功能寄存器的各个位进行设置，可使 PCA 模块工作于不同的工作模式，工作模式设定如表 8-10 所示。

表 8-10　CCAPM0 和 CCAPM1 的工作模式设定（$n=0$ 或 1）

B7	B6	B5	B4	B3	B2	B1	B0	工作模式	中　　断
—	ECOMn	CAPPn	CAPNn	MATn	TOGn	PWMn	ECCFn		
x	0	0	0	0	0	0	0	不工作	—
x	x	1	0	0	0	0	0	捕获模式	不触发中断
x	x	1	0	0	0	0	1		PCA 模块 n 输入引脚上升沿触发
x	x	0	1	0	0	0	1		PCA 模块 n 输入引脚下降沿触发
x	x	1	1	0	0	0	1		PCA 模块 n 输入引脚上升沿和下降沿都触发

续表

B7	B6	B5	B4	B3	B2	B1	B0	工作模式	中 断
—	ECOMn	CAPPn	CAPNn	MATn	TOGn	PWMn	ECCFn		
x	1	0	0	1	0	0	0	软件定时器/计数器	不触发中断
x	1	0	0	1	0	0	1		触发中断
x	1	0	0	1	1	0	0	高速脉冲输出	不触发中断
x	1	0	0	1	1	0	1		触发中断
x	1	0	0	0	0	1	0	PWM 输出	不触发中断
x	1	1	0	0	0	1	1		输出引脚上升沿触发中断
x	1	0	1	0	0	1	1		输出引脚下降沿触发中断
x	1	1	1	0	0	1	1		输出引脚下降沿或上升沿均可触发中断

3. PCA 模块捕获/比较寄存器

PCA 模块 n 的捕获/比较寄存器 CCAPnH、CCAPnL（n＝0 或 1）如表 8-11 所示。当 PCA 模块用于捕获或比较模式时，捕获/比较寄存器 CCAPnH、CCAPnL 用于保存各个模块计数器 CH、CL 的 16 位计数值；当 PCA 模块用于 PWM 输出模式时，捕获/比较寄存器 CCAPnH、CCAPnL 用于控制输出的占空比。

表 8-11 PCA 模块 n 的捕获/比较寄存器

寄存器	描 述	地址	B7	B6	B5	B4	B3	B2	B1	B0	复 位 值
CCAP0L	PCA 模块 0 捕获寄存器低 8 位	EAH									0000 0000B
CCAP1L	PCA 模块 1 捕获寄存器低 8 位	EBH									0000 0000B
CCAP0H	PCA 模块 0 捕获寄存器高 8 位	FAH									0000 0000B
CCAP1H	PCA 模块 1 捕获寄存器高 8 位	FBH									0000 0000B

4. PCA 模块的输入/输出引脚

PCA 模块的输入/输出引脚相关寄存器如表 8-12 所示。通过设置特殊功能寄存器 P_SW1（AUXR1），可实现 PCA 模块功能在不同引脚进行切换。PCA 模块功能引脚的切换关系见表 8-13。

表 8-12 PCA 模块的输入/输出引脚相关寄存器

寄存器	描述	地址	B7	B6	B5	B4	B3	B2	B1	B0	复位值
AUXR1 P_SW1	辅助寄存器 1	A2H	S1_S1	S1_S0	CCP_S1	CCP_S0	SPI_S1	SPI_S0	0	DPS	0000 0000B

表 8-13　PCA 模块功能输入/输出引脚的切换关系表

CCP_S1	CCP_S0	PCA 模块功能引脚		
		ECI	CCP0	CCP1
0	0	P1.2(ECI)	P1.1(CCP0)	P1.0(CCP1)
0	1	P3.4(ECI_2)	P3.5(CCP0_2)	P3.6(CCP1_2)
1	0	P2.4(ECI_3)	P2.5(CCP0_3)	P2.6(CCP1_3)
1	1	无效		

8.4.3　捕获模式

当 PCA 模块 n(n=0 或 1)工作模式寄存器 CCAPMn 中的 CAPPn 或 CAPNn 中至少一位置 1 时,PCA 模块 n 工作在捕获模式。PCA 模块 n 的捕获模式结构如图 8-13 所示,此时 PCA 模块 n 对外部输入引脚 CCPn 的电平跳变进行采样。

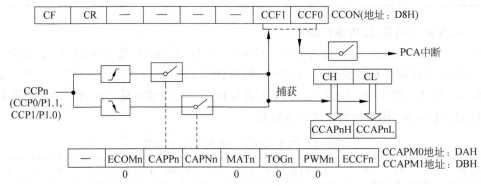

图 8-13　PCA 模块 n 的捕获模式结构

1. 捕获模式的控制

当外部输入引脚 CCPn 采样到上升沿或下降沿有效跳变时,PCA 的 16 位定时器/计数器 CH、CL 的计数值被装载到 PCA 模块 n 的捕获寄存器 CCAPnH、CCAPnL 中,此时 PCA 控制寄存器 CCON 中的中断申请标志位 CCFn 被硬件置 1,产生中断请求。如果 PCA 模块 n 工作模式寄存器 CCAPMn 中断允许控制位 ECCFn 为 1,总中断 EA 也为 1 则产生中断。中断服务后,中断申请标志位 CCFn 无法自动清 0,必须软件清 0。

2. 捕获模式的 C51 编程思路

(1) 设置 PCA 定时器/计数器:寄存器 CMOD、CCON。

(2) 设置 PCA 模块 n 工作于捕获模式:寄存器 CCAPMn。

(3) 设置捕获寄存器初值:寄存器 CCAPnH、CCAPnL。

(4) 根据需要进行中断设置:总中断允许控制位 EA,PCA 定时器/计数器溢出中断允许控制位 ECF,PCA 模块 n 中断允许控制位 ECCF0(CCAPM0.0)、ECCF1(CCAPM1.0),PCA 中断优先级控制位 PPCA。除标出地址的以外,PCA 中断相关位均可位寻址。

(5) 启动 PCA 定时器/计数器计数:置位 CR。

(6) 查询 PCA 模块 n 中断标志 CCFn 或等待中断。

（7）对 PCA 模块 n 的捕获寄存器的数据进行处理：CCAPnH、CCAPnL。

（8）将中断标志 CCFn 清 0。

3. 捕获模式的 C51 编程举例

【例 8-5】 电路如图 8-14 所示，应用 STC15W4K32S4 系列 IAP15W4K58S4 单片机的 PCA 模块，其工作于捕获模式检测脉冲信号，设计一个简易频率计。单片机系统时钟频率为 12MHz，PCA 定时器/计数器采用系统时钟 12 分频信号，要求被测信号从 PCA 0 的第 3 组引脚(P2.5)输入，被测信号的频率、占空比通过数码管进行显示。

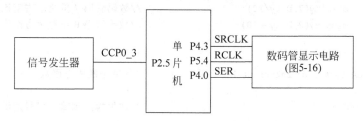

图 8-14　例 8-5 硬件电路原理

C51 源程序如下：

```
1    # include < stc15.h>          //包含 STC15 系列单片机头文件
2    # include"595.h"              //包含 74HC595 串行转并行驱动 LED 数码管动态显示头文件
3    sbit CCP0 = P2^5;             //PCA 模块 0 第 3 组输入引脚
4    unsigned int count0 = 0;      //上一次捕获值
5    unsigned int count1 = 0;      //本次捕获值
6    unsigned int Low = 0;         //低电平计数值
7    unsigned int High = 0;        //高电平计数值
8    void main()                   //主函数
9    {
10       unsigned int Freq = 0;    //用作保存频率
11       unsigned int Duty = 0;    //用作保存占空比
12       unsigned char t;          //用作降低数据更新频率
13       P2M1 = 0; P2M0 = 0;       //设置 P2 为准双向口模式
14       P4M1 = 0; P4M0 = 0;       //设置 P4 为准双向口模式
15       P5M1 = 0; P5M0 = 0;       //设置 P5 为准双向口模式
16       CMOD = 0x00;              //空闲时 PCA 也计数,计数时钟为 f_osc/12,关闭 PCA 计数器溢出中断
17       CCON = 0x00;              //PCA 控制寄存器初始化
18       CCAPM0 = 0x31;            //PCA 模块 0 为捕获模式,且开放边沿捕获中断
19       AUXR1 |= 0x20;            //选择 PCA 第 3 组引脚
20       AUXR1 &= 0xEF;            //选择 PCA 第 3 组引脚
21       CCAP0L = 0x00;            //PCA 模块 0 捕获寄存器清 0
22       CCAP0H = 0x00;            //PCA 模块 0 捕获寄存器清 0
23       CL = 0x00;                //PCA 定时器/计数器清 0
24       CH = 0x00;                //PCA 定时器/计数器清 0
25       EA = 1;                   //开放总中断
26       CR = 1;                   //启动 PCA 定时器/计数器
27       while(1)                  //主循环
28       {
29           if(++t > = 100)       //经过 100 次循环
30           {
```

```
31              Freq = 1e6/(High + Low);            //更新频率 * 1e6
32              Duty = High * 100.0/(High + Low);   //更新占空比 * 100
33              t = 0;                              //t 清 0
34          }
35          display(1,Freq/10000);                  //数码管第 1 位显示频率值万位数
36          display(2,Freq % 10000/1000);           //数码管第 2 位显示频率值千位数
37          display(3,Freq % 1000/100);             //数码管第 3 位显示频率值百位数
38          display(4,Freq % 100/10);               //数码管第 4 位显示频率值十位数
39          display(5,Freq % 10);                   //数码管第 5 位显示频率值个位数
40          display(7,Duty/10);                     //数码管第 7 位显示占空比十位数
41          display(8,Duty % 10);                   //数码管第 8 位显示占空比个位数
42      }
43  }
44  void PCA_ISR(void) interrupt 7                  //PCA 中断服务函数
45  {
46      if(CCF0 == 1)                               //如果检测到输入信号边沿
47      {
48          CCF0 = 0;                               //PCA 模块 0 中断标志清 0
49          count0 = count1;                        //保存上次捕获数据
50          count1 = (CCAP0H << 8) + CCAP0L;        //获得本次捕获数据
51          if(CCP0 == 1)                           //如果输入引脚当前状态是高电平
52              Low = count1 - count0;              //两次捕获数据的差值为低电平计数值
53          else                                    //否则,即输入引脚当前状态是低电平
54              High = count1 - count0;             //两次捕获数据的差值为高电平计数值
55      }
56  }
```

分析如下。

(1) 题目要求用 74HC595 串行转并行驱动 LED 数码管动态显示电路来显示测量结果,因此程序第 2 行包含了头文件 595.h,实验时还应将该文件粘贴到工程所在文件夹,后续即可调用 display() 函数来控制数码管显示数据,如程序第 35～41 行。

(2) 程序第 46 行,因为 PCA 定时器/计数器和 PCA 模块 0、PCA 模块 1 共用一个中断入口,所以在中断服务函数中首先要判断是哪一个在申请中断,再进行相应的数据处理。

(3) 程序第 49～50 行,因为要获取本次的捕获数据,所以上次的捕获数据先赋值给 count0 保存,再把本次的捕获数据赋值给 count1。捕获数据分别存储在两个寄存器中,共 16 位,因此 count0、count1,还有依据这两个变量计算得出的 Low、High、Freq、Duty 都需要定义成整型才能存放数据而不丢失数据。

(4) 程序第 51～54 行,在进入中断且检测到当前是高电平时,两次的捕获数据差值即前一段时间的低电平计数值;在进入中断且检测到当前是低电平时,两次的捕获数据差值即前一段时间的高电平计数值;高电平时长＋低电平时长＝整个周期的时长,高电平时长/周期时长＝占空比。

(5) 程序第 29 行,是利用一个变量 t,计算主循环经过 100 次,频率、占空比等数据才更新 1 次;否则数据更新太快,数码管动态显示时容易出现重影,影响读数。

(6) 可在官方 STC15 单片机实验箱 4＋信号发生器,或在 Proteus 中仿真,或自行搭建实验环境对例 8-5 进行实践。

8.4.4 16位软件定时器模式

当 PCA 模块 n(n＝0 或 1)工作模式寄存器 CCAPMn 中的 ECOMn、MATn 都置 1 时，PCA 模块 n 工作在 16 位软件定时器模式。PCA 模块 n 的 16 位软件定时器模式结构如图 8-15 所示。

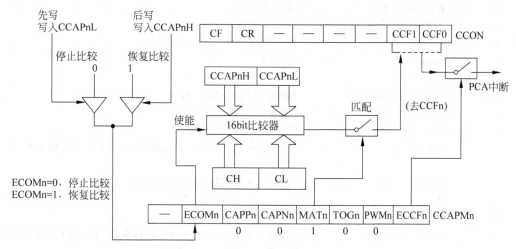

图 8-15 PCA 模块 n 的 16 位软件定时器模式结构

1.16 位软件定时器模式的控制

当 PCA 模块用作软件定时器时，PCA 计数器 CH、CL 的计数值与 PCA 模块捕获寄存器 CCAPnH、CCAPnL 的值相比较，当两者相等时，硬件置位 PCA 模块 n 中断请求标志 CCFn。如果 PCA 模块 n 比较/捕获寄存器 CCAPMn 中断允许 ECCFn 为 1，总中断 EA 也为 1，将产生 PCA 中断。中断服务后，中断申请标志位 CCFn 无法自动清 0，必须软件清 0。

2.16 位软件定时器模式的 C51 编程思路

（1）设置 PCA 定时器/计数器：寄存器 CMOD、CCON。

（2）设置 PCA 模块 n 工作于 16 位软件定时器模式：寄存器 CCAPMn，可根据需要设置 ECCFn(CCAPMn.0)允许定时器中断。

（3）设置 PCA 定时器/计数器 CH、CL 和模块 n 捕获寄存器 CCAPnH、CCAPnL 的初值。

（4）根据需要进行中断设置：总中断允许控制位 EA，PCA 中断优先级控制位 PPCA。

（5）启动 PCA 定时器/计数器：PCA 计数器运行控制位 CR 置 1。

（6）查询 PCA 定时器/计数器中断标志 CF 或等待中断。

（7）定时时间已到，完成指定功能。

（8）更新 PCA 模块 n 捕获寄存器，一般采用步进的方式。

（9）将 PCA 定时器/计数器中断标志 CF 清 0。

3.16 位软件定时器模式的 C51 编程举例

【例 8-6】 电路如图 8-16 所示，应用 STC15W4K32S4

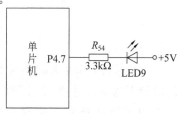

图 8-16 例 8-6 硬件电路原理

系列 IAP15W4K58S4 单片机,系统时钟频率为 12MHz,P4.7 连接 LED 指示灯,灌电流接法。编写 C51 程序实现功能:应用单片机的 PCA 模块,其工作于软件定时功能,在 P4.7 输出周期为 1s 的方波,使 LED 闪烁。

C51 源程序如下:

```
1      # include < stc15.h >             //包含 STC15 系列单片机头文件
2      sbit PCA_LED = P4^7;             //PCA 测试 LED
3      unsigned int value = 10000;      //value 用作记录计数值
4      unsigned char cnt;               //cnt 用作计数
5      void main()                      //主函数
6      {
7          P1M1 = 0; P1M0 = 0;          //设置 P1 为准双向口模式
8          P4M1 = 0; P4M0 = 0;          //设置 P4 为准双向口模式
9          P5M1 = 0; P5M0 = 0;          //设置 P5 为准双向口模式
10         CCON = 0;                    //PCA 定时器停止,PCA 定时器中断标志清 0,PCA 模块中断标
                                        //志清 0
11         CMOD = 0x00;                 //设置 PCA 时钟源,禁止 PCA 定时器溢出中断
12         CL = 0;                      //复位 PCA 定时器/计数器
13         CH = 0;                      //复位 PCA 定时器/计数器
14         CCAPM0 = 0x49;               //设置 PCA 模块 0 为 16 位定时器模式,开放 PCA 模块 0 中断
15         CCAP0L = value % 256;        //设置 PCA 模块 0 捕获寄存器
16         CCAP0H = value / 256;        //设置 PCA 模块 0 捕获寄存器
17         cnt = 0;                     //初始化计数值
18         EA = 1;                      //开放总中断
19         CR = 1;                      //PCA 定时器/计数器开始工作
20         while (1);                   //主循环
21     }
22     void PCA_ISR() interrupt 7       //PCA 中断
23     {
24         cnt++;                       //计数值自增 1
25         if (cnt == 50)               //两次中断间隔 10ms,计数 50 次,则 0.5s 时间到
26         {
27             PCA_LED = ~PCA_LED;      //每秒闪烁一次
28             cnt = 0;                 //重置计数值
29         }
30         value += 10000;              //更新计数值
31         CCAP0L = value % 256;        //更新 PCA 模块 0 捕获寄存器
32         CCAP0H = value/256;          //更新 PCA 模块 0 捕获寄存器
33         CCF0 = 0;                    //PCA 模块 0 中断标志
34     }
```

分析如下。

(1) 题目要求单片机系统时钟频率为 12MHz,程序第 11 行设置 PCA 定时器/计数器的时钟源为系统时钟 12 分频信号,想要 PCA 模块 0 定时 10ms,根据式(8-7)算出计数值应为 10000,因此把此值保存在变量 value 中,然后在程序第 15～16 行将此数值赋值给 CCAP0H、CCAP0L,当 CH、CL 计数至与之匹配时,即 10ms 定时时间已到,进入中断。

（2）两次中断之间的时间间隔是 10ms，每次进入中断 cnt 都会自增 1，当 cnt 计数 50 次时，则 0.5s 时间到，此时 PCA_LED 取反，多次循环后即可实现输出周期为 1s 的方波，PCA_LED 随方波亮灭。

（3）CH、CL 无法清 0。所以，程序第 30～32 行采用步进的方法设置捕获寄存器，CH、CL 也从当前值开始继续对时钟计数，则两次中断之间的时间间隔依然是 10ms。

（4）可在官方 STC15 单片机实验箱 4，或在 Proteus 中仿真，或自行搭建实验环境对例 8-6 进行实践。

8.4.5　高速脉冲输出模式

当 PCA 模块 n(n＝0 或 1)工作模式寄存器 CCAPMn 中的 ECOMn、MATn 和 TOGn 位置 1 时，PCA 模块工作在高速脉冲输出模式，其结构如图 8-17 所示。

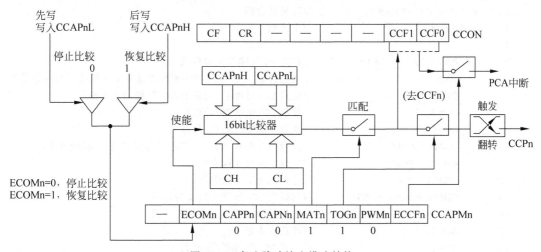

图 8-17　高速脉冲输出模式结构

1. 高速脉冲输出模式的控制

当 PCA 模块 n 工作在高速脉冲输出模式时，PCA 定时器/计数器 CH、CL 的计数值与 PCA 模块 n 捕获寄存器 CCAPnH、CCAPnL 的值相比较，当两者相等时，PCA 模块 n 的输出引脚 PCAn 将发生翻转，同时中断申请标志位 CCFn 被硬件置 1，如果 PCA 模块 n 工作模式寄存器 CCAPMn 的中断允许控制位 ECCFn 为 1，总中断 EA 也为 1，则产生中断。中断服务后，中断申请标志位 CCFn 无法自动清 0，必须软件清 0。

2. 高速脉冲输出模式的 C51 编程思路

（1）设置 PCA 定时器/计数器：寄存器 CMOD、CCON。

（2）设置 PCA 模块 n 工作于高速脉冲输出模式：寄存器 CCAPMn。

（3）设置捕获寄存器初值：寄存器 CCAPnH、CCAPnL。

（4）根据需要进行中断设置：总中断允许控制位 EA，PCA 定时器/计数器溢出中断允许控制位 ECF，PCA 模块 n 中断允许控制位 ECCF0(CCAPM0.0)、ECCF1(CCAPM1.0)，PCA 中断优先级控制位 PPCA。除标出地址的以外，PCA 中断相关位均可位寻址。

（5）启动 PCA 定时器/计数器计数：置位 CR。

（6）查询 PCA 模块 n 中断标志 CCFn 或等待中断。

（7）更新 PCA 模块 n 捕获寄存器，一般采用步进的方式。

（8）将中断标志 CCFn 清 0。

3. 高速脉冲输出模式的 C51 编程举例

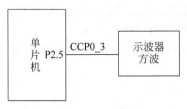

图 8-18　例 8-7 硬件电路原理

【例 8-7】　电路如图 8-18 所示，应用 STC15W4K32S4 系列 IAP15W4K58S4 单片机的 PCA 模块，在 PCA0 的第 3 组引脚(P2.5)进行高速脉冲输出，输出频率为 100kHz 的方波信号。单片机系统时钟频率为 12MHz，PCA 定时器/计数器采用系统时钟 12 分频信号。

C51 源程序如下：

```
1    # include < stc15.h >          //包含 STC15 系列单片机头文件
2    unsigned int value = 5;        //定义计数值
3    void main()                     //主函数
4    {
5        P2M1 = 0;      P2M0 = 0;    //设置 P2 为准双向口模式
6        CCON = 0;                   //PCA 定时器停止,PCA 定时器中断标志清 0,PCA 模块中断标志清 0
7        CMOD = 0x00;                //设置 PCA 时钟源,禁止 PCA 定时器溢出中断
8        CL = 0;                     //复位 PCA 定时器/计数器
9        CH = 0;                     //复位 PCA 定时器/计数器
10       CCAPM0 = 0x4d;              //设置 PCA 模块 0 为 16 位定时器模式,允许模块 0 中断
11       AUXR1 |= 0x20;              //选择 PCA 第 3 组引脚
12       AUXR1 &= 0xEF;              //选择 PCA 第 3 组引脚
13       CCAP0L = value % 256;       //初始化 PCA 模块 0 捕获寄存器
14       CCAP0H = value/256;         //初始化 PCA 模块 0 捕获寄存器
15       EA = 1;                     //开放总中断
16       CR = 1;                     //启动 PCA 定时器/定时器
17       while(1);                   //主循环
18   }
19   void PCA_isr() interrupt 7      //PCA 中断
20   {
21       value += 5;                 //更新计数值
22       CCAP0L = value % 256;       //更新 PCA 模块 0 捕获寄存器
23       CCAP0H = value/256;         //更新 PCA 模块 0 捕获寄存器
24       CCF0 = 0;                   //PCA 模块 0 中断标志清 0
25   }
```

分析如下。

（1）题目要求单片机系统时钟频率为 12MHz，程序第 7 行设置 PCA 定时器/计数器的时钟源为系统时钟 12 分频信号，想要 PCA 模块 0 输出 100kHz 的方波信号，则 PCA 模块 0 的 P2.5 引脚的频率应为 200kHz，根据式(8-7)算出计数值应为 5，因此把此值保存在变量 value 中，然后在程序第 13～14 行将此数值赋值给 CCAP0H、CCAP0L，当 CH、CL 计数至与之匹配时，PCA 模块 0 的 P2.5 引脚状态自动翻转（因已设置 PCA 模块 0 为高速脉冲输出模式），循环之后即可实现输出频率为 100kHz 的方波信号。

（2）CH、CL 无法清 0。所以，程序第 21～23 行采用步进的方式更新捕获寄存器，CH、

CL 也从当前值开始继续对时钟计数,则两次中断之间的时间间隔依然是(1/200k)s。

(3) 使用数字示波器固纬 GDS-1152A-U 的第一通道 CH1 测量,单片机输出的矩形波如图 8-19 所示,单片机芯片供电电压为 5V。从图中可以看到,矩形波峰-峰值为 5.03V,幅度平均值为 2.54V,频率为 100.1kHz,占空比为 50.10%,与题目要求相符。

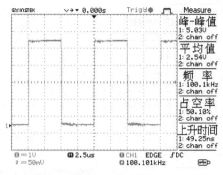

图 8-19　矩形波

(4) 可在官方 STC15 单片机实验箱 4+示波器,或在 Proteus 中仿真,或自行搭建实验环境对例 8-7 进行实践。

8.4.6　PWM 输出模式

脉宽调制(Pulse Width Modulation,PWM)是一种使用程序来控制波形占空比、周期、相位的技术,在三相电机驱动调速、D/A 转换等场合有广泛的应用。

1. PWM 输出模式的控制

当 PCA 模块 n(n=0 或 1)工作模式寄存器 CCAPMn 中的 ECOMn 和 PWMn 置 1 时,PCA 模块工作于脉宽调制输出模式(PWM)。PCA 模块 n 的 PWM 输出模式辅助寄存器如表 8-14 所示,其中 EBSn_1、EBSn_0 是功能选择位,如表 8-15 所示。

表 8-14　PCA 模块 n 的 PWM 输出模式辅助寄存器

寄存器	描 述	地址	B7	B6	B5	B4	B3	B2	B1	B0	复位值
PCA_PWM0	PCA 模块 0 的 PWM 输出模式辅助寄存器	F2H	EBS0_1	EBS0_0	—	—	—	—	EPC0H	EPC0L	xxxx xx00B
PCA_PWM1	PCA 模块 1 的 PWM 输出模式辅助寄存器	F3H	EBS1_1	EBS1_0	—	—	—	—	EPC1H	EPC1L	xxxx xx00B

表 8-15　PCA 模块 n 的 PWM 输出模式辅助寄存器

EBSn_1	EBSn_0	PCA 模块 n 的功能
0	0	PCA 模块 n 工作于 8 位 PWM 输出模式
0	1	PCA 模块 n 工作于 7 位 PWM 输出模式
1	0	PCA 模块 n 工作于 6 位 PWM 输出模式
1	1	无效,PCA 模块 n 仍工作于 8 位 PWM 输出模式

8位 PWM 输出模式较为常用,在此仅讲解此模式的工作过程。PCA 模块 n 的 8 位 PWM 模式结构如图 8-20 所示。PWM 定时器/计数器启动后,当 CL 的值小于 CCAPnL 时,输出为低;当 CL 的值大于或等于 CCAPnL 时,输出为高。当 CL 的值由 FF 变为 00 溢出时,CCAPnH 的内容装载到 CCAPnL 中。这样就可实现无干扰地更新 PWM。

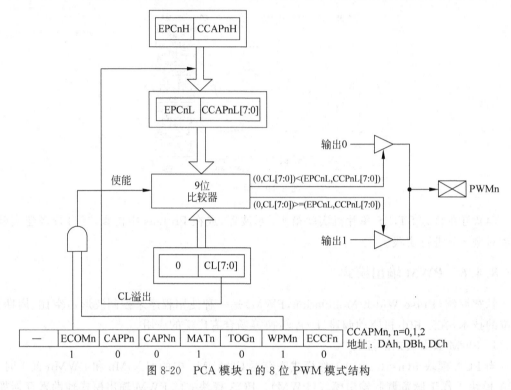

图 8-20 PCA 模块 n 的 8 位 PWM 模式结构

从 PCA 模块 n 的 PWM 输出模式工作过程可看出,CL 从 0 到溢出为 PWM 的一个周期,结合式(8-7)分析,得出 8 位 PWM 输出的周期为

$$PWM 周期 = 系统时钟周期 \times 分频系数 \times 256 \qquad (8-8)$$

因此,可以通过选择 PWM 定时器/计数器时钟源来选择 PWM 周期,也可以选择定时器/计数器 0 的溢出或 ECI(P1.2)引脚输入作为 PCA 定时器的时钟源,这样 PWM 周期的设置更为灵活。而从 CL 等于 CCAPnL 到 CL 溢出,输出都为高电平,所以高电平计数值为 256-CCAPnL,进而可得出 PWM 输出的占空比为

$$PWM 占空比 = \frac{256 - CCAPnL}{256} \qquad (8-9)$$

2. I/O 接口作为 PWM 输出时状态

当某个 I/O 接口作为 PWM 输出使用时,该接口的状态如表 8-16 所示。

表 8-16 I/O 接口作为 PWM 使用时的状态

PWM 之前状态	PWM 输出时的状态
弱上拉/准双向口 强推挽输出/强上拉输出	强推挽输出/强上拉输出,要加输出限流电阻 1~10kΩ
仅为输入(高阻)	PWM 输出无效
开漏	开漏

3．PWM 实现 DAC 输出

利用 PWM 输出功能可实现 D/A 转换，典型应用电路如图 8-21 所示。其中，2 个 3.3kΩ 电阻和 2 个 $0.1\mu F$ 电容构成滤波电路，对 PWM 输出波形进行平滑滤波，从而在 D/A 输出端得到稳定的直流电压。采用两级 RC 滤波，可以进一步减小输出电压的纹波电压。改变 PWM 输出波形的占空比，即可改变 D/A 输出的直流电压。但由于 PWM 波形的输出最大值 V_H 和最小值 V_L 受到单片机输出高、低电平的限制，一般情况下 V_L 不等于 0V，V_H 也不等于 V_{CC}，所以 D/A 输出的直流电压达不到在 $0 \sim V_{CC}$ 之间变化。

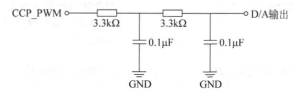

图 8-21　PWM 用于 D/A 转换的典型电路

4．PWM 输出模式的 C51 编程思路

（1）设置 PCA 定时器/计数器，包括选择时钟源：寄存器 CMOD、CCON。

（2）设置 PCA 模块 n 工作于 PWM 输出模式：寄存器 CCAPMn。

（3）设置 PCA 模块 n 工作于几位 PWM：寄存器 PCA_PWMn。

（4）设置 PWM 占空比及重载值：寄存器 CCAP0L、CCAP0H。

（5）启动 PCA 定时器/计数器计数：置位 CR，PCA 模块 n 的相应引脚即输出 PWM 波形。

5．PWM 输出模式的 C51 编程举例

【例 8-8】 电路如图 8-22 所示，应用 STC15W4K32S4 系列 IAP15W4K58S4 单片机，系统时钟频率为 12MHz。编写 C51 程序实现功能：单片机的 PCA 模块 PCA0 工作于 8 位 PWM 波形输出模式，在第 2 组输出引脚（P3.5 引脚）输出 46875Hz 的 PWM 波形，初始占空比为 50%；输出波形占空比可以由按键 SW17（P3.2）和按键 SW18（P3.3）减少或增加；占空比变化时，可以用直流电压表观察到输出直流电压的变化。

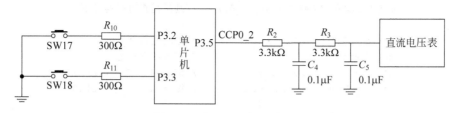

图 8-22　例 8-8 硬件电路原理

C51 源程序如下：

```
1    ＃include < stc15.h>              //包含 STC15 系列单片机头文件
2    sbit SW17 = P3^2;                //按键 SW17 用作减小占空比
3    sbit SW18 = P3^3;                //按键 SW18 用作增加占空比
4    unsigned char KEY_Scan(bit mode);  //按键扫描函数声明
5    void main()                      //主函数
```

```
6    {
7        unsigned char RISE = 128;                //初始化上升沿计数值为128,即占空比50%
8        P3M1 = 0; P3M0 = 0;                      //设置P3为准双向口模式
9        CMOD = 0x08;                             //设置PCA时钟源等于系统时钟
10       CCON = 0;    //PCA定时器停止,PCA定时器中断标志清0,PCA模块中断标志清0
11       CL = 0;                                  //复位PCA定时器/计数器
12       CH = 0;                                  //复位PCA定时器/计数器
13       P_SW1 |= 0x10;                           //选择第二组引脚输出
14       CCAPM0 = 0x42;                           //PCA模块0为PWM输出模式
15       PCA_PWM0 = 0x00;                         //PCA模块0工作于8位PWM
16       CCAP0H = CCAP0L = RISE;                  //设置PWM0的占空比
17       CR = 1;                                  //PCA定时器/计数器开始工作
18       while(1)                                 //主循环
19       {
20           switch(KEY_Scan(0))                  //判断按键返回值
21           {
22               case 17:                         //按键SW17
23                   if (RISE == 255) RISE = 254;    //RISE最大值为255
24                   RISE++;                      //上升沿计数值增加,即PWM0占空比减小
25                   CCAP0H = CCAP0L = RISE;      //刷新PWM0的占空比
26                   break;                       //跳出当前switch结构
27               case 18:                         //按键SW18
28                   if (RISE == 0) RISE = 1;     //RISE最小值为0
29                   RISE -- ;                    //上升沿计数值减小,即PWM0占空比增加
30                   CCAP0H = CCAP0L = RISE;      //刷新PWM0的占空比
31                   break;                       //跳出当前switch结构
32               default:break;                   //默认跳出当前switch结构
33           }
34       }
35   }
36   unsigned char KEY_Scan(bit mode)             //按键扫描程序
37   {                                            //mode = 0:按一次,mode = 1:连按
38       unsigned int t;                          //用作延时
39       static bit key_flag = 1;                 //按键松开标志
40       if (mode)key_flag = 1;                   //支持连按
41       if (key_flag&&(SW17 == 0||SW18 == 0))    //判断是否有按键按下
42       {
43           for(t = 2000;t > 0;t -- );           //延时去抖动
44           key_flag = 0;                        //按键按下标志
45           if(SW17 == 0)   return 17;           //按键SW17按下返回17
46           else if(SW18 == 0)   return 18;      //按键SW18按下返回18
47       }
48       else if (SW17 == 1&&SW18 == 1)  key_flag = 1;  //按键松开标志
49       return 0;                                //无按键按下返回0
50   }
```

分析如下。

(1) 题目要求 PCA 模块 0 输出 46875Hz 的 PWM 波形,系统时钟频率为 12MHz。PWM 波形的周期由 PCA 定时器/计数器决定,由式(8-8)可得分频系数为 1,即 PCA 定时器/计数器的时钟源应选择系统时钟无分频。

（2）题目要求输出 PWM 波形的初始占空比为 50%，由式（8-9）可得 CCAPnL 初始值应为 128，即 CL 计数至 128 就应该输出上升沿，此后直到 CL 溢出，输出都是高电平。注意，设置 CCAPnL 时应同时对重装值 CCAPnH 赋值。

（3）程序定义了无符号字符型变量 RISE，0～255 的取值与 CL 的取值对应，作用是 CL 计数到 RISE 开始输出高电平，即 RISE 是上升沿计数值。

（4）题目要求按下按键 SW17 可使输出波形占空比减小，对于 PCA 模块输出的 PWM 波形来说即上升沿推迟，RISE 增加，对于输出来说即 D/A 转换之后输出电压减小。而按下按键 SW18 可使输出波形占空比增加，对于 PCA 模块输出的 PWM 波形来说即上升沿提前，RISE 减小，对于输出来说即 D/A 转换之后输出电压增加。

（5）RISE 的取值范围为 0～255，确认要增加时，若当前 RISE 是 255，则先把 RISE 设成 254 再加 1，可保证 RISE 始终在取值范围之内，见程序第 23～24 行；确认要减小时，若当前 RISE 是 0，则先把 RISE 设成 1 再减 1，可保证 RISE 始终在取值范围之内，见程序第 28～29 行。

（6）可在官方 STC15 单片机实验箱 4+直流电压表，或在 Proteus 中仿真，或自行搭建实验环境对例 8-8 进行实践。

8.5　单片机的 PWM 模块

8.5.1　PWM 的基本原理

PWM 是利用微处理器的数字输出来对模拟电路进行控制的一种非常有效的技术，广泛应用在从测量、通信到功率控制与变换的许多领域中。

PWM 波形关键的参数主要有起始电平、周期、频率和占空比等，图 8-23 所示为 PWM 波形，PWM 波形起始电平可以是低电平 0，也可以是高电平 1；周期 $T = t_1 + t_2$；频率 $f = 1/T$；占空比 $D = t_1/(t_1 + t_2) = t_1/T$，也就是 PWM 波形的高电平 1 的持续时间与波形周期 T 的比值。

PWM 技术在开关电源及电机驱动等电路中得到了广泛应用，常采用调节 PWM 频率或占空比的方式实现开关稳压电源输出电压的恒定或者电机无级调速，在这些电路应用中驱动晶体管一般工作在桥式拓扑结构模式下，所以上桥晶体管和下桥晶体管不能同时导通。

图 8-24 所示是两路带死区时间的 PWM 波形。两路波形的高、低电平跳变时间相差死区时间 t_d，可避免上桥晶体管和下桥晶体管在高、低电平突变时刻同时导通而导致损坏。

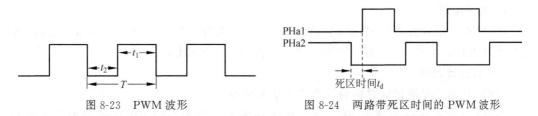

图 8-23　PWM 波形　　　　　　　图 8-24　两路带死区时间的 PWM 波形

8.5.2　STC15W4K32S4 系列单片机 PWM 模块的结构

除了 PCA 模块的两路 PWM 以外，STC15W4K32S4 系列单片机还集成了 6 路独立的增强型 PWM 波形发生器,由于 6 路 PWM 是各自独立的,且每路 PWM 的初始状态可以进行设定,所以可以将其中的任意 2 路配合起来使用,即可实现互补对称输出以及死区控制等特殊应用。

增强型 PWM 波形发生器还设计了对外部异常事件(包括外部接口 P2.4 的电平异常、比较器比较结果异常)进行监控的功能,可用于紧急关闭 PWM 输出。PWM 波形发生器还可在 15 位的 PWM 计数器归零时触发外部事件(ADC 转换)。

STC15W4K32S4 系列单片机 PWM 模块结构如图 8-25 所示。PWM 波形发生器内部有一个 15 位的 PWM 计数器决定了 6 路 PWM 的共同周期,同时也为这 6 路 PWM 提供了基准时钟,每路 PWM 都可以参照这个基准时钟来设置各自的占空比、输出延迟等参数,也可以设置各自的初始电平。

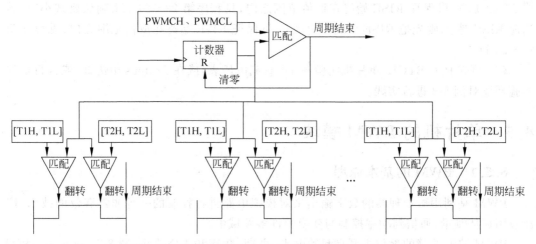

图 8-25 STC15W4K32S4 系列单片机 PWM 模块结构

8.5.3 STC15W4K32S4 系列单片机 PWM 模块的控制

STC15W4K32S4 系列单片机 PWM 模块相关寄存器如表 8-17 所示。在表 8-17 中用 PWMn 来统称 PWM2~PWM7 这 6 路 PWM,每一路 PWM 各有 5 个寄存器进行单独控制。另外,表 8-17 中除了 4 个寄存器(PWMCFG、PWMCR、PWMIF、PWMFDCR)位于内部 RAM 外,其他寄存器都位于扩展 RAM,要对这些位于扩展 RAM 的寄存器进行读/写操作,必须先把扩展 SFR 访问控制位 EAXSFR(P_SW2.7)置 1。

1. 电源控制

PWM 模块启动控制位 ENPWM(PWMCR.7):值为 0 时关闭 PWM 波形发生器;值为 1 时启动 PWM 波形发生器,PWM 计数器开始计数;复位值为 0。

2. PWM 计数器

PWM 计数器是通过对时钟源计数产生基准时钟的。

PWM 时钟源选择控制位 SELT2(PWMCKS.4):值为 0 时 PWM 时钟源为系统时钟经分频器分频之后的时钟;值为 1 时 PWM 时钟源为定时器 2 的溢出脉冲;复位值为 0。

表 8-17　PWM 模块相关寄存器（n=2～7）

寄存器	描述	地址	B7	B6	B5	B4	B3	B2	B1	B0	复位值
PWMCFG	PWM配置	F1H	—	CBTADC	C7INI	C6INI	C5INI	C4INI	C3INI	C2INI	0000 0000B
PWMCR	PWM控制	F5H	ENPWM	ECBI	ENC7O	ENC6O	ENC5O	ENC4O	ENC3O	ENC2O	0000 0000B
PWMIF	PWM中断标志	F6H	—	CBIF	C7IF	C6IF	C5IF	C4IF	C3IF	C2IF	x000 0000B
PWMFDCR	PWM外部异常控制	F7H	—	—	ENFD	FLTFLIO	EFDI	FDCMP	FDIO	FDIF	xx00 0000B
PWMCH	PWM计数器高位	FFF0H	—	PWMCH[14：8]							x000 0000B
PWMCL	PWM计数器低位	FFF1H	PWMCL[7：0]								0000 0000B
PWMCKS	PWM时钟选择	FFF2H	—	—	—	SELT2	PS[3：0]				xxx0 0000B
PWMnT1H	PWMnT1 计数高位	如附表 F-2 所示	—	PWMnT1H[14：8]							x000 0000B
PWMnT1L	PWMnT1 计数低位		PWMnT1L[7：0]								0000 0000B
PWMnT2H	PWMnT2 计数高位		—	PWMnT2H[14：8]							x000 0000B
PWMnT2L	PWMnT2 计数低位		PWMnT2L[7：0]								0000 0000B
PWMnCR	PWMn 控制		—	—	—	—	PWMn－PS	EPWMnI	ECnT2SI	ECnT1SI	xxxx 0000B

PWM 时钟分频系数控制位 PS[3:0](PWMCKS.3:0)：当 SELT2 值为 0 时，PWM 时钟频率为系统时钟频率/(PS[3:0]+1)。

PWM 计数器是一个 15 位寄存器，可设定 1~32767 之间的任意值作为 PWM 周期。PWM 计数器从 0 开始计数，每个 PWM 时钟周期递增 1，当计数值达到[PWMCH，PWMCL]所设定的 PWM 周期时，PWM 计数器将会从 0 开始重新计数，硬件会将 PWM 归零，中断申请标志位 CBIF(PWMIF.6)置 1，此时若 PWM 计数器归零，中断允许标志位 ECBI(PWMCR.6)为 1，则发出中断申请。CBIF 在中断服务之后不会自动清 0，需软件清 0。PWM 中断号为 22。除了归零中断外，还有其他 PWM 事件会申请中断，优先级控制位 PPWM(IP2.2)相同，中断号、中断入口相同，在下文中讲解。

从 PWM 计数器的工作过程可得出，若 PWM 时钟源为系统时钟经分频器分频之后的时钟，则 PWM 周期为

$$\text{PWM 周期}=\text{系统时钟周期}\times(\text{PS}[3:0]+1)\times[\text{PWMCH},\text{PWMCL}] \qquad (8\text{-}10)$$

若 PWM 时钟源为定时器 2 的溢出脉冲，则 PWM 周期为

$$\text{PWM 周期}=\text{定时器 2 周期}\times[\text{PWMCH},\text{PWMCL}] \qquad (8\text{-}11)$$

3. 6 路 PWM(n=2~7)

1) 初始电平

PWM2~PWM7 可通过初始电平控制位 C2INI~C7INI(PWMCFG.0~5)设置各自的初始电平，值为 0 时初始电平为低电平，值为 1 时初始电平为高电平，复位值为 0。

2) 第 1 次翻转

PWM 计数器的计数值与[PWMnT1H，PWMnT1L]所设定的值相匹配时，PWMn 的输出波形将发生第 1 次翻转，同时硬件置位 PWMn 中断申请标志位 CnIF(位于 PWMIF)。CnIF 在中断服务之后不会自动清 0，需软件清 0。

3) 第 2 次翻转

PWM 计数器的计数值与[PWMnT2H，PWMnT2L]所设定的值相匹配时，PWMn 的输出波形将发生第 2 次翻转，同时硬件置位 PWMn 中断申请标志位 CnIF(位于 PWMIF)。CnIF 在中断服务之后不会自动清 0，需软件清 0。

4) 波形输出

可通过 PWMn_PS(PWMnCR.3)对 PWMn 输出引脚进行选择，其对应关系如表 8-18 所示。

表 8-18　PWM 输出引脚设置

(PWMn_PS)=0	PWM2/P3.7	PWM3/P2.1	PWM4/P2.2	PWM5/P2.3	PWM6/P1.6	PWM7/P1.7
(PWMn_PS)=1	PWM2_2/P2.7	PWM3_2/P4.5	PWM4_2/P4.4	PWM5_2/P4.2	PWM6_2/P0.7	PWM7_2/P0.6

所有与 PWM 相关的接口，在上电后均为高阻输入态，必须在程序中将这些接口设置为准双向口或强推挽模式才可正常输出波形。

最后还要设置 PWMn 输出使能位 ENCnO(位于 PWMCR)：值为 0 时，PWMn 的接口为 GPIO(通用输入输出接口)；值为 1 时，PWMn 的接口为 PWM 输出接口，受 PWM 波形发生器控制；复位值为 0。

也可以设置 PWM 计数器归零时触发 ADC 转换,控制位是 CBTADC(PWMCFG.6),值为 0 时不触发,值为 1 时触发,复位值为 0。

5) PWMn 翻转中断(n=2~7)

除了 PWM 计数器归零中断外,每一路 PWM 都有各自的翻转中断。PWMn 翻转中断的中断号与 PWM 计数器归零中断的中断号相同,都为 22。PWMn 翻转中断的优先级控制位与 PWM 计数器归零中断的优先级控制位相同,都为 PPWM(IP2.2),复位值为 0(低优先级)。不同的是各路 PWM 的翻转中断允许控制位和标志位。PWMn 第 1 次翻转时,会同时硬件置位 CnIF(PWM 翻转中断标志位,位于 PWMIF),此时若 EPWMnI&ECnT1SI==1,则程序跳转至 PWM 中断服务函数并执行。PWMn 第 2 次翻转时,会同时硬件置位 CnIF,此时若 EPWMnI&ECnT2SI==1,则程序跳转至 PWM 中断服务函数并执行。CnIF 在中断服务之后不会自动清 0,需软件清 0。

4. PWM 外部异常控制寄存器 PWMFDCR

PWM 外部异常控制寄存器 PWMFDCR 如表 8-17 所示。

(1) ENFD:PWM 外部异常检测功能控制位。ENFD=0,关闭 PWM 的外部异常检测功能;ENFD=1,使能 PWM 的外部异常检测功能。

(2) FLTFLIO:发生 PWM 外部异常时对 PWM 输出口控制位。FLTFLIO=0,发生 PWM 外部异常时,PWM 的输出口不做任何改变;FLTFLIO=1,发生 PWM 外部异常时,PWM 的输出口立即被设置为高阻输入模式,只有 ENCnO=1 所对应的接口才会被强制悬空。

(3) FDCMP:设定 PWM 异常检测源为比较器的输出。FDCMP=0,比较器与 PWM 无关;FDCMP=1,当比较器的输出由低变高时,触发 PWM 异常。

(4) FDIO:设定 PWM 异常检测源为接口 P2.4 的状态。FDIO=0,P2.4 的状态与 PWM 无关;FDIO=1,当 P2.4 的电平由低变高时,触发 PWM 异常。

(5) EFDI:PWM 异常检测中断使能位。EFDI=0,关闭 PWM 异常检测中断,但 FDIF 依然会被硬件置位;EFDI=1,使能 PWM 异常检测中断,PWM 异常检测中断的中断号为 23。

(6) FDIF:PWM 异常检测中断标志位。当发生 PWM 异常(比较器的输出由低变高或者 P2.4 的电平由低变高)时,硬件自动将此位置 1。当 EFDI=1 时,程序会跳转到相应中断入口执行中断服务程序。FDIF 不会自动清 0,需要软件清 0。

(7) PWM 异常检测中断优先级控制位 PPWMFD(IP2.3):PPWMFD=0,PWM 异常检测中断为低优先级;PPWMFD=1,PWM 异常检测中断为高优先级。

8.5.4 STC15W4K32S4 系列单片机 PWM 模块的应用

1. PWM 模块的 C51 编程思路(n=2~7)

(1) 置位 EAXSFR(P_SW2.7),即指定访问对象是扩展 RAM。

(2) 设置寄存器 PWMCKS,选择 PWM 计数器时钟源,并指定时钟源为系统时钟时的分频系数。

(3) 设置寄存器 PWMCH、PWMCL,共 15 位,这是 PWM 计数器计数次数,决定了 PWM 周期。

（4）设置寄存器 PWMnT1H、PWMnT1L，共 15 位，这是 PWMn 第 1 次翻转的计数值。

（5）设置寄存器 PWMnT2H、PWMnT2L，共 15 位，这是 PWMn 第 2 次翻转的计数值。

（6）设置寄存器 PWMnCR。其中，PWMn_PS 选择 PWMn 的输出引脚；EPWMnI 开放/关闭 PWMn 的中断；ECnT2SI 开放/关闭 PWMn 的第 2 次翻转中断；ECnT1SI 开放/关闭 PWMn 的第 1 次翻转中断。

（7）将 EAXSFR(P_SW2.7)清 0，即指定访问对象是内部 RAM。

（8）将 PWMn 的输出引脚设为准双向口或推挽输出。

（9）设置寄存器 PWMCFG。其中，CBTADC 可启动/关闭 PWM 计数器归零时触发 ADC 转换；CnINI 设置 PWMn 输出初始电平是高电平或低电平。

（10）根据需要可设置 PWM 中断。注意需设置的是 PWM 计数器归零中断，还是每一路 PWM 各自的翻转中断。

（11）设置寄存器 PWMCR。其中，ENPWM 启动/关闭 PWM 波形发生器；ECBI 开放/禁止 PWM 计数器归零中断；ENCnO 设置相应 PWMn 的输出引脚为 PWM 输出口，受 PWM 波形发生器控制，或者是普通 I/O 接口。

（12）根据需要可查询 PWM 中断标志或等待中断。PWM 中断标志位于寄存器 PWMIF，其中，CBIF 是 PWM 计数器归零中断标志位；CnIF 是 PWMn 的中断标志位。PWM 中断号为 22。在完成指定功能后，必须将中断标志软件清 0。

2. PWM 模块的 C51 编程举例

【例 8-9】 电路如图 8-26 所示，应用 STC15W4K32S4 系列 IAP15W4K58S4 单片机，系统时钟频率为 12MHz。编写 C51 程序实现功能：使用单片机的 PWM 模块，在 PWM5(P2.3)输出 PWM 波形，波形的占空比初始值为 50%，然后随时间自动增减，使 P2.3 连接的 LED 实现呼吸灯的效果。

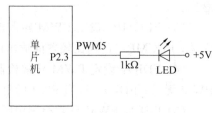

图 8-26　例 8-9 硬件电路原理

C51 源程序如下：

```
1    #include <stc15.h>               //包含 STC15 系列单片机头文件
2    #define EAXSFR() P_SW2 |= 0x80    //指令的操作对象为扩展 RAM
3    #define EAXRAM() P_SW2 &= ~0x80   //指令的操作对象为内部 RAM
4    void main(void)                   //主函数
5    {
6        unsigned int Peri = 1000;     //周期为 1000 个系统时钟周期
7        unsigned int Duty = 500;      //初始化 PWM 占空比 50%
8        bit flag = 0;                 //定义标志位 flag 记录 Duty 当前的增减状态
9        unsigned int i;               //i 用作延时
10       EAXSFR();                     //以下语句访问扩展 RAM
11       PWMCKS = 0;                   //PWM 时钟选择系统时钟无分频
12       PWMCH = Peri/256;             //PWM 计数器周期的高字节
13       PWMCL = Peri % 256;           //PWM 计数器周期的低字节
14       PWM5T1H = 0;                  //第一次翻转计数高字节
15       PWM5T1L = 0;                  //第一次翻转计数低字节
16       PWM5T2H = Duty/256;           //第二次翻转计数高字节
17       PWM5T2L = Duty % 256;         //第二次翻转计数低字节
18       PWM5CR = 0;                   //PWM7 输出选择 P2.3，无中断
```

```
19          EAXRAM();                          //恢复访问内部 RAM
20          P2M1& = 0xF7;                       //设置 P2.3 强推挽输出
21          P2M0| = 0x08;                       //设置 P2.3 强推挽输出
22          PWMCFG& = 0xF7;                     //设置 PWM5 初始电平为低电平
23          PWMCR| = 0x08;                      //设置 PWM5 的输出引脚为 PWM 输出口
24          PWMCR| = 0x80;                      //使能 PWM 波形发生器,PWM 计数器开始计数
25          while (1)                           //主循环
26          {
27              if(flag == 0)                   //如果标志位 flag 为 0
28              {
29                  Duty++;                     //增加占空比
30                  if(Duty == Peri)flag = 1;   //如果占空比为 100%,则标志位赋值为 1
31              }
32              if(flag == 1)                   //如果标志位 flag 为 1
33              {
34                  Duty -- ;                   //减小占空比
35                  if(Duty == 200)flag = 0;    //如果占空值为 120,则标志位赋值为 0
36              }
37              EAXSFR();                       //以下语句访问扩展 RAM
38              PWM5T2H = Duty/256;             //更新第二个翻转计数高字节
39              PWM5T2L = Duty % 256;           //更新第二个翻转计数低字节
40              EAXRAM();                       //恢复访问内部 RAM
41              for(i = 0;i <(Duty * 2);i++);   //延时
42          }
43      }
```

分析如下。

(1)程序第 2~3 行定义了两个符号常量,可令 EAXSFR(P_SW2.7)处在 1 或 0 的状态,即指定访问对象是扩展 RAM 还是内部 RAM。PWM 模块中,一部分特殊功能寄存器位于扩展 RAM,必须在 EAXSFR 置 1 的状态下才能访问;另一部分特殊功能寄存器位于内部 RAM,必须在 EAXSFR 清 0 的状态下才能访问。

(2)程序第 6 行定义了 PWM 周期为 1000 个系统时钟周期,此时占空时间 Duty 只能在 0~1000 范围内取值。

(3)程序第 22 行设置 PWM5 初始电平为低电平,而第 14~15 行又设置了在 PWM 计数器为 0 时输出就发生第 1 次翻转,综合下来,也就是 PWM5 初始电平为高电平,这样的好处是第 2 次翻转值直接就可以等于占空值,见程序第 16~17 行,这样设计、调试时比较容易计算。

(4)程序第 20~21 行,PWM 模块相关引脚在复位后工作于高阻输入,必须设置为准双向口或强推挽模式才可正常输出波形。

(5)PWM 模块在启动后就会按照设定值自行输出 PWM 信号,程序第 41 行的延时是为了降低占空比更新的频率,这对 PWM 的输出是没有影响的。

(6)程序第 30 行 Duty==Peri、程序第 35 行 Duty==200、程序第 41 行 i<(Duty*2),这些都是实测得出比较好的呼吸灯效果的参数,读者自行实践时也可以尝试修改这些数据。

(7)可在官方 STC15 单片机实验箱 4+扩展板,或在 Proteus 中仿真,或自行搭建实验环境对例 8-9 进行实践。

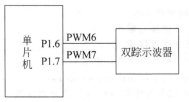

图 8-27　例 8-10 硬件电路原理

【例 8-10】　电路如图 8-27 所示,应用 STC15W4K32S4 系列 IAP15W4K58S4 单片机系统时钟频率为 12MHz。编写 C51 程序实现功能:使用单片机的 PWM 模块,PWM6 和 PWM7 同时输出 2 路带死区时间的 PWM 波形,波形频率为 80kHz,占空比约 50%。

C51 源程序如下:

```
1    # include < stc15.h>                              //包含 STC15 系列单片机头文件
2    # define EAXSFR() P_SW2 | = 0x80                   //指令的操作对象为扩展 SFR(XSFR)
3    # define EAXRAM() P_SW2 & = ~0x80                  //指令的操作对象为扩展 RAM(XRAM)
4    # define PWM_DeadZone   3                          //死区时钟数
5    void main(void)                                    //主函数
6    {
7        unsigned int Peri = 150;                       //定义并初始化周期系数
8        EAXSFR();                                      //以下指令的操作对象为扩展 SFR(XSFR)
9        PWM6T1H = 0;                                   //PWM6 第一个翻转计数高字节
10       PWM6T1L = 0;                                   //PWM6 第一个翻转计数低字节
11       PWM6T2H = (Peri /2 + PWM_DeadZone)/256;        //PWM6 第二个翻转计数高字节
12       PWM6T2L = (Peri /2 + PWM_DeadZone) % 256;      //PWM6 第二个翻转计数低字节
13       PWM6CR = 0;                                    //PWM6 输出选择 P1.6,无中断
14       PWMCR | = 0x10;   //相应 PWM 通道的接口为 PWM6 输出口,受 PWM 波形发生器控制
15       PWMCFG | = 0x10;                               //设置 PWM6 输出接口的初始电平为 1
16       P16 = 1;                                       //P1.6 输出高电平
17       P1M1 & = ~(1 << 6);                            //P1.6 设置为推挽模式
18       P1M0 | = (1 << 6);                             //P1.6 设置为推挽模式
19       PWM7T1H = PWM_DeadZone/256;                    //PWM7 第一个翻转计数高字节
20       PWM7T1L = PWM_DeadZone % 256;                  //PWM7 第一个翻转计数低字节
21       PWM7T2H = ( Peri /2)/256;                      //PWM7 第二个翻转计数高字节
22       PWM7T2L = ( Peri /2) % 256;                    //PWM7 第二个翻转计数低字节
23       PWM7CR = 0;                                    //PWM7 输出选择 P1.7,无中断
24       PWMCR | = 0x20;   //相应 PWM 通道的接口为 PWM7 输出口,受 PWM 波形发生器控制
25       PWMCFG | = 0x20;                               //设置 PWM7 输出接口的初始电平为 1
26       P17 = 1;                                       //P1.7 输出高电平
27       P1M1 & = ~(1 << 7);                            //P1.7 设置为推挽模式
28       P1M0 | = (1 << 7);                             //P1.7 设置为推挽模式
29       PWMCH = Peri / 256;                            //PWM 计数器的高字节设置 PWM 的周期
30       PWMCL = Peri % 256;                            //PWM 计数器的低字节设置 PWM 的周期
31       PWMCKS = 0;                                    //PWM 时钟选择系统时钟无分频
32       EAXRAM();                                      //以下指令的操作对象为扩展 RAM(XRAM)
33       PWMCR | = 0x80;        //使能 PWM 波形发生器,PWM 计数器开始计数
34       PWMCR & = ~0x40;                               //禁止 PWM 计数器归零中断
35       while (1){      }                              //主循环
36   }
```

分析如下。

(1) 使用数字示波器固纬 GDS-1152A-U 的两个通道同时测量,单片机输出 2 路带死区时间的 PWM 波形如图 8-28 所示,其中上部为 PWM7 输出波形,下部为 PWM6 输出波形,单片机芯片供电电压为 5V。从图中可以看到,两路矩形波峰-峰值均为 5.11V,幅度平均值

分别为 2.50V 和 2.48V,频率分别为 79.61kHz 和 79.48kHz,两路信号幅度和频率基本相等,但占空比相差 3.95%,这就是两路矩形波的死区时间,避免上桥晶体管和下桥晶体管在高、低电平突变时刻同时导通而导致损坏。

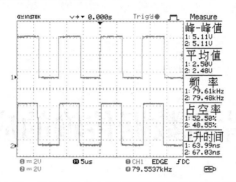

图 8-28　单片机输出 2 路带死区时间的 PWM 波形

（2）可在官方 STC15 单片机实验箱 4+示波器,或在 Proteus 中仿真,或自行搭建实验环境对例 8-10 进行实践。

本章小结

本章主要论述单片机系统中模拟信号和数字信号的应用。STC15W4K32S4 系列单片机集成了 ADC 模块、比较器模块、PWM 模块,可对输入/输出的模拟信号进行处理;还集成了 PCA 模块,可实现外部脉冲的捕获、软件定时器、高速脉冲输出以及脉冲宽度调制输出（PWM）4 种功能。在单片机系统开发时可灵活选择必要的模块进行信号处理。

第 9 章

单片机数据传输的应用

学习目标

➢ 掌握串行口模块的应用(重点)。

➢ 熟悉 SPI 模块的应用(难点)。

➢ 熟悉单片机的 I^2C 总线接口技术。

➢ 了解单总线串行数据传输接口技术。

9.1　数据传输概述

数据是指对客观事件进行记录并可以鉴别的符号,是对客观事物的性质、状态以及相互关系等进行记载的物理符号或这些物理符号的组合。在计算机系统中,数据以二进制信息单元 0、1 的形式表示。

数据传输是数据从一个地方传送到另一个地方的通信过程,就是按照一定的规程,通过一条或者多条数据链路将数据从数据源传输到数据终端,它的主要作用就是实现点与点之间的信息传输与交换。

数据传输在单片机应用系统中处于重要的地位,相当于人体的神经给身体的各个部位传输信号,如何高效、准确、及时地传输信息是一个重要的课题。在单片机控制系统中,单片机与外部设备之间以及单片机与单片机之间的信息交换就是数据传输。

数据传输方式是指数据在信道上传送所采取的方式,如按数据代码传输的顺序可以分为并行数据传输和串行数据传输。一个好的数据传输方式可以提高数据传输的实时性和可靠性。

1. 并行数据传输

并行数据传输通常是以字节(byte)或字节的倍数为传输单位,一次传送一字节或一字节以上的数据,数据的各位同时进行传送。单片机内部各个总线传输数据时就是以并行方式进行的。8 位单片机并行数据传输工作示意图如图 9-1 所示,图中单片机甲机和乙机或外设之间通过 8 条数据线连接,每次传输一字节数据。并行数据传输的特点是传输速度快,但当距离较远、位数较多时,通信线路复杂且成本高,适合于外部设备与单片机之间进行近距离、大量和快速的信息交换。目前主流单片机应用系统设计中并行数据传输日趋减少。

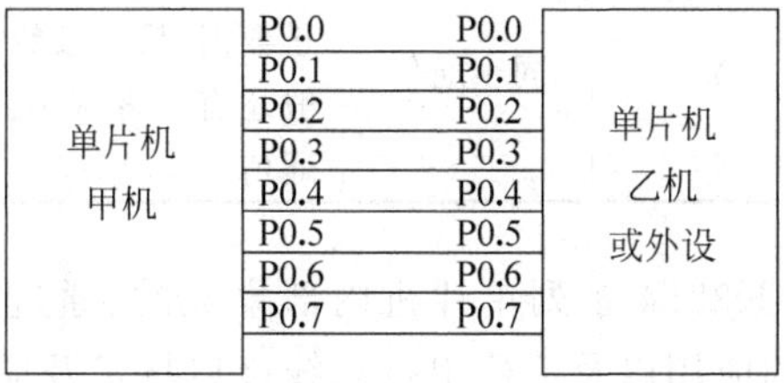

图 9-1   8 位单片机并行数据传输工作示意图

2. 串行数据传输

串行数据传输双方使用 1 条、2 条或 3 条信号线相连,同一时刻,数据在一条数据信号线上逐位地按顺序传送,每一位数据都占据一个固定的时间长度。串行数据传输与并行数据传输相比,优点是传输线少、适合中远距离传送及易于扩展。8 位单片机串行数据传输工作示意图如图 9-2 所示。

(a) 单线传输   (b) 双线传输   (c) 三线传输

图 9-2   8 位单片机串行数据传输工作示意图

图 9-2(a) 是单片机甲机和乙机或外设之间通过 1 条信号线连接,每次传输一位(bit)数据,目前主要有单总线串行数据传输接口(One-Wire 单总线)。

图 9-2(b) 是单片机甲机和乙机或外设之间通过 2 条信号线连接,每次传输一位(bit)数据,异步传输主要有串行通信接口(串行口),同步传输主要有 I^2C 接口。

图 9-2(c) 是单片机甲机和乙机或外设之间通过 3 条信号线连接,每次传输一位(bit)数据,主要有 SPI 接口等。

串行数据传输的双方之间由信号线连接,信号线主要分为时钟信号(Clock,常缩写为CLK 或 SCL)和数据信号(Data,常缩写为 DAT 或 SDA)。常用总线特点如表 9-1 所示。

表 9-1   常用总线特点

总线名称	串行时钟 CLK	串行数据 DAT	通信方式	特　点
单总线	0	1	异步通信	一条信号线,既可传输时钟,又可发送数据和接收数据
串行口	0	2	异步通信	无时钟线,一条数据线 TxD 用于发送数据,另一条数据线 RxD 用于接收数据
I^2C	1	1	同步通信	一条时钟线 SCL,一条数据线 SDA,数据线可以发送也可以接收数据

续表

总线名称	串行时钟 CLK	串行数据 DAT	通信方式	特　　点
SPI	1	2	同步通信	一条时钟线 SCLK，一条数据线 MOSI 用于发送数据，另一条数据线 MISO 用于接收数据，一般还有一条从机选择信号（SS），用于多从机通信

本章将介绍 STC15W4K32S4 系列单片机内部集成的、通过双线或三线进行数据传输的串行口模块和 SPI 模块的应用以及 I²C 串行总线接口技术及应用。

9.2　单片机的串行口模块

9.2.1　串行通信概述

1. 串行通信的分类

串行数据传输按数据传输的同步方式可分为异步通信和同步通信两类。

1）异步通信

异步通信是指通信中两个字符（或字节）之间的时间间隔是不固定的，而在一个字符内各位的时间间隔是固定的。异步通信中字符帧由发送端逐帧发送，过程中无须同步时钟信号，发送端和接收端依靠字符帧格式和相同的波特率来协调数据的发送和接收。发送端和接收端可以由各自的时钟来控制数据的发送和接收，这两个时钟源彼此独立，互不同步，因此异步通信的硬件成本较低。

（1）字符帧（Character Frame）。字符帧也叫作数据帧，异步通信的字符帧格式如图 9-3 所示，字符帧由起始位、数据位、奇偶校验位、停止位和空闲位等五部分组成。

图 9-3　异步通信的字符帧格式

起始位：位于字符帧开头，只占 1 位，始终为低电平（逻辑 0），用于向接收设备表示发送端开始发送 1 帧信息。

数据位：紧跟起始位之后，根据情况可取 5 位、6 位、7 位或 8 位，低位在前高位在后（即先发送数据的最低位）。

奇偶校验位：位于数据位后，仅占 1 位，通常用于对串行通信数据进行奇偶校验。也可以自行定义为其他控制含义，也可以没有。

停止位：位于字符帧末尾，为高电平（逻辑 1），通常可取 1 位、1.5 位或 2 位，用于向接收端表示 1 帧字符信息已发送完毕，也为发送下一帧字符做准备。

空闲位：在通信线路空闲时，发送线为高电平（逻辑 1），即空闲位。两相邻字符帧之间可以无空闲位，也可以有若干空闲位。

（2）波特率（Baud Rate）。波特率是指每秒传送二进制数码的位数，也叫比特率，单位为 bit/s 或 bps（比特/秒）。用于表征数据传输的速度，波特率越高，数据传输速度越快。串行口通信中典型的波特率是 300bit/s、600bit/s、1200bit/s、2400bit/s、9600bit/s、19200bit/s、38400bit/s、115200bit/s 等。

异步通信的优点是不需要传送同步时钟，字符帧长度不受限制，故设备简单；缺点是字符帧中因包含起始位和停止位而降低了有效数据的传输速率。例如，波特率为 1200bit/s 的通信系统，若采用图 9-3 的字符帧格式，则每一个字符帧包含 14 位数据，其中包含 3 个空闲位，字符的实际传输速率为 1200/14＝85.71（帧/s）。

2）同步通信

同步通信是连续串行传送数据的通信方式，一次通信传输一组数据（包括若干个字符数据）。同步通信要建立发送方时钟对接收方时钟的直接控制，使双方达到完全同步。在发送数据前先要发送同步字符，再连续地发送数据。同步通信的数据传输速率较高，其缺点是要求发送时钟和接收时钟必须保持严格同步，硬件电路较为复杂。

2．串行口通信的传输方向

在串行通信中，数据是在两个站之间进行传送的。按数据传输的流向和时间关系，串行通信可分为单工、半双工和全双工。

1）单工通信（Simplex Communication）

单工通信的数据传输是单向的。单工通信如图 9-4（a）所示，通信双方中，一方固定为发送端，另一方则固定为接收端，双方之间使用一根传输线，信息只能沿一个方向传输。

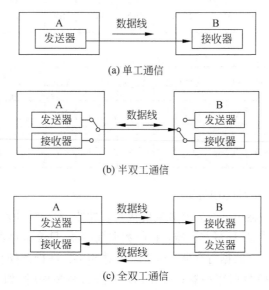

(a) 单工通信

(b) 半双工通信

(c) 全双工通信

图 9-4　串行通信的 3 种传输方向

2）半双工通信（Half-duplex Communication）

半双工通信又称为双向交替通信。半双工通信如图 9-4（b）所示，通信的双方都可以发送或接收信息，但双方之间只使用一根传输线，所以不能双方同时发送，也不能同时接收，只能是一方发送另一方接收，一段时间后再由软件控制电子开关，使收、发方向反过来。

3）全双工通信（Full-duplex Communication）

全双工通信又称为双向同时通信。全双工通信如图 9-4（c）所示，通信的双方可以同时发送和接收数据，使用两根传输线，一根用于发送数据，另一根用于接收数据。

9.2.2　STC15W4K32S4 系列单片机的串行口 1

STC15W4K32S4 系列单片机具有 4 个全双工异步串行通信接口（UART，以下简称串行口 1、串行口 2、串行口 3 和串行口 4）；每个通信口还可以通过功能管脚的切换功能切换到多组引脚，从而可以将一个通信口分时复用为多个通信口。每个串行口由 2 个数据缓冲器、1 个移位寄存器、1 个串行控制寄存器和 1 个波特率发生器等组成；其中每个串行口的数据缓冲器由 2 个互相独立的接收缓冲器、发送缓冲器构成，可以同时发送和接收数据，从而实现全双工通信功能。

1. 串行口 1 的控制

与串行口 1 相关的寄存器如表 9-2 所示。

表 9-2　与串行口 1 相关的寄存器

寄存器	描述	地址	B7	B6	B5	B4	B3	B2	B1	B0	复位值
PCON	电源控制寄存器	87H	SMOD	SMOD0	LVDF	POF	GF1	GF0	PD	IDL	0011 0000B
AUXR	辅助寄存器	8EH	T0x12	T1x12	UART_M0x6	T2R	T2_C/$\overline{T}$	T2x12	EXTRAM	S1ST2	0000 0000B
SCON	串行口 1 控制寄存器	98H	SM0/FE	SM1	SM2	REN	TB8	RB8	TI	RI	0000 0000B
SBUF	串行口 1 数据缓冲器	99H									xxxx xxxxB
AUXR1 P_SW1	辅助寄存器 1	A2H	S1_S1	S1_S0	CCP_S1	CCP_S0	SPI_S1	SPI_S0	0	DPS	0000 0000B
IE	中断允许寄存器	A8H	EA	ELVD	EADC	ES	ET1	EX1	ET0	EX0	0000 0000B
IP	中断优先级寄存器	B8H	PPCA	PLVD	PADC	PS	PT1	PX1	PT0	PX0	0000 0000B

1）串行口 1 数据寄存器（SBUF）

串行口 1 的数据缓冲器由两个相互独立的接收缓冲器、发送缓冲器构成，可以同时发送和接收数据。发送数据缓冲器（只写寄存器）、接收数据缓冲器（只读寄存器）共用一个地址，两个数据缓冲器统称为串行口 1 数据寄存器 SBUF。当对 SBUF 进行读操作时（如 x＝SBUF），操作对象是串行口 1 的接收数据缓冲器；当对 SBUF 进行写操作时（如 SBUF＝x），操作对象是串行口 1 的发送数据缓冲器。

2）电源控制寄存器（PCON）

（1）SMOD：串行口 1 波特率控制位。SMOD＝0，串行口 1 的各个模式的波特率都不加倍；SMOD＝1，串行口 1 的模式 1、模式 2、模式 3 的波特率加倍。

（2）SMOD0：帧错误检测控制位。SMOD0＝0，禁止帧错误检测功能；SMOD0＝1，使能帧错误检测功能。此时，SCON 的 SM0/FE 为 FE 功能，即为帧错误检测标志位。

3）串行口 1 控制寄存器（SCON）

（1）SM0/FE：SM0 或帧错误检测标志位。当 PCON 寄存器中的 SMOD0 位为 1 时，该位为帧错误检测标志位。当 UART 在接收过程中检测到一个无效停止位时，通过 UART 接收器将该位置 1，必须由软件清 0。

（2）SM1：串行口 1 的通信工作模式选择位。当 PCON 寄存器中的 SMOD0 位为 0 时，SM0 和 SM1 一起指定串行口 1 的通信工作模式，如表 9-3 所示。

表 9-3　串行口 1 的通信工作模式

SM0	SM1	串口 1 工作模式	功 能 说 明
0	0	模式 0	同步移位串行方式
0	1	模式 1	可变波特率 8 位数据方式
1	0	模式 2	固定波特率 9 位数据方式
1	1	模式 3	可变波特率 9 位数据方式

（3）SM2：允许模式 2 或模式 3 多机通信控制位。当串行口 1 使用模式 2 或模式 3 时，如果 SM2 位为 1 且 REN 位为 1，则接收机处于地址帧筛选状态。此时可以利用接收到的第 9 位（即 RB8）来筛选地址帧，若 RB8＝1，说明该帧是地址帧，地址信息可以进入 SBUF，并使 RI 为 1，进而在中断服务程序中再进行地址号比较；若 RB8＝0，说明该帧不是地址帧，应丢掉且保持 RI＝0。

当串行口 1 使用模式 2 或模式 3 时，如果 SM2 位为 0 且 REN 位为 1，接收机处于地址帧筛选被禁止状态，不论收到的 RB8 是 0 还是 1，均可使接收到的信息进入 SBUF，并使 RI＝1，此时 RB8 通常为校验位。

当串行口 1 使用模式 1 和模式 0 为非多机通信模式，在这两种模式时，SM2 应设置为 0。

（4）REN：串行口接收控制位。REN ＝0，禁止串行口接收数据；REN＝1，允许串行口接收数据。

（5）TB8：当串行口 1 使用模式 2 或模式 3 时，TB8 为要发送的第 9 位数据，按需要由软件置位或清 0。在模式 0 和模式 1 中，该位不用。

（6）RB8：当串行口 1 使用模式 2 或模式 3 时，RB8 为接收到的第 9 位数据，一般用作校验位或者地址帧/数据帧标志位。在模式 0 和模式 1 中，该位不用。

（7）TI：串行口 1 发送中断请求标志位。在模式 0 中，当串行口发送数据第 8 位结束时，由硬件自动将 TI 置 1，向 CPU 发出中断请求；在模式 1、模式 2 和模式 3 中，则在停止位开始发送时由硬件自动将 TI 置 1，向 CPU 请求中断。中断响应后 TI 必须用软件清 0。

（8）RI：串行口 1 接收中断请求标志位。在模式 0 中，当串行口接收第 8 位数据结束时，由硬件自动将 RI 置 1，向 CPU 请求中断；在模式 1、模式 2 和模式 3 中，串行口接收到停止位的中间时刻时由硬件自动将 RI 置 1，向 CPU 发出中断请求。响应中断后 RI 必须用软件清 0。

4）辅助寄存器（AUXR）

（1）UART_M0x6：串行口 1 模式 0 的通信速度控制位。UART_M0x6＝0，串行口 1

模式 0 的波特率不加倍,固定为 $f_{\mathrm{OSC}}/12$;UART_M0x6=1,串行口 1 模式 0 的波特率 6 倍速,即固定为 $f_{\mathrm{OSC}}/12 \times 6 = f_{\mathrm{OSC}}/2$。

（2）S1ST2:串行口 1 波特率发生器选择位。S1ST2＝0,选择定时器 1 作为波特率发生器;S1ST2＝1,选择定时器 2 作为波特率发生器。

5）外设引脚切换控制寄存器 1（P_SW1）

S1_S[1∶0]:串行口 1 功能引脚选择位。切换关系见表 9-4。

表 9-4　串行口 1 功能引脚的切换关系

S1_S[1∶0]	RxD	TxD
00	P3.0	P3.1
01	P3.6	P3.7
10	P1.6	P1.7
11	P4.3	P4.4

2. 串行口 1 的工作模式

STC15W4K32S4 系列单片机的串行口 1 有 4 种工作模式,其中模式 1 和模式 3 的波特率是可变的,模式 0 和模式 2 的波特率是固定的,不需占用定时器,以供不同应用场合选用。单片机可通过查询或中断方式对接收/发送进行程序处理,使用方便。

1）串行口 1 模式 0

串行口 1 的工作模式 0 是 8 位同步移位寄存器模式,RxD 为串行通信的数据引脚,TxD 为同步移位脉冲输出引脚,发送、接收的是 8 位数据,低位在先。

（1）发送数据。串行口 1 模式 0 发送数据过程如图 9-5 所示。当 CPU 执行"将数据写入 SBUF"指令后,一个时钟后启动发送过程,RxD 引脚将 SBUF 中的 8 位数据从低位到高位以设定好的波特率输出,TxD 引脚输出同步移位脉冲信号,发送完则发送中断申请标志 TI 被硬件置 1,向 CPU 申请中断。在再次发送数据前,必须将 TI 软件清 0。

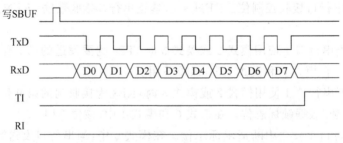

图 9-5　串行口 1 模式 0 发送数据过程

（2）接收数据。串行口 1 模式 0 接收数据过程如图 9-6 所示。首先在程序中将接收中断申请标志 RI 清 0,并置位允许接收控制位 REN,启动串行口 1 模式 0 接收过程。RxD 为串行数据输入端,TxD 为同步脉冲输出端,串行接收的波特率为设定好的波特率。从低位到高位接收完一帧 8 位数据后,接收中断申请标志 RI 被硬件置 1,向 CPU 申请中断。再次接收时,必须将 RI 软件清 0。

串行口 1 工作于模式 0 时,必须将多机通信控制位 SM2 清 0,使之不影响 TB8 位和 RB8 位。由于波特率固定,无须定时器提供,直接由单片机的时钟作为同步移位脉冲。

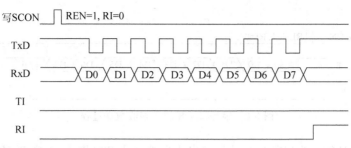

图 9-6 串行口 1 模式 0 接收数据过程

（3）波特率计算。串行口 1 模式 0 的波特率与 UART_M0x6 有关，f_{SYS} 为系统工作频率。

当 UART_M0x6＝0 时，有

$$串行口 1 模式 0 波特率 = \frac{f_{SYS}}{12} \tag{9-1}$$

当 UART_M0x6＝1 时，有

$$串行口 1 模式 0 波特率 = \frac{f_{SYS}}{2} \tag{9-2}$$

2）串行口 1 模式 1

串行口 1 的工作模式 1 是 8 位 UART。一帧信息由 10 位组成：1 位起始位＋8 位数据位（低位在先）＋1 位停止位；波特率可变，即可根据需要进行波特率设置。TxD 为数据发送引脚，RxD 为数据接收引脚，以全双工模式进行接收或发送。

（1）发送数据。串行口 1 模式 1 发送数据过程如图 9-7 所示。CPU 执行"将数据写入SBUF"指令后，串行口 1 启动发送过程。在发送移位时钟的同步下，TxD 引脚先送出起始位，然后将 SBUF 中的 8 位数据从低位到高位以设定好的波特率输出，最后是停止位。一帧10 位数据发送完后，发送中断申请标志位 TI 被硬件置 1，向 CPU 申请中断。在再次发送数据前，必须将 TI 软件清 0。

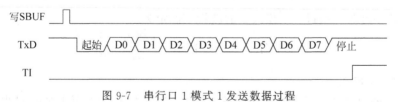

图 9-7 串行口 1 模式 1 发送数据过程

（2）接收数据。串行口 1 模式 1 接收数据过程如图 9-8 所示。当接收中断申请标志位（RI）＝0 时，置位接收允许控制位 REN，启动串行口接收过程。当检测到 RxD 引脚输入电平发生负跳变时，接收器以所选择波特率的 16 倍速率采样 RxD 引脚电平，以 16 个脉冲中的 7、8、9 这 3 个脉冲为采样点，取两个或两个以上相同值为采样电平。若检测电平不是低电平，则起始位无效，复位接收电路，并重新检测负跳变。若检测电平为低电平，则说明起始位有效，并以同样的检测方法接收这一帧信息的其余位。当完成一帧的接收时（RI）＝0 且停止位为 1，则将接收到的 8 位数据载入 SBUF，置位 RI，向 CPU 请求中断；否则接收到的数据作废并丢弃。中断服务之后，必须将 RI 软件清 0。串行口 1 工作于模式 1 时，SM2 常设置为 0。

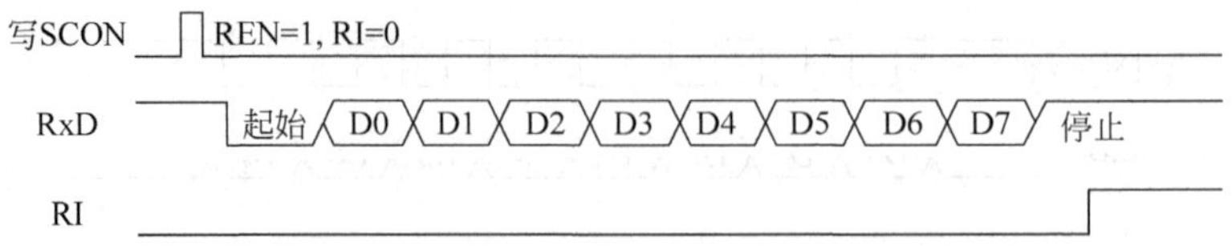

图 9-8　串行口 1 模式 1 接收数据过程

（3）波特率计算。当串行口 1 波特率发生器选择为 T1（模式 0）或 T2（固定模式 0），有

$$串行口 1 模式 1 波特率 = \frac{1}{4} 定时器溢出率 \tag{9-3}$$

当串行口 1 波特率发生器选择为 T1（模式 2），有

$$串行口 1 模式 1 波特率 = \frac{2^{SMOD}}{32} 定时器溢出率 \tag{9-4}$$

为了避免溢出产生不必要的中断，定时器作为波特率发生器时应禁止定时器中断。

3）串行口 1 模式 2

串行口 1 的工作模式 2 是 9 位 UART。一帧信息由 11 位组成：1 位起始位＋8 位数据位（低位在先）＋1 位可编程位（第 9 位数据）＋1 位停止位；波特率可变，即可根据需要进行波特率设置。TxD 为数据发送引脚，RxD 为数据接收引脚，以全双工模式进行接收或发送。

（1）发送数据。发送的第 9 位数据可用于奇偶校验，在发送前先根据通信协议由软件设置好 TB8（SCON.3，可位寻址）。串行口 1 模式 2 发送操作过程及时序与模式 1 基本相同，第 9 位数据由 TB8 提供。

（2）接收数据。模式 2 和模式 1 相比，其接收操作过程及时序基本相同。接收时第 9 位数据装入 RB8（SCON.2，可位寻址），当满足条件 RI==0&&((SM2==0||SM2==1)&&RB8==1)时，才将接收到的数据载入 SBUF 和 RB8，并置位 RI 申请中断；否则丢弃数据。

（3）波特率计算。串行口 1 模式 2 的波特率固定为

$$串行口 1 模式 2 波特率 = \frac{2^{SMOD}}{64} f_{SYS} \tag{9-5}$$

4）串行口 1 模式 3

串行口 1 的模式 3 与模式 2 同样都是 9 位 UART，发送数据/接收收据过程也与模式 2 一致，只有波特率的设置是不同的。串行口 1 模式 3 的波特率可设置，取值与模式 1 一致，可参考式（9-1）、式（9-2）。

串行口 1 模式 2 和模式 3 多用于多机通信中，多机通信还涉及从机地址寄存器 SADDR 和从机掩膜地址寄存器 SADDR 等，本书限于篇幅不展开论述，有需要可参考相关资料。

9.2.3　STC15W4K32S4 系列单片机的串行口 2

1. 串行口 2 的控制

与串行口 2 相关的寄存器如表 9-5 所示。

表 9-5 与串行口 2 相关的寄存器

寄存器	描 述	地址	B7	B6	B5	B4	B3	B2	B1	B0	复位值
S2CON	串行口 2 控制寄存器	9AH	S2SM0	—	S2SM2	S2REN	S2TB8	S2RB8	S2TI	S2RI	0100 0000B
S2BUF	串行口 2 数据缓冲器	9BH									xxxx xxxxB
P_SW2	外围设备功能切换控制寄存器	BAH	EAXSFR	—	—	—	—	S4_S	S3_S	S2_S	0xxx x000B

1) 串行口 2 控制寄存器(S2CON)

(1) S2SM0: 指定串行口 2 的通信工作模式。S2SM0=0,串行口 2 工作于模式 0,是可变波特率的 8 位数据位模式;S2SM0=1,串行口 2 工作于模式 1,是可变波特率的 9 位数据位模式。

(2) S2SM2: 允许串行口 2 在模式 1 时允许多机通信控制位。在模式 1 时,如果 S2SM2 位为 1 且 S2REN 位为 1,则接收机处于地址帧筛选状态。此时可以利用接收到的第 9 位(即 S2RB8)来筛选地址帧:若 S2RB8=1,说明该帧是地址帧,地址信息可以进入 S2BUF,并使 S2RI 为 1,进而在中断服务程序中再进行地址号比较;若 S2RB8=0,说明该帧不是地址帧,应丢掉且保持 S2RI=0。

在模式 1 中,如果 S2SM2 位为 0 且 S2REN 位为 1,则接收机处于地址帧筛选被禁止状态。不论收到的 S2RB8 是 0 还是 1,均可使接收到的信息进入 S2BUF,并使 S2RI=1,此时 S2RB8 通常为校验位。

模式 0 为非多机通信模式,在这种模式时,要设置 S2SM2 为 0。

(3) S2REN: 允许/禁止串行口接收控制位。S2REN =0,禁止串行口接收数据;S2REN =1,允许串行口接收数据。

(4) S2TB8: 当串行口 2 使用模式 1 时,S2TB8 为要发送的第 9 位数据,一般用作校验位或者地址帧/数据帧标志位,按需要由软件置位或清 0。在模式 0 中该位不用。

(5) S2RB8: 当串行口 2 使用模式 1 时,S2RB8 为接收到的第 9 位数据,一般用作校验位或者地址帧/数据帧标志位。在模式 0 中该位不用。

(6) S2TI: 串行口 2 发送中断请求标志位。在停止位开始发送时由硬件自动将 S2TI 置 1,向 CPU 发出请求中断,响应中断后 S2TI 必须用软件清 0。

(7) S2RI: 串行口 2 接收中断请求标志位。串行接收到停止位的中间时刻由硬件自动将 S2RI 置 1,向 CPU 发出中断申请,响应中断后 S2RI 必须由软件清 0。

2) 串行口 2 数据寄存器(S2BUF)

S2BUF 是串行口 2 的数据接收/发送缓冲区。S2BUF 实际是 2 个缓冲器,即读缓冲器和写缓冲器,两个操作分别对应两个不同的寄存器,1 个是只写寄存器(写缓冲器),1 个是只读寄存器(读缓冲器)。对 S2BUF 进行读操作,实际是读取串行口接收缓冲区;对 S2BUF 进行写操作则是触发串行口开始发送数据。

3) 外设引脚切换控制寄存器 2(P_SW2)

通过对外设引脚切换控制寄存器 2(P_SW2)中的 S2_S 位的控制,可实现串行口 2 功能引脚在不同引脚间进行切换,切换关系见表 9-6。

表 9-6　串行口 2 功能引脚间的切换关系

S2_S	RxD2	TxD2
0	P1.0	P1.1
1	P4.0	P4.2

2．串行口 2 的工作模式

STC15W4K32S4 系列单片机的串行口 2 有两种工作模式,可通过软件编程对 S2CON 中的 S2SM0 的设置进行选择。其中模式 0 和模式 1 都为异步通信,每个发送和接收的字符都带有 1 个启动位和 1 个停止位。数据通过 RxD2 接收,通过 TxD2 发送。串行口 2 固定使用定时器 T2 作波特率发生器。

(1) 串行口 2 模式 0。串行口 2 的工作模式 0 是 8 位 UART。一帧信息由 10 位组成: 1 位起始位＋8 位数据位(低位在先)＋1 位停止位。

(2) 串行口 2 模式 1。串行口 2 的工作模式 1 是 9 位 UART。一帧信息由 11 位组成: 1 位起始位＋8 位数据位(低位在先)＋1 位可编程位(第 9 位数据)＋1 位停止位。发送时, 第 9 位数据位来自特殊功能寄存器 S2CON 的 S2TB8 位。接收时,第 9 位进入特殊功能寄存器 S2CON 的 S2RB8 位。

3．串行口 2 的波特率

串行口 2 的波特率可变,无论工作在模式 0 还是模式 1,串行口 2 的波特率由定时器 T2 的溢出率决定,有

$$串行口 2 波特率 = \frac{1}{4} T2 \text{ 的溢出率} \tag{9-6}$$

若串行口 1、3、4 和串行口 2 的波特率相同时,串行口 1、3、4 和串行口 2 可共享 T2 作波特率发生器。

9.2.4　STC15W4K32S4 系列单片机的串行口 3

1．串行口 3 的控制

与串行口 3 相关的寄存器如表 9-7 所示。

表 9-7　与串行口 3 相关的寄存器

寄存器	描　述	地址	B7	B6	B5	B4	B3	B2	B1	B0	复位值
S3CON	串行口 3 控制寄存器	ACH	S3SM0	S3ST3	S3SM2	S3REN	S3TB8	S3RB8	S3TI	S3RI	0000 0000B
S3BUF	串行口 3 数据缓冲器	ADH									xxxx xxxxB
P_SW2	外围设备功能切换控制寄存器	BAH	EAXSFR	—	—	—	—	S4_S	S3_S	S2_S	0xxx x000B

1) 串行口 3 控制寄存器(S3CON)

(1) S3SM0:指定串行口 3 的通信工作模式。S3SM0＝0,串行口 3 工作于模式 0,是可变波特率的 8 位数据模式;S3SM0＝1,串行口 3 工作于模式 1,是可变波特率的 9 位数据

模式。

（2）S3ST3：选择串行口 3 的波特率发生器。S3ST3＝0，选择定时器 2 为串行口 3 的波特率发生器；S3ST3＝1，选择定时器 3 为串行口 3 的波特率发生器。

（3）S3SM2：允许串行口 3 在模式 1 时允许多机通信控制位。在模式 1 时，如果 S3SM2 位为 1 且 S3REN 位为 1，则接收机处于地址帧筛选状态。此时可以利用接收到的第 9 位（即 S3RB8）来筛选地址帧；若 S3RB8＝1，说明该帧是地址帧，地址信息可以进入 S3BUF，并使 S3RI 为 1，进而在中断服务程序中再进行地址号比较；若 S3RB8＝0，说明该帧不是地址帧，应丢掉且保持 S3RI＝0。

在模式 1 中，如果 S3SM2 位为 0 且 S3REN 位为 1，接收机处于地址帧筛选被禁止状态。不论收到的 S3RB8 是 0 还是 1，均可使接收到的信息进入 S3BUF，并使 S3RI＝1，此时 S3RB8 通常为校验位。

模式 0 为非多机通信模式，在这种模式时，要设置 S3SM2 为 0。

（4）S3REN：允许/禁止串行口接收控制位。S3REN＝0，禁止串行口接收数据；S3REN＝1，允许串行口接收数据。

（5）S3TB8：当串行口 3 使用模式 1 时，S3TB8 为要发送的第 9 位数据，一般用作校验位或者地址帧/数据帧标志位，按需要由软件置位或清 0。在模式 0 中该位不用。

（6）S3RB8：当串行口 3 使用模式 1 时，S3RB8 为接收到的第 9 位数据，一般用作校验位或者地址帧/数据帧标志位。在模式 0 中该位不用。

（7）S3TI：串行口 3 发送中断请求标志位。在停止位开始发送时由硬件自动将 S3TI 置 1，向 CPU 发送请求中断，响应中断后 S3TI 必须用软件清 0。

（8）S3RI：串行口 3 接收中断请求标志位。串行口接收到停止位的中间时刻由硬件自动将 S3RI 置 1，向 CPU 发出中断申请，响应中断后 S3RI 必须由软件清 0。

2）串行口 3 数据寄存器（S3BUF）

S3BUF 是串行口 3 的数据接收/发送缓冲区。S3BUF 实际是 2 个缓冲器，即读缓冲器和写缓冲器，两个操作分别对应两个不同的寄存器，1 个是只写寄存器（写缓冲器），1 个是只读寄存器（读缓冲器）。对 S3BUF 进行读操作，实际是读取串行口接收缓冲区，对 S3BUF 进行写操作则是触发串行口开始发送数据。

3）外设引脚切换控制寄存器 2（P_SW2）

通过对外设引脚切换控制寄存器 2（P_SW2）中的 S3_S 位的控制，可实现串行口 3 功能引脚在不同引脚间进行切换，切换关系见表 9-8。

表 9-8　串行口 3 功能引脚间的切换关系

S3_S	RxD3	TxD3
0	P0.0	P0.1
1	P5.0	P5.1

2．串行口 3 的工作模式

STC15W4K32S4 系列单片机的串行口 3 有两种工作模式，可通过软件编程对 S3CON 中的 S3SM0 位设置进行选择。模式 0 和模式 1 都为异步通信，每个发送和接收的字符都带有 1 个启动位和 1 个停止位。数据通过 RxD3 接收,通过 TxD3 发送。

(1) 串行口 3 模式 0。串行口 3 的工作模式 0 是 8 位 UART。一帧信息由 10 位组成: 1 位起始位+8 位数据位(低位在先)+1 位停止位。

(2) 串行口 3 模式 1。串行口 3 的工作模式 1 是 9 位 UART。一帧信息由 11 位组成: 1 位起始位+8 位数据位(低位在先)+1 位可编程位(第 9 位数据)+1 位停止位。发送时, 第 9 位数据位来自特殊功能寄存器 S3CON 的 S3TB8 位。接收时,第 9 位进入特殊功能寄存器 S3CON 的 S3RB8 位。

3. 串行口 3 的波特率

串行口 3 的波特率可变,无论工作在模式 0 还是模式 1,串行口 3 的波特率由定时器 T2 或 T3(取决于串行口 3 波特率发生器选择位 S3ST3)的溢出率决定,有

$$串行口 3 波特率 = \frac{1}{4} 定时器的溢出率 \tag{9-7}$$

串行口 3 和串行口 2 的波特率相同时,串行口 3 和串行口 2 可共享 T2 作波特率发生器。

9.2.5　STC15W4K32S4 系列单片机的串行口 4

1. 串行口 4 的控制

与串行口 4 相关的寄存器如表 9-9 所示。

表 9-9　与串行口 4 相关的寄存器

寄存器	描　述	地址	B7	B6	B5	B4	B3	B2	B1	B0	复位值
S4CON	串行口 4 控制寄存器	84H	S4SM0	S4ST4	S4SM2	S4REN	S4TB8	S4RB8	S4TI	S4RI	0000 0000B
S4BUF	串行口 4 数据缓冲器	85H									xxxx xxxxB
P_SW2	外围设备功能切换控制寄存器	BAH	EAXSFR	—	—	—	—	S4_S	S3_S	S2_S	0xxx x000B

1) 串行口 4 控制寄存器(S4CON)

(1) S4SM0:指定串行口 4 的通信工作模式。S4SM0=0,串行口 4 工作于模式 0,是可变波特率的 8 位数据模式;S4SM0=1,串行口 4 工作于模式 1,是可变波特率的 9 位数据模式。

(2) S4ST4:选择串行口 4 的波特率发生器。S4ST4=0,选择定时器 2 为串行口 4 的波特率发生器;S4ST4=1,选择定时器 4 为串行口 4 的波特率发生器。

(3) S4SM2:串行口 4 在模式 1 时允许多机通信控制位。在模式 1 时,如果 S4SM2 位为 1 且 S4REN 位为 1,则接收机处于地址帧筛选状态。此时可以利用接收到的第 9 位(即 S4RB8)来筛选地址帧;若 S4RB8=1,说明该帧是地址帧,地址信息可以进入 S4BUF,并使 S4RI 为 1,进而在中断服务程序中再进行地址号比较;若 S4RB8=0,说明该帧不是地址帧, 应丢掉且保持 S4RI=0。

在模式 1 中,如果 S4SM2 位为 0 且 S4REN 位为 1,接收机处于地址帧筛选被禁止状态。不论收到的 S4RB8 是 0 还是 1,均可使接收到的信息进入 S4BUF,并使 S4RI＝1,此时 S4RB8 通常为校验位。

模式 0 为非多机通信模式,在这种模式时,要设置 S4SM2 为 0。

(4) S4REN:允许/禁止串行口接收控制位。S4REN ＝0,禁止串行口接收数据; S4REN＝1,允许串行口接收数据。

(5) S4TB8:当串行口 4 使用模式 1 时,S4TB8 为要发送的第 9 位数据,一般用作校验位或者地址帧/数据帧标志位,按需要由软件置位或清 0。在模式 0 中该位不用。

(6) S4RB8:当串行口 4 使用模式 1 时,S4RB8 为接收到的第 9 位数据,一般用作校验位或者地址帧/数据帧标志位。在模式 0 中该位不用。

(7) S4TI:串行口 4 发送中断请求标志位。在停止位开始发送时由硬件自动将 S4TI 置 1,向 CPU 发请求中断,响应中断后 S4TI 必须用软件清 0。

(8) S4RI:串行口 4 接收中断请求标志位。串行口接收到停止位的中间时刻由硬件自动将 S4RI 置 1,向 CPU 发出中断申请,响应中断后 S4RI 必须由软件清 0。

2) 串行口 4 数据寄存器(S4BUF)

S4BUF 是串行口 4 的数据接收/发送缓冲区。S4BUF 实际是 2 个缓冲器,即读缓冲器和写缓冲器,两个操作分别对应两个不同的寄存器,1 个是只写寄存器(写缓冲器),1 个是只读寄存器(读缓冲器)。对 S4BUF 进行读操作,实际是读取串行口接收缓冲区,对 S4BUF 进行写操作则是触发串行口开始发送数据。

3) 外设引脚切换控制寄存器 2(P_SW2)

通过对外设引脚切换控制寄存器 2(P_SW2)中的 S4_S 位的控制,可实现串行口 4 功能引脚在不同引脚间进行切换,切换关系见表 9-10。

表 9-10　串行口 4 功能引脚间的切换关系

S4_S	RxD4	TxD4
0	P0.2	P0.3
1	P5.2	P5.3

2. 串行口 4 的工作模式

STC15W4K32S4 系列单片机的串行口 4 有两种工作模式,可通过软件编程对 S4CON 中的 S4SM0 位设置进行选择。模式 0 和模式 1 都为异步通信,每个发送和接收的字符都带有 1 个启动位和 1 个停止位。数据通过 RxD4 接收,通过 TxD4 发送。

(1) 串行口 4 模式 0。串行口 4 的工作模式 0 是 8 位 UART。一帧信息由 10 位组成: 1 位起始位＋8 位数据位(低位在先)＋1 位停止位。

(2) 串行口 4 模式 1。串行口 4 的工作模式 1 是 9 位 UART。一帧信息由 11 位组成: 1 位起始位＋8 位数据位(低位在先)＋1 位可编程位(第 9 位数据)＋1 位停止位。发送时, 第 9 位数据位来自特殊功能寄存器 S4CON 的 S4TB8 位。接收时,第 9 位进入特殊功能寄存器 S4CON 的 S4RB8 位。

3. 串行口 4 的波特率

串行口 4 的波特率可变,无论工作在模式 0 还是模式 1,串行口 4 的波特率由定时器 T2

或 T4(取决于串行口 4 波特率发生器选择位 S4ST4)的溢出率决定,有

$$串行口 4 波特率 = \frac{1}{4} 定时器的溢出率 \tag{9-8}$$

串行口 4 和串行口 2 的波特率相同时,串行口 4 和串行口 2 可共享 T2 作波特率发生器。

9.2.6　STC15W4K32S4 系列单片机串行口的应用

1．硬件结构

串行口 1 的模式 0 是同步移位寄存器模式,串行口 1 的其他模式以及其他串行口都是异步全双工串行通信模式。其中串行口 1 的模式 1,串行口 2、串行口 3 和串行口 4 的模式 0 都是 8 位数据位,数据帧格式类似,主要用于双机通信;串行口 1 的模式 2 和模式 3,串行口 2、串行口 3 和串行口 4 的模式 1 都是 9 位数据位,主要用于多机通信。双机通信在实际中应用广泛,其常用通信结构如图 9-9 所示。

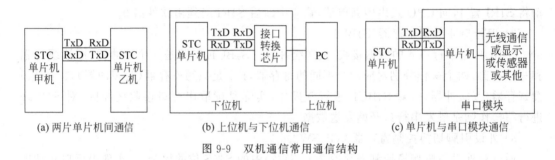

(a) 两片单片机间通信　　　(b) 上位机与下位机通信　　　(c) 单片机与串口模块通信

图 9-9　双机通信常用通信结构

图 9-9(a)所示为典型的两片单片机之间的双机通信,甲机的 TxD 接乙机的 RxD,甲机的 RxD 接乙机的 TxD,甲机和乙机之间可以通过串行口交换数据。

图 9-9(b)所示为典型的上位机(PC)和下位机(单片机系统)之间的双机通信,上位机和下位机之间可以通过 USB(一般为 USB 转串行口)或计算机 RS-232 接口交换数据。

图 9-9(c)所示为典型的单片机与串口模块之间的双机通信,串口模块是一种具有串行口通信接口和特定功能的现成模块,串口模块种类齐全、功能丰富,常用的有:无线通信模块,如串口蓝牙模块、串口 Wi-Fi 模块、串口 GSM/GPRS 通信模块等;显示模块,如智能串口显示屏模块等;传感器模块,如串口加速度陀螺仪模块、串口 GPS 模块等。

2．软件编程要点

STC15W4K32S4 系列单片机串口模块的 C51 编程要点如下。

(1) 设置寄存器 PCON:其中 SMOD(PCON.7)设置串行口 1 波特率要不要翻倍;SMOD0(PCON.6)设置 SM0/FE 要不要作为帧错误检测位。

(2) 设置寄存器 SCON:其中[SM0,SM1](SCON.7-6)设置串行口 1 的工作模式;SM2(SCON.5)允许串行口 1 模式 2、模式 3 时多机通信;REN(SCON.4)允许/禁止串行口 1 接收;TB8(SCON.3)设置模式 2、模式 3 时的第 9 位发送数据;串行口 1 中断标志 TI、RI(SCON.1-0)清 0。

(3) 设置寄存器 AUXR:其中 UART_M0x6(AUXR.7)设置串行口 1 模式 0 的波特率;S1ST2(AUXR.0)设置串行口 1 的波特率发生器选择 T1/T2。

（4）设置定时器/计数器 T1 或 T2：对串行口 1 选择的波特率发生器进行设置，设置时注意只能选择可自动重装初始值的模式（模式 0 或模式 2），根据数据收发双方约定的波特率，设置定时器模式、定时器初始值、分频系数等参数。注意要关闭定时器中断。

（5）置位定时器启动控制位。

（6）若需要接收数据，需开放串行口 1 中断 ES、总中断 EA，可以设置优先级 PS。因为不知何时有数据传输过来，一般不用查询方式，而用中断方式，串行口 1 中断号是 4。进入中断服务函数时，把接收到的数据读出来（例如 x＝SBUF），再把串行口 1 接收中断标志 RI 清 0。

（7）若需要发送数据，先把串行口 1 发送中断标志 TI 清 0，然后把需要发送的数据写入数据缓冲器（如 SBUF＝x），最后查询 TI 等待发送完成。

3．双机通信应用举例

【例 9-1】 如图 9-10 所示，应用 STC15W4K32S4 系列 IAP15W4K58S4 单片机的串行口模块实现双机通信。对单片机 MCU1 来说，LED10 连接 P4.6，当接收到字符 Y 时，点亮 LED10，并且依次循环间隔发送 0,1,2,3,4,0,1,…；当接收到字符 N 时，熄灭 LED10，并且停止发送数据。对单片机 MCU2 来说，按键 SW17 和 SW18 分别连接 P3.2 和 P3.3，4 个 LED 分别连接 P4.6、P4.7、P1.6、P1.7；当按下 SW17 则发送字符 Y，按下 SW18 则发送字符 N；当接收到的数据是 0 时，熄灭 4 个 LED；当接收到的数据是 1 时，点亮 1 个 LED；当接收到的数据是 2 时，点亮 2 个 LED，以此类推。两片单片机的系统时钟频率为 11.0592MHz，串行口 1 工作于模式 1，波特率 9600bps，通信速度为基本波特率，波特率发生器 T1 工作于 16 位自动重载模式，其时钟源分频系数为 1。

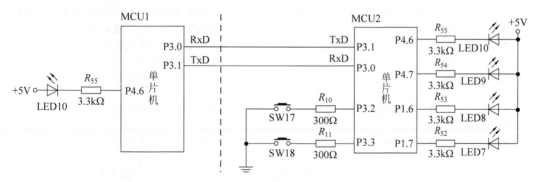

图 9-10 例 9-1 硬件电路原理

单片机 MCU1 的 C51 源程序如下：

```
1    # include < stc15.h >          //包含 STC15 系列单片机头文件
2    sbit LED10 = P4^6;             //定义 LED10 并指定地址为 P4.6
3    unsigned char data1;           //data1 用于接收串行口数据
4    void UartInit(void);           //声明串行口初始化函数
5    void SendASC(char ASC);        //声明串行口发送函数
6    void main()                    //主函数
7    {
8        unsigned char i = 0;       //i 用于记录当前发送的数字
9        unsigned int t;            //t 用于延时
10       P3M1 = 0;    P3M0 = 0;     //设置 P3 为准双向口模式
```

```
11        P4M1 = 0;     P4M0 = 0;              //设置 P4 为准双向口模式
12        UartInit();                          //初始化串行口 1
13        ES = 1;                              //开放串行口 1 中断
14        EA = 1;                              //开放总中断
15        while(1)                             //主循环
16        {
17            if(data1 == 'Y')                 //如果收到字符 Y
18            {
19                LED10 = 0;                   //点亮 LED10
20                SendASC(i);                  //调用函数通过串行口 1 发送 i
21                i++;                         //i 自增
22                if(i > 4) i = 0;             //限定 i 取值范围为 0～4
23                for(t = 50000;t > 0;t-- );   //延时
24            }
25            else
26                if(data1 == 'N')             //如果收到字符 N
27                {
28                    LED10 = 1;               //熄灭 LED10
29                }
30        }
31    }
32    void UartInit(void)                      //串行口 1 初始化函数
33    {                                        //9600bit/s@11.0592MHz
34        SCON  = 0x50;            //串行口 1 工作于模式 1,开放接收允许,中断标志位清 0
35        AUXR |= 0x40;                        //定时器 T1 的时钟源分频系数为 1
36        AUXR &= 0xFE;                        //串行口 1 选择定时器 T1 为波特率发生器
37        TMOD &= 0x0F;                        //设置定时器 T1 工作在模式 0 定时功能
38        TL1 = 0xE0;                          //设置定时初始值低 8 位
39        TH1 = 0xFE;                          //设置定时初始值高 8 位
40        ET1 = 0;                             //禁止定时器 T1 中断
41        TR1 = 1;                             //定时器 T1 开始计时
42    }
43    void SendASC(char ASC)                   //串行口 1 发送函数
44    {
45        TI = 0;                              //串行口 1 发送中断标志清 0
46        SBUF = ASC;        //把变量 ASC 中的数据写入 SBUF,即通过串行口 1 发送出去
47        while(!TI);               //等待串行口 1 发送标志置 1,即等待发送完成
48    }
49    void Serial_ISR(void)interrupt 4         //串行口接收中断函数
50    {
51        if(RI == 1)                          //如果是接收中断
52        {
53            data1 = SBUF;                    //把接收到的数据存入变量 data1
54            RI = 0;                          //把接收中断标志清 0
55        }
56    }
```

单片机 MCU2 的 C51 源程序如下：

```
1     #include < stc15.h>                      //包含 STC15 系列单片机头文件
2     sbit SW17 = P3^2;                        // P3.2 接按键 SW17
```

```
3      sbit SW18 = P3^3;                          // P3.3 接按键 SW18
4      sbit LED7 = P1^7;                          //定义 LED7 并指定地址为 P1.7
5      sbit LED8 = P1^6;                          //定义 LED8 并指定地址为 P1.6
6      sbit LED9 = P4^7;                          //定义 LED9 并指定地址为 P4.7
7      sbit LED10 = P4^6;                         //定义 LED10 并指定地址为 P4.6
8      void UartInit(void);                       //声明串行口初始化函数
9      void SendASC(char ASC);                    //声明串行口发送函数
10     void main()                                //主函数
11     {
12         unsigned int n;                        //n 用于延时
13         P1M1 = 0;      P1M0 = 0;               //设置 P1 为准双向口模式
14         P3M1 = 0;      P3M0 = 0;               //设置 P3 为准双向口模式
15         P4M1 = 0;      P4M0 = 0;               //设置 P4 为准双向口模式
16         UartInit();                            //初始化串行口 1
17         ES = 1;                                //开放串行口 1 中断允许
18         EA = 1;                                //开放总中断
19         while(1)                               //主循环
20         {
21             if(SW17 == 0)                      //检测按键是否按下出现低电平
22             {
23                 for(n = 1000;n > 0;n-- );      //延时进行软件去抖动
24                 if(SW17 == 0)                  //再次检测按键是否确实按下出现低电平
25                 {
26                     SendASC('Y');              //通过串行口 1 发送字符 Y
27                     for(n = 20000;n > 0;n-- ); //延时
28                 }
29             }
30             if(SW18 == 0)                      //检测按键是否按下出现低电平
31             {
32                 for(n = 1000;n > 0;n-- );      //延时进行软件去抖动
33                 if(SW18 == 0)                  //再次检测按键是否确实按下出现低电平
34                 {
35                     SendASC('N');              //通过串行口 1 发送字符 N
36                     for(n = 20000;n > 0;n-- ); //延时
37                 }
38             }
39         }
40     }
41     void UartInit(void)                        //串行口 1 初始化函数
42     {                                          //9600bit/s@11.0592MHz
43         SCON = 0x50;             //串行口 1 工作于模式 1,开放接收允许,中断标志位清 0
44         AUXR |= 0x40;                          //定时器 T1 的时钟源分频系数为 1
45         AUXR &= 0xFE;                          //串行口 1 选择定时器 T1 为波特率发生器
46         TMOD &= 0x0F;                          //设置定时器 T1 工作在模式 0 定时功能
47         TL1 = 0xE0;                            //设置定时初始值低 8 位
48         TH1 = 0xFE;                            //设置定时初始值高 8 位
49         ET1 = 0;                               //禁止定时器 T1 中断
50         TR1 = 1;                               //定时器 1 开始计时
51     }
52     void SendASC(char ASC)                     //串行口 1 发送函数
53     {
```

```
54          TI = 0;                                    //串行口1发送中断标志清0
55          SBUF = ASC;                                //把变量ASC中的数据写入SBUF,即通过串行口1发送出去
56          while(!TI);                                //等待串行口1发送标志置1,即等待发送完成
57      }
58   void Serial_ISR(void) interrupt 4                 //串行口接收中断函数
59   {
60      if(RI == 1)                                    //如果是接收中断
61      {
62          switch(SBUF)                               //判断接收到的数据
63          {
64              case 0: LED7 = 1; LED8 = 1; LED9 = 1; LED10 = 1;break;   //熄灭4个LED
65              case 1: LED7 = 0; LED8 = 1; LED9 = 1; LED10 = 1;break;   //点亮1个LED
66              case 2: LED7 = 0; LED8 = 0; LED9 = 1; LED10 = 1;break;   //点亮2个LED
67              case 3: LED7 = 0; LED8 = 0; LED9 = 0; LED10 = 1;break;   //点亮3个LED
68              case 4: LED7 = 0; LED8 = 0; LED9 = 0; LED10 = 0;break;   //点亮4个LED
69              default:LED7 = 1; LED8 = 1; LED9 = 1; LED10 = 1;break;   //默认熄灭4个LED
70          }
71          RI = 0;                                    //把接收中断标志清0
72      }
73   }
```

分析如下。

(1) 本例实践时,既可以通过两片单片机实现双机通信,也可以用 STC-ISP 软件的"串口助手"来模拟其中一片单片机,验证另一片单片机能否实现其功能。

(2) 2 个 STC15 单片机实验箱连接时,除了单片机 MCU1 的 P3.0、P3.1 分别连接单片机 MCU2 的 P3.1、P3.0 外,还需要注意 2 个 STC15 单片机实验箱共地,即 GND 连接在一起,根据需要+5V 可共用,也可独立供电。

(3) 两片单片机的串行口 1 设置相同,都是工作于模式 1,波特率发生器 T1 工作于模式 0(16 位自动重载模式),因此波特率符合式(9-3),得出 T1 溢出率=9600×4;而 T1 溢出率为 T1 溢出周期的倒数,根据式(7-1),结合题目给出的参数,得出 T1 初值为 65248(即FEE0H)。

(4) 通过串行口发送数据是一个主动的过程,因此在需要发送时调用发送函数即可;而通过串行口接收数据是被动的,因不知何时有数据传递过来,所以一般采取中断方式,在进入中断服务时再判断是否有数据接收(发送完成也会触发中断)以及对数据进行处理。

(5) 可在官方 STC15 单片机实验箱 4×2,或自行搭建实验环境对例 9-1 进行实践。

9.3 单片机的 SPI 模块

9.3.1 SPI 概述

1. SPI 简介

STC15W4K32S4 系列单片机集成了串行外设接口(Serial Peripheral Interface,SPI)。SPI 接口是一种全双工、高速、同步的通信总线,有两种操作模式,即主模式和从模式。SPI 接口工作在主模式时支持高达 3Mbit/s 的速率(工作频率为 12MHz),可以与具有 SPI 兼容

接口的器件(如存储器、A/D 转换器、D/A 转换器、LED 或 LCD 驱动器等)进行同步通信；SPI 接口还可以和其他微处理器通信，但工作于从模式时速度无法太快，频率在 $f_{SYS}/4$ 以内较好。此外，SPI 接口还具有传输完成标志和写冲突标志保护功能。

2. SPI 接口的结构

STC15W4K32S4 系列单片机 SPI 接口功能框图如图 9-11 所示。

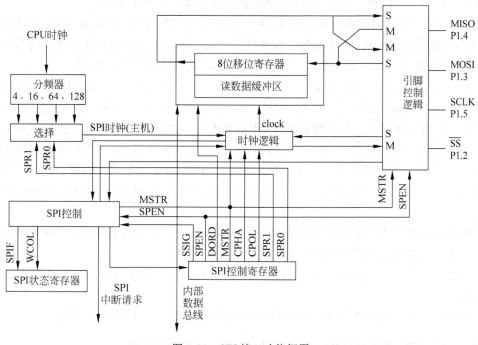

图 9-11 SPI 接口功能框图

SPI 接口的核心是一个 8 位移位寄存器和数据缓冲器，数据可以同时发送和接收。在 SPI 数据的传输过程中，发送和接收的数据都存储在数据缓冲器中。

对于主模式，若要发送 1 字节数据，只需将这个数据写到 SPDAT 寄存器中。主模式下 $\overline{SS}$ 信号不是必需的，但在从模式下，必须在 $\overline{SS}$ 信号变为有效并接收到合适的时钟信号后方可进行数据传输。在从模式下，如果 1 字节数据传输完成后，$\overline{SS}$ 信号变为高电平，这个字节立即被硬件逻辑标志为接收完成，SPI 接口准备接收下一个数据。

任何 SPI 控制寄存器的改变都将复位 SPI 接口，清除相关寄存器。

3. SPI 接口的信号

SPI 接口由 MOSI(P1.3)、MISO(P1.4)、SCLK(P1.5)和 $\overline{SS}$(P1.2)4 根信号线构成，可通过设置 P_SW1 中 SPI_S1、SPI_S0 将 MOSI、MISO、SCLK 和 $\overline{SS}$ 功能脚切换到 P2.3、P2.2、P2.1、P2.4，或 P4.0、P4.1、P4.3、P5.4。

MOSI(Master Out Slave In，主出从入)：主器件的输出和从器件的输入，用于主器件到从器件的串行数据传输。根据 SPI 规范，多个从机共享一根 MOSI 信号线。在时钟边界的前半周期，主机将数据放在 MOSI 信号线上，从机在该边界处获取该数据。

MISO(Master In Slave Out，主入从出)：从器件的输出和主器件的输入，用于实现从器件到主器件的数据传输。在 SPI 规范中，一个主机可连接多个从机，因此，主机的 MISO

信号线会连接到多个从机上,或者说,多个从机共享一根 MISO 信号线。当主机与一个从机通信时,其他从机应将其 MISO 引脚驱动置为高阻状态。

SCLK(SPI Clock,串行时钟信号):串行时钟信号是主器件的输出和从器件的输入,用于同步主器件和从器件之间在 MOSI 和 MISO 线上的串行数据传输。当主器件启动一次数据传输时,自动产生 8 个 SCLK 时钟周期信号给从机。在 SCLK 的每个跳变处(上升沿或下降沿)移出一位数据。所以,一次数据传输可以传输一字节的数据。

SCLK、MOSI 和 MISO 通常用于将两个或更多个 SPI 器件连接在一起。数据通过 MOSI 由主机传送到从机,通过 MISO 由从机传送到主机。SCLK 信号在主模式时为输出,在从模式时为输入。如果 SPI 接口被禁止,则这些引脚都可作为 I/O 使用。

$\overline{SS}$(Slave Select,从机选择信号):这是一个输入信号,主器件用它来选择处于从模式的 SPI 模块。主模式和从模式下,$\overline{SS}$ 的使用方法不同。在主模式下,SPI 接口只能有一个主机,不存在主机选择问题。在该模式下 $\overline{SS}$ 不是必需的。主模式下通常将主机的 $\overline{SS}$ 引脚通过 $10k\Omega$ 的电阻上拉高电平。每一个从机的 $\overline{SS}$ 接主机的 I/O 口,由主机控制电平高低,以便主机选择从机。在从模式下,不论发送还是接收,$\overline{SS}$ 信号必须有效。因此,在一次数据传输开始之前必须将 $\overline{SS}$ 拉为低电平。SPI 主机可以使用 I/O 口选择一个 SPI 器件作为当前的从机。

SPI 从器件通过其 $\overline{SS}$ 引脚确定是否被选择。如果满足下面的条件之一,$\overline{SS}$ 就被忽略。

(1) 如果 SPI 功能被禁止,即 SPEN 位为 0(复位值)。

(2) 如果 SPI 配置为主机,即 MSTR 位为 1,并且 P1.2/$\overline{SS}$ 配置为输出(通过 P1M0.2 和 P1M1.2)。

(3) 如果 $\overline{SS}$ 引脚被忽略,即 SSIG 位为 1,该引脚配置用于 I/O 接口功能。

9.3.2 STC15W4K32S4 系列单片机 SPI 模块的控制

与 SPI 接口有关的特殊功能寄存器有 SPI 控制寄存器 SPCTL、SPI 状态寄存器 SPSTAT 和 SPI 数据寄存器 SPDAT。下面将详细介绍各寄存器的功能含义。

1. SPI 控制寄存器(SPCTL)

SPI 控制寄存器各位定义如表 9-11 所示。

表 9-11　SPI 控制寄存器 SPCTL 各位定义

寄存器	描　述	地址	B7	B6	B5	B4	B3	B2	B1	B0	复位值
SPCTL	SPI 控制寄存器	CEH	SSIG	SPEN	DORD	MSTR	CPOL	CPHA	SPR1	SPR0	0000 0000B

SSIG:$\overline{SS}$ 引脚忽略控制位。若 SSIG=1,由 MSTR 确定器件为主机还是从机,$\overline{SS}$ 引脚被忽略,并可配置为 I/O 功能;若 SSIG=0,由 $\overline{SS}$ 引脚的输入信号确定器件为主机还是从机。

SPEN:SPI 使能位。若 SPEN=1,SPI 使能;若 SPEN=0,SPI 被禁止,所有 SPI 信号引脚用作 I/O 功能。

DORD:SPI 数据发送与接收顺序的控制位。若 DORD=1,SPI 数据的传送顺序为由低到高;若 DORD=0,SPI 数据的传送顺序为由高到低。

MSTR：SPI 主/从模式位。若 MSTR＝1，主机模式；若 MSTR＝0，从机模式。SPI 接口的工作状态还与其他控制位有关，具体选择方法如表 9-12 所示。

表 9-12　SPI 接口的主、从工作模式选择

SPEN	SSIG	$\overline{SS}$	MSTR	SPI 模式	MISO	MOSI	SCLK	备　注
0	×	P1.2	×	禁止	P1.4	P1.3	P1.5	SPI 信号引脚作普通 I/O 使用
1	0	0	0	从机	输出	输入	输入	选择为从机
1	0	1	0	从机（未选中）	高阻	输入	输入	未被选中，MISO 引脚处于高阻状态，以避免总线冲突
1	0	0	1→0	从机	输出	输入	输入	$\overline{SS}$ 配置为输入或准双向口，SSIG 为 0，如果选择 $\overline{SS}$ 为低电平，则被选择为从机；当 $\overline{SS}$ 变为低电平时，会自动将 MSTR 控制位清 0
1	0	1	1	主（空闲）	输入	高阻	高阻	当主机空闲时，MOSI 和 SCLK 为高阻状态以避免总线冲突。硬件设计时必须将 SCLK 上拉或下拉（根据 CPOL 确定）以避免 SCLK 出现悬浮状态
				主（激活）		输出	输出	主机激活时，MOSI 和 SCLK 为强推挽输出
1	1	P1.2	0	从机	输出	输入	输入	
			1	主机	输入	输出	输出	

CPOL：SPI 时钟信号极性选择位。若 CPOL＝1，SPI 空闲时 SCLK 为高电平，SCLK 的前跳变沿为下降沿，后跳变沿为上升沿；若 CPOL＝0，SPI 空闲时 SCLK 为低电平，SCLK 的前跳变沿为上升沿，后跳变沿为下降沿。

CPHA：SPI 时钟信号相位选择位。若 CPHA＝1，SPI 数据由前跳变沿驱动到口线，后跳变沿采样；若 CPHA＝0，当 $\overline{SS}$ 引脚为低电平（且 SSIG 为 0）时数据被驱动到口线，并在 SCLK 的后跳变沿被改变，在 SCLK 的前跳变沿被采样。注意：SSIG 为 1 时操作未定义。

SPR1、SPR0：主模式时 SPI 时钟频率选择位。表 9-13 所示为 SPI 时钟频率（SCLK）的选择，其中 CPU_CLK 是系统时钟频率。

表 9-13　SPI 时钟频率（SCLK）的选择

SPR1	SPR0	时钟（SCLK）
0	0	CPU_CLK/4
0	1	CPU_CLK/8
1	0	CPU_CLK/16
1	1	CPU_CLK/32

2．SPI 状态寄存器（SPSTAT）

SPI 状态寄存器 SPSTAT 记录了 SPI 接口的传输完成标志与写冲突标志，各位定义如表 9-14 所示。

表 9-14　SPI 状态寄存器 SPSTAT 各位定义

寄存器	描　述	地址	B7	B6	B5	B4	B3	B2	B1	B0	复位值
SPSTAT	SPI 状态寄存器	CDH	SPIF	WCOL	—	—	—	—	—	—	00xx xxxxB

SPIF：SPI 传输完成标志。当一次传输完成时，SPIF 置位。此时，如果 SPI 中断允许，则向 CPU 申请中断。当 SPI 处于主模式且 SSIG＝0 时，如果 $\overline{SS}$ 为输入且为低电平，则 SPIF 也将置位，表示"模式改变"（由主机模式变为从机模式）。

SPIF 标志通过软件向其写 1 而清 0。

WCOL：SPI 写冲突标志。当 1 个数据还在传输，又向数据寄存器 SPDAT 写入数据时，WCOL 被置位以指示数据冲突。在这种情况下，当前发送的数据继续发送，而新写入的数据将丢失。WCOL 标志通过软件向其写 1 而清 0。

3．SPI 数据寄存器（SPDAT）

SPI 数据寄存器 SPDAT 的地址是 CFH，用于保存通信数据字节。

4．与 SPI 中断管理有关的控制位

SPI 中断允许控制位 ESPI：位于 IE2 寄存器的 B1 位。ESPI＝1，允许 SPI 中断；ESPI＝0，禁止 SPI 中断。如果允许 SPI 中断，发生 SPI 中断时，CPU 就会跳转到中断服务程序的入口地址 004BH 处执行中断服务程序。注意，在中断服务程序中，必须把 SPI 中断请求标志清 0（通过写 1 实现）。

SPI 中断优先级控制位 PSPI：PSPI 位于 IP2 的 B1 位。利用 PSPI 可以将 SPI 中断设置为 2 个优先等级。

5．辅助寄存器 P_SW1

辅助寄存器 P_SW1 可以用于 SPI 接口功能引脚的切换。P_SW1（AUXR1）各位定义如表 9-15 所示。

表 9-15　辅助寄存器 P_SW1（AUXR1）各位定义

寄存器	描　述	地址	B7	B6	B5	B4	B3	B2	B1	B0	复位值
P_SW1 （AUXR1）	辅助寄存器	A2H	S1_S1	S1_S0	CCP_S1	CCP_S0	SPI_S1	SPI_S0	0	DPS	0000 0000B

通过对其中的 SPI_S1、SPI_S0 位的控制，可实现 SPI 接口功能引脚在不同引脚进行切换。SPI 接口功能引脚的切换关系如表 9-16 所示。

表 9-16　SPI 接口功能引脚的切换关系

SPI_S1	SPI_S0	SPI 接口功能引脚			
0	0	P1.2($\overline{SS}$)	P1.3(MOSI)	P1.4(MISO)	P1.5(SCLK)
0	1	P2.4($\overline{SS\_2}$)	P2.3(MOSI_2)	P2.2(MISO_2)	P2.1(SCLK_2)

续表

SPI_S1	SPI_S0	SPI 接口功能引脚			
1	0	P5.4($\overline{SS}$_3)	P4.0(MOSI_3)	P4.1(MISO_3)	P4.3(SCLK_3)
1	1	无效			

9.3.3 STC15W4K32S4 系列单片机 SPI 模块的数据通信

1. SPI 接口的数据通信方式

IAP15W4K58S4 单片机 SPI 接口的数据通信有 3 种方式:单主机-单从机方式,一般简称为单主单从方式;双器件方式,两个器件可互为主机和从机,一般简称为互为主从方式;单主机-多从机方式,一般简称为单主多从方式。

1) 单主单从方式

单主单从方式数据通信的连接如图 9-12 所示。主机将 SPI 控制寄存器 SPCTL 的 SSIG 及 MSTR 位置 1,选择主机模式,此时主机可使用任何一个引脚(包括 $\overline{SS}$ 引脚,可当作普通 I/O 接口)来控制从机的 $\overline{SS}$ 引脚;从机将 SPI 控制寄存器 SPCTL 的 SSIG 及 MSTR 位置 0,选择从机模式,当从机 $\overline{SS}$ 引脚被拉为低电平时,从机被选中。

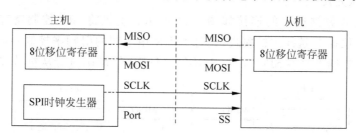

图 9-12 单主单从方式

当主机向 SPI 数据寄存器 SPDAT 写入一字节时,立即启动一个连续的 8 位数据移位通信过程:主机的 SCLK 引脚向从机的 SCLK 引脚发出一串脉冲,在这串脉冲的控制下,刚写入主机 SPI 数据寄存器 SPDAT 的数据从主机 MOSI 引脚移出,送到从机的 MOSI 引脚,同时之前写入从机 SPI 数据寄存器 SPDAT 的数据从从机的 MISO 引脚移出,送到主机的 MISO 引脚。因此,主机既可主动向从机发送数据,又可主动读取从机中的数据。从机既可以接收主机所发送的数据,也可以在接收主机所发数据的同时向主机发送数据,但这个过程不可以由从机主动发起。

2) 互为主从方式

互为主从方式数据通信的连接如图 9-13 所示,两片单片机可以相互为主机或从机。初始化后两片单片机都将各自设置成由 $\overline{SS}$ 引脚(P1.2)的输入信号确定的主机模式,即将各自的 SPI 控制寄存器 SPCTL 中的 MSTR、SPEN 位置 1,SSIG 位清 0,P1.2 引脚($\overline{SS}$)配置为准双向(复位模式)并输出高电平。

当一方要向另一方主动发送数据时,先检测 $\overline{SS}$ 引脚的电平状态,如果 $\overline{SS}$ 引脚是高电平,就将自己的 SSIG 位置 1 设置成忽略 $\overline{SS}$ 引脚的主机模式,并将 $\overline{SS}$ 引脚拉低,强制将对

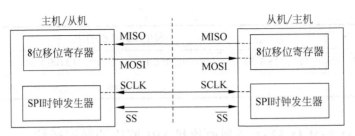

图 9-13　互为主从方式

方设置为从机模式,这样就是单主单从数据通信方式。通信完毕,当前主机再次将 $\overline{SS}$ 引脚置高电平,将自己的 SSIG 位清 0,回到初始状态。

把 SPI 配置为主机模式(MSTR=1,SPEN=1),并且 SSIG=0 配置为由 $\overline{SS}$ 引脚(P1.2)的输入信号确定主机或从机的情况下,$\overline{SS}$ 引脚可配置为输入或准双向模式,只要 $\overline{SS}$ 引脚被拉低,即可实现模式的转变,成为从机,并将状态寄存器 SPSTAT 中的中断标志位 SPIF 置 1。

注意:互为主从模式时,双方的 SPI 通信速率必须相同。如果使用外部晶体振荡器,双方的晶体频率也要相同。

3) 单主多从方式

单主多从方式数据通信的连接如图 9-14 所示。主机将 SPI 控制寄存器 SPCTL 的 SSIG 及 MSTR 位置 1,选择主机模式,此时主机使用不同的引脚来控制不同从机的 $\overline{SS}$ 引脚;从机将 SPI 控制寄存器 SPCTL 的 SSIG 及 MSTR 位置 0,选择从机模式。

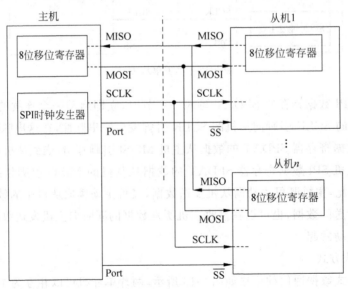

图 9-14　单主多从方式

当主机要与某一个从机通信时,只要将对应从机的 $\overline{SS}$ 引脚拉低,该从机被选中。其他从机的 $\overline{SS}$ 引脚保持高电平,这时主机与该从机的通信已成为单主单从的通信。通信完毕主机再将该从机的 $\overline{SS}$ 引脚置高电平。

2. SPI 接口的数据通信过程

在 SPI 的 3 种通信方式中，$\overline{SS}$ 引脚的使用在主机模式和从机模式下是不同的。对于主机模式来说，当发送 1 字节数据时，只需将数据写到 SPDAT 寄存器中，即可启动发送过程，此时 $\overline{SS}$ 信号不是必需的，并可作为普通的 I/O 接口使用；但在从机模式下，$\overline{SS}$ 引脚必须在被主机驱动为低电平的情况下才可进行数据传输，$\overline{SS}$ 引脚变为高电平时，表示通信结束。在 SPI 串行数据通信过程中，传输总是由主机启动。如果 SPI 使能 SPEN＝1，主机对 SPI 数据寄存器 SPDAT 的写操作将启动 SPI 时钟发生器和数据的传输。在数据写入 SPDAT 之后的半个到 1 个 SPI 位时间后，数据将出现在 MOSI 引脚。

写入主机 SPDAT 寄存器的数据从 MOSI 引脚移出发送到从机的 MOSI 引脚，同时，从机 SPDAT 寄存器的数据从 MISO 引脚移出发送到主机的 MISO 引脚。传输完 1 字节后，SPI 时钟发生器停止，传输完成标志 SPIF 置位并向 CPU 申请中断（SPI 中断允许时）。主机和从机 SPI 的两个移位寄存器可以看作一个 16 位循环移位寄存器。当数据从主机移位传送到从机的同时，数据也以相反的方向移入。这意味着在一个移位周期中，主机和从机的数据相互交换。

SPI 串行通信接口在发送数据时为单缓冲，在接收数据时为双缓冲。在前一次数据发送尚未完成之前，不能将新的数据写入移位寄存器。当发送过程中对数据寄存器 SPDAT 进行写操作时，SPSTAT 寄存器中的写冲突标志位 WCOL 位将置 1，以表示数据冲突。在这种情况下，当前发送的数据继续发送，而新写入的数据将丢失。接收数据时，接收到的数据传送到一个并行读数据缓冲区，从而释放移位寄存器以进行下一个数据的接收，但必须在下个字节数据完全移入之前，将接收的数据从数据寄存器中读取；否则，前一个接收的数据将被覆盖。

3. SPI 总线数据传输格式

SPI 时钟信号相位选择位 CPHA 用于设置采样和改变数据的时钟边沿，SPI 时钟信号极性选择位 CPOL 用于设置时钟极性，SPI 数据发送与接收顺序的控制位 DORD 用于设置数据传送高低位的顺序。通过对 SPI 相关参数的设置，可以适应各种外部设备 SPI 通信的要求。

1）CPHA＝0 时从机 SPI 总线数据传输格式

当 SPI 时钟信号相位选择位 CPHA＝0 时，从机 SPI 总线数据传输时序如图 9-15 所示，数据在时钟的第一个边沿被采样，第二个边沿被改变。主机将数据写入发送数据寄存器 SPDAT 后，首位即可呈现在 MOSI 引脚上，从机的 $\overline{SS}$ 引脚被拉低时，从机发送数据寄存器 SPDAT 的首位即可呈现在 MISO 引脚上。数据发送完毕不再发送其他数据时，时钟恢复至空闲状态，MOSI、MISO 两根线上均保持最后一位数据的状态，从机的 $\overline{SS}$ 引脚被拉高时，从机的 MISO 引脚呈现高阻态。

注意：作为从机时，若 CPHA＝0，则 SSIG 必须为 0，也就是不能忽略 $\overline{SS}$ 引脚，$\overline{SS}$ 引脚必须置 0 并且在每个连续的串行字节发送完后需重新设置为高电平。如果 SPDAT 寄存器在 $\overline{SS}$ 有效（低电平）时执行写操作，那么将导致一个写冲突错误。CPHA＝0 且 SSIG＝0 时的操作未定义。

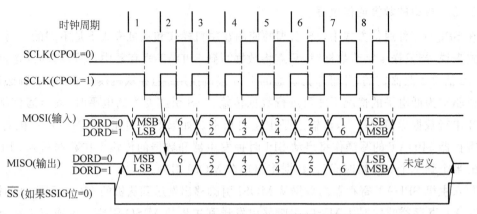

图 9-15　CPHA＝0 时从机 SPI 总线数据传输时序

2）CPHA＝1 时从机 SPI 总线数据传输格式

当 SPI 时钟信号相位选择位 CPHA＝1 时，从机 SPI 总线数据传输时序如图 9-16 所示，数据在时钟的第一个边沿被改变，第二个边沿被采样。

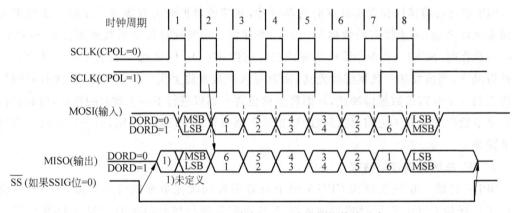

图 9-16　CPHA＝1 时从机 SPI 总线数据传输时序

注意：当 CPHA＝1 时，SSIG 可以为 1 或 0。如果 SSIG＝0，则 $\overline{SS}$ 引脚可在连续传输之间保持低有效（即一直固定为低电平）。这种方式有时适用于具有单固定主机和单从机驱动 MISO 数据线的系统。

3）CPHA＝0 时主机 SPI 总线数据传输格式

当 SPI 时钟信号相位选择位 CPHA＝0 时，主机 SPI 总线数据传输时序如图 9-17 所示，数据在时钟的第一个边沿被采样，第二个边沿被改变。在通信时，主机将一字节发送完毕，不再发送其他数据时，时钟恢复至空闲状态，MOSI、MISO 两根线上均保持最后一位数据的状态。

4）CPHA＝1 时主机 SPI 总线数据传输格式

当 SPI 时钟信号相位选择位 CPHA＝1 时，主机 SPI 总线数据传输时序如图 9-18 所示，数据在时钟的第一个边沿被改变，第二个边沿被采样。

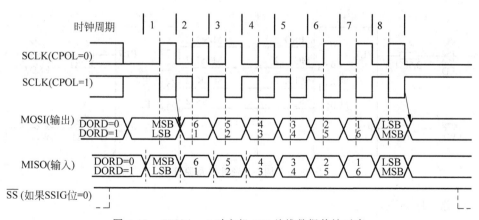

图 9-17 CPHA＝0 时主机 SPI 总线数据传输时序

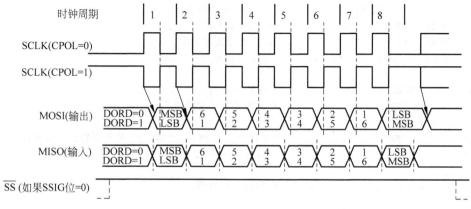

图 9-18 CPHA＝1 时主机 SPI 总线数据传输时序

9.3.4 STC15W4K32S4 系列单片机 SPI 模块的编程思路

SPI 接口工作在主模式时可以与具有 SPI 兼容接口的器件进行同步通信,如存储器、A/D 转换器、D/A 转换器、LED 或 LCD 驱动器等,可以很好地扩展外围器件实现相应的功能。

SPI 串行通信初始化思路如下。

(1) 设置 SPI 控制寄存器 SPCTL。设置 SPI 接口的主从工作模式等。

(2) 设置 SPI 状态寄存器 SPSTAT。写入 0C0H,清 0 标志位 SPIF 和 WCOL。

(3) 根据需要打开 SPI 中断 ESPI 和总中断 EA。

9.3.5 STC15W4K32S4 系列单片机 SPI 模块的应用

【例 9-2】 电路如图 9-19 所示,应用 STC15W4K32S4 系列 IAP15W4K58S4 单片机的 SPI 模块,实现两片单片机芯片之间传输数据,工作方式是互为主从方式,要求使用中断实现。使用单片机 SPI 模块的第 2 组引脚进行通信,甲机和乙机分别接有按键 SW17(P3.2)和 LED7(P1.7),甲机按键 SW17 可以控制乙机 LED7 的亮灭,乙机按键 SW17 同样也可以控制甲机 LED7 的亮灭。单片机系统时钟频率为 11.0592MHz。

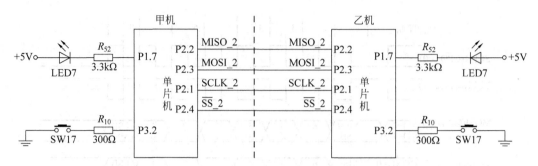

图 9-19　例 9-2 硬件电路原理图

C51 源程序如下：

```
1    # include < stc15.h >           //包含 STC15 系列单片机头文件
2    unsigned char kk;               //全局变量,用于接收数据
3    sbit   SS = P2^4;               //定义从机选择引脚
4    sbit   LED7 = P1^7;             //定义 LED7 并指定地址为 P1.7
5    sbit   KEY = P3^2;              // P3.2 接按键 SW17
6    void SPI_Isr() interrupt 9      //SPI 模块中断服务函数
7    {
8        SPSTAT = 0xc0;              //中断标志清 0
9        if (SPCTL & 0x10)           //判断如果是主机模式
10       {
11           SPCTL = 0xc0;           //SSIG = 1;SPEN = 1;MSTR = 0; 重新设置为从机待机
12           SS = 1;                 //拉高从机的 SS 引脚
13       }
14       else                        //判断是从机模式
15       {
16           kk = SPDAT;             //保存接收到的数据
17       }
18   }
19   void main()                     //主函数
20   {
21       unsigned int t;             //定义延时变量
22       P1M1 = 0;     P1M0 = 0;     //设置 P1 为准双向口模式
23       P2M1 = 0;     P2M0 = 0;     //设置 P2 为准双向口模式
24       P_SW1 = 0x04;               //选择第 2 组引脚
25       SPCTL = 0xc0;               //SSIG = 1;SPEN = 1;MSTR = 0; 使能 SPI 从机模式进行待机
26       SPSTAT = 0xc0;             //SPIF = 1;WCOL = 1;清中断标志
27       IE2 = 0x02;                 //开 SPI 中断
28       EA = 1;                     //开总中断
29       while (1)                   //主循环
30       {
31           if (!KEY)               //等待按键触发
32           {
33               for(t = 0;t < 1000;t++);  //延时去抖
34               if (!KEY)           //如果按键被按下
35               {
36                   SPCTL = 0xD0;//SSIG = 1;SPEN = 1;MSTR = 1; 使能 SPI 主机模式
37                   SS = 0;         //拉低从机 SS 引脚
```

```
38                     SPDAT = 0x5a;//发送数据
39                     while(!KEY); //等待按键释放
40                 }
41             }
42             if(kk == 0x5a)        //判断接收到另一主机发送过来的数据
43             {
44                 LED7 = ～LED7;   //则 LED7 亮灭取反
45                 kk = 0;          //数据清 0
46             }
47         }
48     }
```

分析如下。

（1）本例题涉及 2 个单片机实验箱，根据题目要求，单片机程序是一样的。

（2）由于题目中要求使用单片机 SPI 模块的第 2 组引脚进行通信，所以程序第 3 行中的 $\overline{SS}$ 定义只能是 P2.4。

（3）2 个单片机实验箱连接时，除了单片机甲机的 P2.2、P2.3、P2.1、P2.4 分别连接单片机乙机的 P2.2、P2.3、P2.1、P2.4 外，还需要注意 2 个单片机实验箱共地，即 GND 连接在一起，根据需要+5V 可共用，也可独立供电。

（4）可在官方 STC15 单片机实验箱 4×2 或自行搭建实验环境对例 9-2 进行实践。

9.4　I^2C 串行总线接口技术及应用

9.4.1　I^2C 总线介绍及硬件结构

1. I^2C 总线介绍

I^2C（Inter-Integrated Circuit）总线是由 Philips 公司开发的两线式串行总线，用于连接微控制器及其外围设备，具有接口线少、通信速率较高等优点。I^2C 总线只有两根线，分别是串行数据 SDA（Serial Data）和串行时钟 SCL（Serial Clock），I^2C 总线有 3 种模式，分别是标准模式（100Kbps）、快速模式（400Kbps）和高速模式（3.4Mbps），寻址方式有 7 位和 10 位两种方式。

在主从通信中，可以有多个 I^2C 总线器件同时接到 I^2C 总线上，所有与 I^2C 兼容的器件都具有标准的接口，通过地址来识别通信对象，使它们可以经由 I^2C 总线互相直接通信。CPU 发出的控制信号分为地址码和数据码两部分：地址码用来选址，即接通需要控制的电路；数据码是通信的内容，这样各 IC 控制电路虽然挂在同一条总线上，但却彼此独立。

2. I^2C 总线硬件结构图

I^2C 总线只有两根双向信号线：一根是串行数据线 SDA；另一根是串行时钟线 SCL。所有连接到 I^2C 总线上的器件的数据线都接到 SDA 线上，各器件的时钟线都接到 SCL 线上。图 9-20 所示为 I^2C 总线系统的硬件结构，总线上各器件都采用漏极开路结构与总线相连，因此 SDA 和 SCL 均需上拉电阻 R，总线在空闲状态下均保持高电平，连到总线上的任一器件输出的低电平都将使总线的信号变低，即各器件的 SDA 及 SCL 都是线"与"关系。

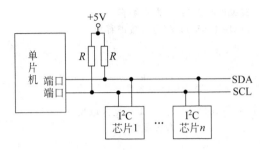

图 9-20 I^2C 总线系统的硬件结构

I^2C 总线支持多主和主从两种工作方式,通常为主从工作方式。在主从工作方式中,系统中只有一个主机,一般由单片机或其他微处理器充当,其他器件都是具有 I^2C 总线的外围从器件,主机启动数据的发送(发出启动信号),产生时钟信号,发出停止信号。

9.4.2 I^2C 总线软件编程

1. 数据位的有效性规定

在 I^2C 总线上,每一位数据位的传送都与时钟脉冲相对应,逻辑 0 和逻辑 1 的信号电平取决于相应电源 V_{CC} 的电压(如 5V 或 3.3V 等)。

I^2C 总线进行数据传送时,时钟信号为高电平期间,数据线上的数据必须保持稳定,只有在时钟线上的信号为低电平期间,数据线上的高电平或低电平状态才允许变化,I^2C 总线数据位的有效性规定如图 9-21 所示。

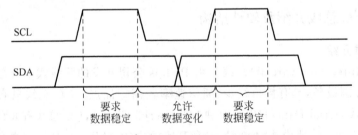

图 9-21 I^2C 总线数据位的有效性规定

2. I^2C 总线通信格式

图 9-22 所示为 I^2C 总线上进行一次数据传输的通信格式,也就是 I^2C 总线的完整时序。当主控器接收数据时,在最后一个数据字节必须发送一个非应答信号,使受控器释放数据线,以便主控器产生一个停止信号来终止总线的数据传送。

3. I^2C 总线的写操作

I^2C 总线的写操作就是主控器件向受控器件发送数据,I^2C 总线写操作格式如图 9-23 所示。首先,主控器会对总线发送起始信号,紧跟的应该是第一字节的 8 位数据,但是从地址只有 7 位,所谓从地址,就是受控器的地址,而第 8 位是受控器约定的数据方向位,"0"为写,从图中可以清楚地看到发送完一个 8 位数之后,应该是一个受控器的应答信号。应答信号过后就是第二字节的 8 位数据,这个数多半是受控器件的寄存器地址,寄存器地址过后就是要发送的数据,当数据发送完后就是一个应答信号,每启动一次总线,传输的字节数没有

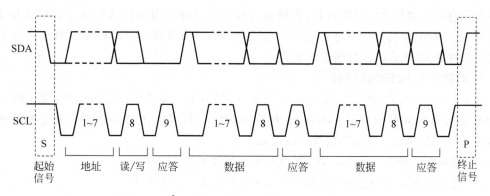

图 9-22 I²C 总线上进行一次数据传输的通信格式

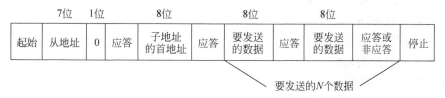

图 9-23 I²C 总线写操作格式

限制,一字节地址或数据过后的第 9 个脉冲是受控器件应答信号,当数据传送完之后由主控器发出停止信号来停止总线。

4. I²C 总线的读操作

I²C 总线的读操作是指受控器件向主控器件发送数据,I²C 总线读操作格式如图 9-24 所示。首先,由主控器发出起始信号,前两个传送的字节与写操作相同,但是到了第二字节之后,就要重新启动总线,改变传送数据的方向,前面两字节数据方向为写,即"0";第二次启动总线后数据方向为读,即"1";之后就是要接收的数据。从图中可以看到,有两种应答信号:一种是受控器的;另一种是主控器的。前面 3 字节的数据方向均指向受控器件,所以应答信号就由受控器发出。但是后面要接收的 N 个数据则是指向主控器件,所以应答信号应由主控器件发出,当 N 个数据接收完成之后,主控器件应发出一个非应答信号,告知受控器件数据接收完成,不用再发送。最后的停止信号同样也是由主控器发出。

图 9-24 I²C 总线读操作格式

9.4.3 I²C 总线的应用

目前 STC8 系列单片机等内置硬件 I²C 总线控制模块,其总线状态由硬件监测,只需要在编程时设置好内部相关的寄存器就可以直接运用,操作简便。STC15W4K32S4 系列单片机内部没有集成硬件 I^2C 总线接口,在使用过程中可以用普通 I/O 接口通过软件模拟 I^2C 总线的工作时序,就可以方便地扩展 I^2C 总线接口的外设器件,本节以 PHILIPS 公司生产的实时时钟芯片 PCF8563 为例进行说明。

1．时钟芯片 PCF8563 概述

PCF8563 具有多种报警功能、定时器功能、时钟输出功能及中断输出功能,能完成各种复杂的定时服务,可广泛应用于电表、水表、气表、电话、传真机、便携式仪器以及电池供电的仪器仪表等产品领域。其主要特性有以下几个。

(1) 宽电压范围为 1.0~5.5V,复位电压标准值 $V_{low}=0.9V$。

(2) 超低功耗:典型值为 $0.25\mu A(V_{DD}=3.0V, T_{amb}=25℃)$。

(3) 可编程时钟输出方波频率为 32768Hz、1024Hz、32Hz、1Hz。

(4) 4 种报警功能和定时器功能。

(5) 内含复位电路。

(6) 内含振荡器电容电路。

(7) 内含掉电检测电路。

(8) 开漏中断引脚输出。

(9) 400kHz 的 I^2C 总线接口($V_{DD}=1.8~5.5V$)。

(10) I^2C 总线从地址为读:0A3H;写:0A2H。

2．PCF8563 的引脚排列及功能

PCF8563 的引脚排列如图 9-25 所示。

(1) 第 4、8 引脚是电源负极 V_{SS} 和正极 V_{DD}。

(2) 第 1、2 引脚是振荡器输入 OSCI 和输出 OSCO。

(3) 第 5、6 引脚是 I^2C 接口串行数据 SDA 和串行时钟 SCL,连接单片机 I/O 接口。

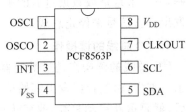

图 9-25　PCF8563 引脚排列

(4) 第 3 引脚是开漏型中断输出 $\overline{INT}$,低电平有效。

(5) 第 7 引脚是开漏型时钟输出。

3．PCF8563 的寄存器结构

PCF8563 有 16 个 8 位寄存器:一个可自动增量的地址寄存器,一个内置 32768Hz 的振荡器(带有一个内部集成的电容),一个分频器(用于给实时时钟 RTC 提供源时钟),一个可编程时钟输出,一个定时器,一个报警器,一个掉电检测器和一个 400kHz 的 I^2C 总线接口。

所有 16 个寄存器设计成可寻址的 8 位并行寄存器,但不是所有位都有用。前两个寄存器(内存地址 00H、01H)用于控制寄存器和状态寄存器,内存地址 02H~08H 用于时钟计数器(秒、分钟、小时、日、星期、月/世纪、年寄存器),地址 09H~0CH 用于报警寄存器(定义报警条件),地址 0DH 控制 CLKOUT 引脚的输出频率,地址 0EH 和 0FH 分别用于定时器控制寄存器和定时器倒计数数值寄存器。

秒、分钟、小时、日、月、年、分钟报警、小时报警、日报警寄存器,编码格式为 BCD 码,星期和星期报警寄存器不以 BCD 格式编码。当一个 RTC 寄存器被读时,所有计数器的内容被锁存。因此,在传送条件下,可以防止对时钟/日历芯片的错读。

非 BCD 格式编码寄存器概况如表 9-17 所示,其中标明"—"的位无效,标明"0"的位应置逻辑 0。

表 9-17 非 BCD 格式编码寄存器概况

地址	寄存器名称	D7	D6	D5	D4	D3	D2	D1	D0
00H	控制/状态寄存器 1	TEST1	0	STOP	0	TESTC	0	0	0
01H	控制/状态寄存器 2	0	0	0	TI/TP	AF	TF	AIE	TIE
0DH	CLKOUT 输出寄存器	FE	—	—	—	—	—	FD1	FD0
0EH	定时器控制寄存器	TE	—	—	—	—	—	TD1	TD0
0FH	定时器倒计数数值寄存器	定时器倒计数数值(二进制)							

BCD 格式编码寄存器概况如表 9-18 所示,其中标明"—"的位无效。

表 9-18 BCD 格式编码寄存器概况

地址	寄存器名称	D7	D6	D5	D4	D3	D2	D1	D0
02H	秒	VL	00～59 BCD 码格式数						
03H	分钟	—	00～59 BCD 码格式数						
04H	小时	—	—	00～23 BCD 码格式数					
05H	日	—	—	01～31 BCD 码格式数					
06H	星期	—	—	—	—	—	0～6 BCD 码格式数		
07H	月/世纪	C	—	—	01～12 BCD 码格式数				
08H	年	00～99 BCD 码格式数							
09H	分钟报警	AE	00～59 BCD 码格式数						
0AH	小时报警	AE	—	00～23 BCD 码格式数					
0BH	日报警	AE	—	01～31 BCD 码格式数					
0CH	星期报警	AE	—	—	—	—	0～6 BCD 码格式数		

1) 控制/状态寄存器 1

控制/状态寄存器 1 的地址为 00H,其功能描述如表 9-19 所示。

表 9-19 控制/状态寄存器 1 位描述(地址 00H)

位号	D7	D6	D5	D4	D3	D2	D1	D0
位名称	TEST1	0	STOP	0	TESTC	0	0	0

(1) TEST1:普通/测试模式。TEST1 = 0,普通模式; TEST1 = 1,EXT_CLK 测试模式。

(2) STOP:芯片时钟运行/停止。STOP = 0,芯片时钟运行;STOP = 1,所有芯片分频器异步置逻辑 0。芯片时钟停止运行(CLKOUT 在 32.768kHz 时可用)。

(3) TESTC:电源复位功能。TESTC = 0,电源复位功能失效(普通模式时置逻辑 0); TESTC = 1,电源复位功能有效。

其他位默认值置逻辑 0。

2）控制/状态寄存器 2

控制/状态寄存器 2 的地址为 01H，其功能描述如表 9-20 所示。

表 9-20　控制/状态寄存器 2 位描述（地址 01H）

位号	D7	D6	D5	D4	D3	D2	D1	D0
位名称	0	0	0	TI/TP	AF	TF	AIE	TIE

（1）TI/TP：TI/TP = 0，当 TF 有效时 $\overline{\text{INT}}$ 有效（取决于 TIE 的状态）；TI/TP = 1，$\overline{\text{INT}}$ 脉冲有效（取决于 TIE 的状态）。$\overline{\text{INT}}$ 周期与源时钟关系如表 9-21 所示。

注意：若 AF 和 AIE 都有效时，则 $\overline{\text{INT}}$ 一直有效。TF 和 $\overline{\text{INT}}$ 同时有效。n 为倒计数定时器的数值。当 $n=0$ 时，定时器停止工作。

表 9-21　$\overline{\text{INT}}$ 周期与源时钟关系（位 TI/TP=1）

源时钟/Hz	$\overline{\text{INT}}$ 周期	
	$n=1$	$n>1$
4096	1/8192	1/4096
64	1/128	1/64
1	1/64	1/64
1/60	1/64	1/64

（2）AF 和 TF：当报警发生时，AF 被置逻辑 1；在定时器倒计数结束时，TF 被置逻辑 1。它们在被软件重写前一直保持原有值。标志位 AF 和 TF 值描述如表 9-22 所示。

表 9-22　标志位 AF 和 TF 值描述

R/W	标志位 AF		标志位 TF	
	值	描述	值	描述
Read 读	0	报警标志无效	0	定时器标志无效
	1	报警标志有效	1	定时器标志有效
Write 写	0	报警标志被清 0	0	定时器标志被清 0
	1	报警标志保持不变	1	定时器标志保持不变

若定时器和报警中断都请求时，中断源由 AF 和 TF 决定，若要清 0 一个标志位而防止另一标志位被重写，应运用逻辑指令 AND。

（3）AIE 和 TIE：标志位 AIE 和 TIE 决定一个中断的请求有效或无效。当 AF 或 TF 中一个为 1 时，中断请求有效还是无效取决于 AIE 和 TIE 的值。AIE＝0，报警中断无效；AIE＝1，报警中断有效。TIE ＝ 0，定时器中断无效；TIE＝1，定时器中断有效。

3）秒、分钟和小时寄存器

秒、分钟和小时寄存器的地址分别为 02H、03H、04H，其功能描述如表 9-23 所示。

表 9-23 秒、分钟、小时寄存器位描述

寄存器	D7	D6	D5	D4	D3	D2	D1	D0
秒	VL	<秒> 00~59 BCD 码格式数						
分钟	—	<分钟> 00~59 BCD 码格式数						
小时	—	—	<小时> 00~23 BCD 码格式数					

(1) VL：VL＝0，保证准确的时钟/日历数据；VL＝1，不保证准确的时钟/日历数据。

(2) <秒>：代表 BCD 格式的当前秒数值，值为 00~59。

(3) <分钟>：代表 BCD 格式的当前分钟数值，值为 00~59。

(4) <小时>：代表 BCD 格式的当前小时数值，值为 00~23。

(5) 标明"—"的位无效。

4) 日、星期、月/世纪和年寄存器

日、星期、月/世纪和年寄存器的地址分别为 05H、06H、07H、08H，其功能描述如表 9-24 所示。

表 9-24 日、星期、月/世纪和年寄存器位描述

寄存器	D7	D6	D5	D4	D3	D2	D1	D0
日	—	—	<日> 01~31 BCD 码格式数					
星期	—	—	—	—	—	<星期> 0~6		
月/世纪	C 世纪	—	<月>					
年	<年> 00~99 BCD 码格式数							

(1) <日>：代表 BCD 格式的当前日数值，值为 01~31。当年计数器的值是闰年时，PCF8563 自动给 2 月增加一个值，使其成为 29 天。

(2) <星期>：000 为星期日；001 为星期一；010 为星期二；011 为星期三；100 为星期四；101 为星期五；110 为星期六。

(3) C：世纪位。C＝0 指定世纪数为 20××；C＝1 指定世纪数为 19××，"××"为年寄存器中的值。当年寄存器中的值由 99 变为 00 时，世纪位会改变。

(4) <月>：00001 为一月；00010 为二月；00011 为三月；00100 为四月；00101 为五月；00110 为六月；00111 为七月；01000 为八月；01001 为九月；10000 为十月；10001 为十一月；10010 为十二月。

(5) <年>：代表 BCD 格式的当前年数值，值为 00~99。

(6) 标明"—"的位无效。

5) 报警寄存器

当一个或多个报警寄存器写入合法的分钟、小时、日或星期数值，并且它们相应的 AE (Alarm Enable)位为逻辑 0，这些数值与当前的分钟、小时、日或星期数值相等时，标志位 AF(Alarm Flag)被设置。AF 保存设置值，直到被软件清 0 为止。AF 被清 0 后，只有在时间增量与报警条件再次相匹配时才可再被设置。报警寄存器在它们相应的位 AE 置为逻辑 "1"时将被忽略。

分钟、小时、日或星期报警寄存器的地址分别为09H、0AH、0BH、0CH,其功能描述如表 9-25 所示。

表 9-25　分钟、小时、日或星期报警寄存器位描述

寄存器名称	D7	D6	D5	D4	D3	D2	D1	D0
分钟报警	AE	<分钟报警> 00～59 BCD 码格式数						
小时报警	AE	—	<小时报警> 00～23 BCD 码格式数					
日报警	AE	—	<日报警> 01～31 BCD 码格式数					
星期报警	AE	—	—	—	—	—	<星期报警> 0～6	

（1）分钟报警 AE：AE ＝ 0,分钟报警有效；AE ＝ 1,分钟报警无效。

<分钟报警>：代表 BCD 格式的分钟报警数值,值为 00～59。

（2）小时报警 AE：AE ＝ 0,小时报警有效；AE ＝ 1,小时报警无效。

<小时报警>：代表 BCD 格式的小时报警数值,值为 00～23。

（3）日报警 AE：AE ＝ 0,日报警有效；AE ＝ 1,日报警无效。

<日报警>：代表 BCD 格式的日报警数值,值为 00～31。

（4）星期报警 AE：AE ＝ 0,星期报警有效；AE ＝ 1,星期报警无效。

<星期报警>：代表 BCD 格式的星期报警数值,值为 0～6。

（5）标明"—"的位无效。

6）CLKOUT 频率寄存器

CLKOUT 频率寄存器的地址为 0DH,其功能描述如表 9-26 所示。

表 9-26　CLKOUT 频率寄存器位描述

位号	D7	D6	D5	D4	D3	D2	D1	D0
位名称	FE	—	—	—	—	—	FD1	FD0

（1）FE：CLKOUT 输出使能。FE＝0,CLKOUT 输出被禁止并设成高阻抗；FE＝1,CLKOUT 输出有效。

（2）FD1 和 FD0：用于控制 CLKOUT 的频率输出引脚（f_{CLKOUT}）。00 设置输出 32.768kHz；01 设置输出 1024Hz；10 设置输出 32Hz；11 设置输出 1Hz。

（3）标明"—"的位无效。

7）定时器寄存器

定时器倒计数数值寄存器是一个 8 位的倒计数定时器,它由定时器控制寄存器中的位 TE 决定有效或无效,定时器的时钟也可以由定时器控制寄存器选择,其他定时器功能,如中断产生,由控制/状态寄存器 2 控制。为了能精确读回倒计数的数值,I^2C 总线时钟 SCL 的频率应至少为所选定定时器时钟频率的 2 倍。

定时器控制寄存器和定时器倒计数数值寄存器的地址为 0EH 和 0FH,其功能描述如表 9-27 所示。

表 9-27 倒计数定时器控制寄存器和倒计数定时器寄存器位描述

寄存器名称	D7	D6	D5	D4	D3	D2	D1	D0
定时器控制寄存器	TE	—	—	—	—	—	TD1	TD0
定时器倒计数数值寄存器	<定时器倒计数数值>(二进制)							

（1）TE：定时器使能。TE＝0，定时器无效；TE＝1，定时器有效。

（2）TD1 和 TD0：定时器时钟频率选择位，决定倒计数定时器的时钟频率。00 设置 4096Hz；01 设置 64Hz；10 设置 1Hz；11 设置 1/60Hz(不用时也可设置为 11，以降低电源损耗)。

（3）<定时器倒计数数值>：倒计数数值 n，倒计数周期＝n/时钟频率。

（4）标明"—"的位无效。

4. 应用实例

【例 9-3】 电路如图 9-26 所示，应用 STC15W4K32S4 系列 IAP15W4K58S4 单片机模拟 I^2C 总线，读取 PCF8563 的实时小时、分钟、秒等信息，并用 74HC595 串行转并行驱动 LED 数码管动态显示电路(图 5-16)显示时、分、秒。单片机系统时钟频率为 11.0592MHz。

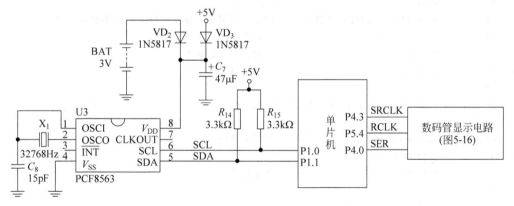

图 9-26 例 9-3 硬件电路原理

C51 源程序如下：

```
1    # include < stc15.h>              //包含 STC15 系列单片机头文件
2    # include "595.h"                 //74HC595 串行转并行驱动 LED 数码管动态显示头文件
3    # include < intrins.h>            //包含 intrins.h 头文件,其中定义了空函数_nop_()
4    sbit SDA = P1^1;                  //SDA 数据
5    sbit SCL = P1^0;                  //SCL 时钟
6    void delay()                      //延时
7    {
8        _nop_(); _nop_(); _nop_();
9        _nop_(); _nop_(); _nop_();
10   }
11   void start()                      //启动信号
12   {
13       SDA = 1;                      //数据 SDA 高电平
14       SCL = 1;                      //时钟 SCL 高电平
```

```
15        delay();                        //适当延时
16        SDA = 0;                        //时钟 SCL 高电平期间,数据 SDA 由高变低,出现下降沿
17        delay();                        //适当延时
18        SCL = 0;                        //时钟 SCL 低电平
19    }
20    void stop()                         //停止信号
21    {
22        SDA = 0;                        //数据 SDA 高电平
23        SCL = 1;                        //时钟 SCL 高电平
24        delay();                        //适当延时
25        SDA = 1;                        //时钟 SCL 高电平期间,数据 SDA 由低变高,出现上升沿
26        delay();                        //适当延时
27        SCL = 0;                        //时钟 SCL 低电平
28    }
29    void ack()                          //应答信号
30    {
31        unsigned char i = 0;            //定义变量
32        SCL = 1;                        //时钟 SCL 高电平
33        delay();                        //适当延时
34        while((SDA == 1)&&(i < 255))    //等待数据 SDA 被从机拉为低电平表示应答
35            i++;                        //i 自增
36        SCL = 0;                        //时钟 SCL 低电平
37        delay();                        //适当延时
38    }
39    void send_byte(unsigned char bat)   //发送数据
40    {
41        unsigned char i,temp;           //定义变量
42        temp = bat;
43        for(i = 0;i < = 7;i++)          //重复 8 次
44        {
45            temp = temp << 1;           //左移 1 位
46            SCL = 0;                    //时钟 SCL 低电平
47            SDA = CY;                   //SDA 上的数据写入从机
48            delay();                    //适当延时
49            SCL = 1;                    //时钟 SCL 高电平
50            delay();                    //适当延时
51        }
52        SCL = 0;                        //时钟 SCL 低电平
53        delay();                        //适当延时
54        SDA = 1;                        //数据 SDA 高电平
55        delay();                        //适当延时
56    }
57    unsigned char rev()                 //接收数据
58    {
59        unsigned char temp,i;           //定义变量
60        SCL = 0;                        //时钟 SCL 低电平
61        delay();                        //适当延时
62        SDA = 1;                        //数据 SDA 高电平
```

```
63        for(i = 0;i < = 7;i++)              //重复8次
64        {
65            SCL = 1;                         //时钟 SCL 由低变高,上升沿,从机将数据放在 SDA 上
66            delay();                         //适当延时
67            temp = (temp << 1)|SDA;          //读取 SDA 上的数据并保存
68            SCL = 0;                         //时钟 SCL 低电平
69            delay();                         //适当延时
70        }
71        delay();                             //适当延时
72        return temp;                         //返回接收到的数据
73    }
74    void send_add_byte(unsigned char add,unsigned char bat)     //向某个地址发送某数据
75    {
76        start();                             //启动信号
77        send_byte(0xa2);                     //写命令
78        ack();                               //应答信号
79        send_byte(add);                      //指定地址
80        ack();                               //应答信号
81        send_byte(bat);                      //指定要发送的数据
82        ack();                               //应答信号
83        stop();                              //停止信号
84    }
85    unsigned char rec_add_byte(unsigned char add)     //从某个地址读出数据
86    {
87        unsigned char temp;
88        start();                             //启动信号
89        send_byte(0xa2);                     //写命令
90        ack();                               //应答信号
91        send_byte(add);                      //指定地址
92        ack();                               //应答信号
93        start();                             //启动信号
94        send_byte(0xa3);                     //读命令
95        ack();                               //应答信号
96        temp = rev();                        //接收数据
97        stop();                              //停止信号
98        return temp;                         //返回读出的数据
99    }
100   void time_init()                         //时间预设
101   {
102       send_add_byte(0x02,0x00);            //0 秒
103       send_add_byte(0x03,0x00);            //0 分
104       send_add_byte(0x04,0x00);            //0 时
105       send_add_byte(0x05,0x01);            //1 日
106       send_add_byte(0x07,0x01);            //1 月
107       send_add_byte(0x08,0x22);            //22 年
108   }
109   void main()                              //主函数
110   {
111       unsigned int k;                      //定义延时变量
112       unsigned char hour,min,sec;          //定义时、分、秒变量
```

```
113    send_add_byte(0x00,0x20);      //关闭时钟
114    for(k = 0;k < 1000;k++);       //适当延时
115    time_init();                   //时钟芯片初始时间设置
116    send_add_byte(0x00,0x00);      //启动时钟
117    for(k = 0;k < 1000;k++);       //适当延时
118    while(1)                       //主循环
119    {
120        hour = 0x3f&rec_add_byte(0x04);    //读取小时
121        display(1,hour/16);                //第1位数码管显示小时十位
122        display(2,hour % 16);              //第2位数码管显示小时个位
123        min = 0x7f&rec_add_byte(0x03);     //读取分钟
124        display(4,min/16);                 //第4位数码管显示分钟十位
125        display(5,min % 16);               //第5位数码管显示分钟个位
126        sec = 0x7f&rec_add_byte(0x02);     //读取秒
127        display(7,sec/16);                 //第7位数码管显示秒十位
128        display(8,sec % 16);               //第8位数码管显示秒个位
129    }
130  }
```

可在官方 STC15 单片机实验箱 4 对例 9-3 进行实践。

本章小结

　　本章主要论述单片机应用系统中,单片机与外部设备之间以及单片机与单片机之间数据传输的应用。先从数据传输的概述开始,说明串行数据传输与并行数据传输的工作原理;然后详细论述 STC15W4K32S4 系列单片机集成的串行口模块、SPI 模块的工作原理及应用;最后介绍了 I^2C 总线接口技术及应用。在单片机系统开发时可根据需求选择相应的接口进行设计应用。

附录 A   ASCII 码

附表 A-1   ASCII 码表

B₃B₂B₁B₀ \ B₆B₅B₄	000	001	010	011	100	101	110	111
0000	NUL	DLE	SP	0	@	P	`	p
0001	SOH	DC1	!	1	A	Q	a	q
0010	STX	DC2	"	2	B	R	b	r
0011	ETX	DC3	#	3	C	S	c	s
0100	EOT	DC4	$	4	D	T	d	t
0101	ENQ	NAK	%	5	E	U	e	u
0110	ACK	SYN	&	6	F	V	f	v
0111	BEL	ETB	'	7	G	W	g	w
1000	BS	CAN	(	8	H	X	h	x
1001	HT	EM	)	9	I	Y	i	y
1010	LF	SUB	*	:	J	Z	j	z
1011	VT	ESC	+	;	K	[	k	{
1100	FF	FS	,	<	L	\	l	|
1101	CR	GS	−	=	M	]	m	}
1110	SO	RS	.	>	N	^	n	~
1111	SI	US	/	?	O	_	o	DEL

附表 A-2   ASCII 码表中各控制字符含义

控制字符	含　义	控制字符	含　义	控制字符	含　义
NUL	空字符	VT	垂直制表符	SYN	空转同步
SOH	标题开始	FF	换页	ETB	信息组传送结束
STX	正文开始	CR	回车	CAN	取消
ETX	正文结束	SO	移位输出	EM	介质中断
EOT	传输结束	SI	移位输入	SUB	换置
ENQ	请求	DLE	数据链路转义	ESC	溢出
ACK	确认	DC1	设备控制 1	FS	文件分隔符
BEL	响铃	DC2	设备控制 2	GS	组分隔符
BS	退格	DC3	设备控制 3	RS	记录分隔符
HT	水平制表符	DC4	设备控制 4	US	单元分隔符
LF	换行	NAK	拒绝接收	SP	空格

附录 B　C51 运算符

附表 B　C51 运算符

优先级	运算符	名称或含义	使用形式	结合性	类　型
1	（ ）	括号	（表达式）函数名（参数列表）	自左向右	其他
	［ ］	数组下标	数组名［常量表达式］		
	.	成员选择（对象）	对象.成员名		
	—>	成员选择（指针）	对象指针—>成员名		
2	—	负号	—	自右向左	算术运算符
	++	自增	++变量名 变量名++		自增、自减运算符
	——	自减	——变量名 变量名——		
	!	逻辑非	!		逻辑运算符
	~	按位取反	~表达式		位操作运算符
	*	指针	*指针变量		指针操作运算符
	&	取地址	& 变量名		
	（类型）	强制类型转换	（数据类型）表达式		其他
	sizeof	长度	sizeof（表达式）		
3	*	乘法	表达式 * 表达式	自左向右	算术运算符
	/	除法	表达式/非零表达式		
	%	求余	整型表达式%非零整型表达式		
4	+	加法	表达式+表达式	自左向右	
	—	减法	表达式—表达式		
5	<<	按位左移	变量<<表达式	自左向右	位操作运算符
	>>	按位右移	变量>>表达式		
6	>	大于	表达式>表达式	自左向右	关系运算符
	>=	大于等于	表达式>=表达式		
	<	小于	表达式<表达式		
	<=	小于等于	表达式<=表达式		
7	==	等于	表达式==表达式	自左向右	
	!=	不等于	表达式!=表达式		
8	&	按位与	表达式 & 表达式	自左向右	位操作运算符
9	^	按位异或	表达式^表达式	自左向右	
		sfr 变量的指定位	sfr 变量^位		
10	|	按位或	表达式|表达式	自左向右	
11	&&	逻辑与	表达式 && 表达式	自左向右	逻辑运算符
12	||	逻辑或	表达式||表达式	自左向右	
13	? :	条件	表达式? 表达式:表达式	自左向右	条件运算符

优先级	运算符	名称或含义	使 用 形 式	结合性	类　型
14	＝	赋值	变量＝表达式	自右向左	赋值运算符
	＋＝	加后赋值	变量＋＝表达式		
	－＝	减后赋值	变量－＝表达式		
	＊＝	乘后赋值	变量＊＝表达式		
	／＝	除后赋值	变量／＝非零表达式		
	％＝	求余后赋值	整型变量％＝非零整型表达式		
	＜＜＝	左移后赋值	变量＜＜＝表达式		
	＞＞＝	右移后赋值	变量＞＞＝表达式		
	＆＝	按位与后赋值	变量＆＝表达式		
	｜＝	按位或后赋值	变量｜＝表达式		
	＾＝	按位异或后赋值	变量＾＝表达式		
15	，	逗号运算符	表达式,表达式,表达式,……	自左向右	其他

附录 C C51 常用库函数头文件

附表 C-1 stdio.h（输入/输出函数）

函数名	函 数 原 型	功　　能	返　回　值	说　　明
clearerr	void clearerr(FILE * fp);	使 fp 所指文件的错误标志和文件结束标志置0	无返回值	
close	int close(int fp);	关闭文件	成功返回 0,不成功返回 −1	非 ANSI 标准
creat	int creat(char * filename,int mode);	以 mode 所指项的方向建立文件	成功返回正数,否则返回 −1	非 ANSI 标准
eof	inteof(int fd);	检查文件是否结束	遇文件结束返回 1,否则返回 0	非 ANSI 标准
fclose	int fclose(FILE * fp);	关闭 fp 所指定的文件,释放文件缓冲区	有错返回非 0,否则返回 0	
feof	int feof(FILE * fp);	检查文件是否结束	遇文件结束符返回非 0 值,否则返回 0	
fgetc	int fgetc(FILE * fp);	从 fp 所指定的文件中获取下一个字符	返回所得到的字符,若读入出错,返回 EOF	
fgets	char * fgets(char * buf,int n,FILE * fp);	从 fp 指向的文件读取一个长度为 n−1 的字符串,存入起始地址为 buf 的空间	返回地址 buf,若遇文件结束或出错,返回 NULL	
fopen	FILE * fopen(char * filename, char * mode);	以 mode 指定的方式打开名为 filename 的文件	成功返回一个文件指针(文件信息区的起始地址),否则返回 0	
fprintf	int fprintf(FILE * fp,char * format,args,...);	把 args 的值以 format 指定的格式输出到 fp 所指定的文件中	返回实际输出的字符数	
fputc	int fputc(char ch,FILE * fp);	将字符 ch 输出到 fp 指向的文件中	成功则返回该字符,否则返回非 0	
fputs	int fputs(char * str,FILE * fp);	将 str 指向的字符串输出到 fp 所指定的文件	返回 0,若出错则返回非 0	
fread	int fread(char * pt,unsigned size, unsigned n, FILE * fp);	从 fp 所指定的文件中读取长度为 size 的 n 个数据项,存储到 pt 所指向的内存区	返回所读的数据项个数,如遇到文件结束或者出错则返回 0	

续表

函数名	函 数 原 型	功　　能	返 回 值	说　　明
fscanf	int fscanf(FILE * fp,char format,args,…);	从 fp 指定的文件中按 format 给定的格式将输入数据送到 args 所指向的内存单元（args 是指针）	返回已输入的个数	
fseek	int fseek(FILE * fp,long offset,int base);	将 fp 所指向的文件的位置指针移到以 base 所指出的位置为基准、以 offset 为位移量的位置	返回当前位置,否则返回－1	
ftell	long ftell(FILE * fp);	返回 fp 所指向的文件中的读写位置	成功则返回 fp 所指向的文件中的读写位置	
fwrite	int fwrite(char * ptr,unsigned size,unsigned n,FILE * fp);	把 ptr 所指向的 n * size 个字节输出到 fp 所指向的文件中	成功则返回写到 fp 文件中数据项的个数	
getc	int getc(FILE * fp);	从 fp 所指向的文件中读入一个字符	成功则返回所读的字符,若文件结束或出错,则返问 EOF	
getchar	int getchar(void);	从标准输入设备读取下一个字符	成功则返回所读字符,若文件结束或出错则返回－1	
getw	int getw(FILE * fp);	从 fp 所指向的文件读取下一个字（整数）	成功则返回输入的整数,如文件结束或出错则返回－1	非 ANSI 标准函数
open	int open(char * filename,int mode);	以 mode 指出的方式打开已存在的名为 filename 的文件	成功则返回文件号（正数）,如打开失败则返回－1	非 ANSI 标准函数
printf	int printf(char * format,args,…);	按 format 指向的格式字符串所规定的格式,将输出表列 args 的值输出到标准输出设备	成功则返回输出字符的个数,若出错,则返回负数。format 可以是一个字符串,或字符数组的起始地址	
putc	int putc(int ch,FILE * fp);	把一个字符 ch 输出到 fp 所指的文件中	成功则返回输出的字符 ch,若出错则返回 EOF	
putchar	int putchar(char ch);	把字符 ch 输出到标准输出设备	成功则返回输出的字符 ch,若出错则返回 EOF	
puts	int puts(char * str);	把 str 指向的字符串输出到标准输出设备	成功则返回换行符,若失败则返回 EOF	

续表

函数名	函 数 原 型	功 能	返 回 值	说 明
putw	int putw(int w,FILE * fp)；	将一个整数 w（即一个字）写到 fp 指向的文件中	返回输出的整数，若出错则返回 EOF	非 ANSI 标准函数
read	int read(int fd,char * buf, unsigned count)；	从文件号 fd 所指示的文件中读 count 个字节到由 buf 指示的缓冲区中	返回真正读入的字节个数，如遇文件结束则返回 0，出错则返回－1	非 ANSI 标准函数
rename	int rename(char * oldname, char * newname)；	把由 oldname 所指的文件改名为由 newname 所指的文件	成功则返回 0，出错则返回－1	
rewind	void rewind(FILE * fp)；	将 fp 指示的文件中的位置指针置于文件开头位置，并清除文件结束标志和错误标志	无返回值	
scanf	int scanf(char * format, args, …)；	从标准输入设备按 format 指向的格式字符串所规定的格式，输入数据给 args 所指向的单元，读入并赋给 args 的数据个数。args 为指针	遇文件结束则返回 EOF，出错则返回 0	
write	int write(int fd,char * buf, unsigned count)；	从 buf 指示的缓冲区输出 count 个字符到 fd 所标志的文件中	返回实际输出的字节数，如出错则返回－1	非 ANSI 标准函数

附表 C-2   math. h（数学函数）

函数名	函 数 原 型	功 能	返 回 值	说 明
abs	int abs(int x)；	求整型 x 的绝对值	返回计算结果	
acos	double acos(double x)；	计算 arccosx 的值，x 应在－1～1 范围内	返回计算结果	
asin	double asin(double x)；	计算 arcsinx 的值，x 应在－1～1 范围内	返回计算结果	
atan	double atan(double x)；	计算 arctanx 的值	返回计算结果	
atan2	double atan2 (double x, double y)；	计算 arctan(x/y) 的值	返回计算结果	
cos	double cos(double x)；	计算 cosx 的值，x 的单位为弧度	返回计算结果	
cosh	double cosh(double x)；	计算 x 的双曲余弦 coshx 的值	返回计算结果	
exp	double exp(double x)；	求 e^x 的值	返回计算结果	
fabs	double fabs(double x)；	求 x 的绝对值	返回计算结果	

函数名	函数原型	功 能	返 回 值	说 明
floor	double floor(double x);	求出不大于 x 的最大整数	返回该整数的双精度实数	
fmod	double fmod（double x，double y）;	求整除 x/y 的余数	返回该余数的双精度	
frexp	double frexp（double x，double * eptr）;	把双精度数 val 分解为数字部分(尾数)x 和以 2 为底的指数 n，即 val＝x×2n，n 存放在 eptr 指向的变量中，$0.5 \leqslant x < 1$	返回数字部分 x	
log	double log(double x);	求 $\log_e x$, lnx	返回计算结果	
log10	double log10(double x);	求 $\log_{10} x$	返回计算结果	
modf	double modf（double val，double * iptr）;	把双精度数 val 分解为整数部分和小数部分，把整数部分存到 iptr 指向的单元	返回 val 的小数部分	
pow	double pow（double x，double y）;	计算 xy 的值	返回计算结果	
rand	int rand(void);	产生 -90～32767 间的随机整数	返回随机整数	
sin	double sin(double x);	计算 sinx 的值，x 单位为弧度	返回计算结果	
sinh	double sinh(double x);	计算 x 的双曲正弦函数 sinhx 的值	返回计算结果	
sqrt	double sqrt(double x);	计算根号 x，$x \geqslant 0$	返回计算结果	
tan	double tan(double x);	计算 tanx 的值，x 单位为弧度	返回计算结果	
tanh	double tanh(double x);	计算 x 的双曲正切函数 tanhx 的值	返回计算结果	

附表 C-3 intrins. h（C51 内部函数）

函数名	函数原型	功 能	返 回 值	说 明
crol	unsigned char _crol_（unsigned char val，unsigned char n）	将 char 字符循环左移 n 位	char 字符循环左移 n 位后的值	
cror	unsigned char _cror_（unsigned char val，unsigned char n）;	将 char 字符循环右移 n 位	char 字符循环右移 n 位后的值	
irol	unsigned int _irol_（unsigned int val，unsigned char n）;	将 val 整数循环左移 n 位	val 整数循环左移 n 位后的值	
iror	unsigned int _iror_（unsigned int val，unsigned char n）;	将 val 整数循环右移 n 位	val 整数循环右移 n 位后的值	

续表

函数名	函 数 原 型	功　　能	返 回 值	说　　明
lrol	unsigned int _lrol_ (unsigned int val, unsigned char n);	将 val 长整数循环左移 n 位	val 长整数循环左移 n 位后的值	
lror	unsigned int _lror_ (unsigned int val, unsigned char n);	将 val 长整数循环右移 n 位	val 长整数循环右移 n 位后的值	
nop	void _nop_ (void);	产生一个 NOP 指令	无	
testbit	bit _testbit_ (bit x);	产生一个 JBC 指令,该函数测试一个位,如果该位置为 1,则将该位复位为 0。_testbit_只能用于可直接寻址的位,在表达式中使用是不允许的	当 x 为 1 时返回 1,否则返回 0	

附录 D 官方 STC15 单片机实验箱 4 电路图

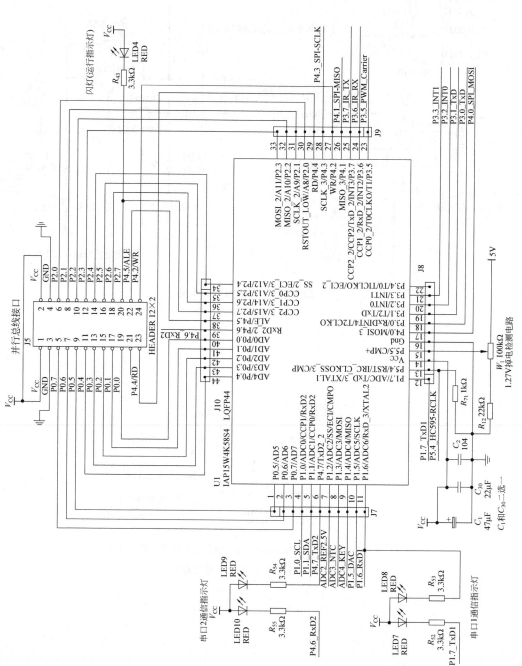

附图 D-1 单片机最小系统

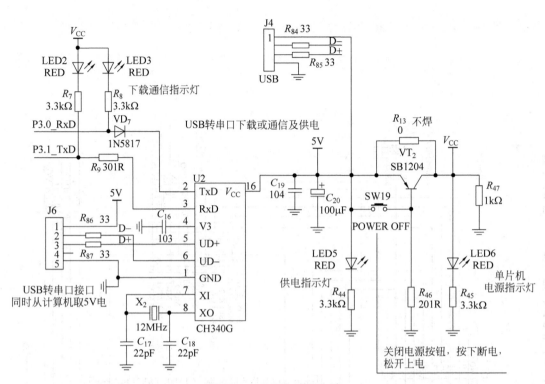

附图 D-2　电源与下载电路

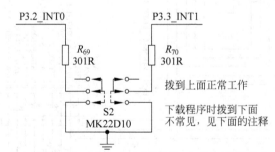

注：没有设置"P3.2/P3.3为00才可下载程序"时可以不拨到下面

附图 D-3　下载设置开关模块

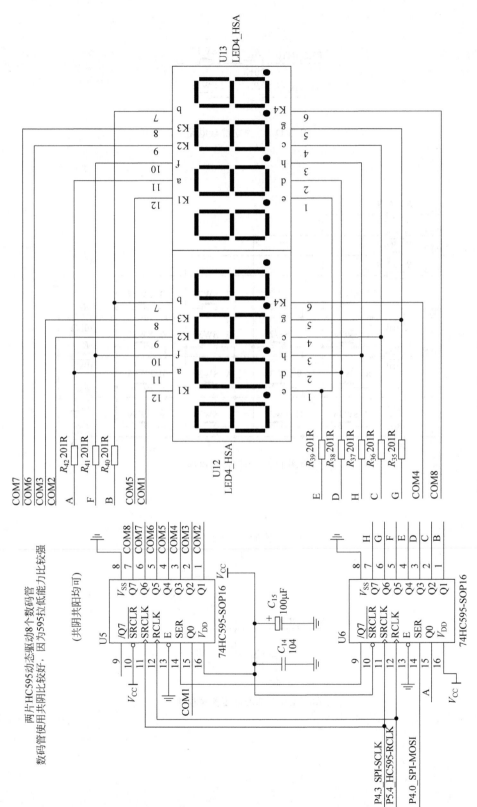

附图D-4 LED数码管显示模块

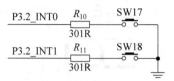

附图 D-5　独立键盘电路

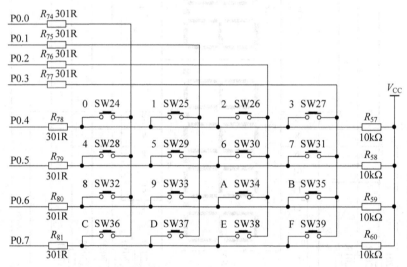

附图 D-6　矩阵键盘电路

基准电压测量

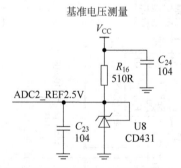

附图 D-7　基准电压测量模块

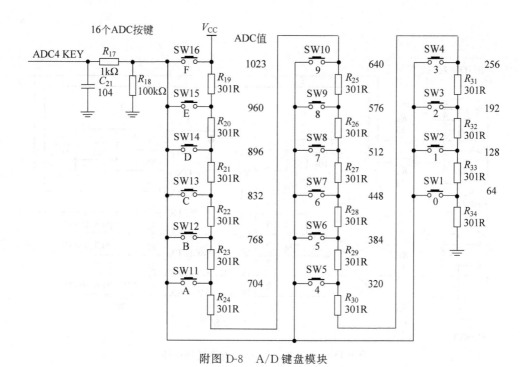

附图 D-8　A/D 键盘模块

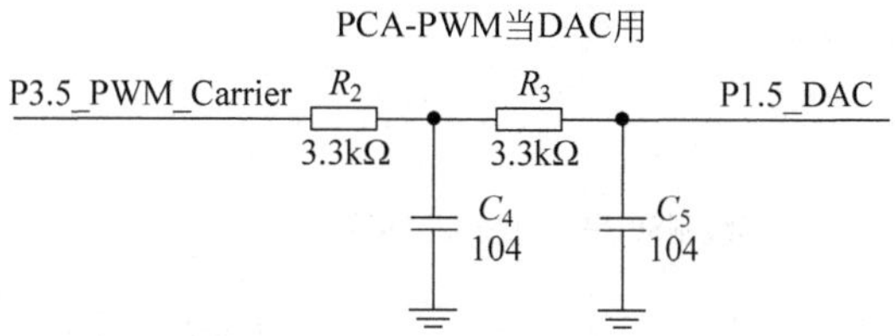

PCA-PWM当DAC用

P3.5_PWM_Carrier　R_2　3.3kΩ　　R_3　3.3kΩ　　P1.5_DAC

C_4 104　　C_5 104

附图 D-9　PWM 输出滤波电路（D/A 转换）

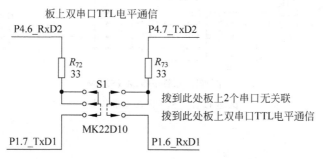

板上双串口TTL电平通信

P4.6_RxD2　　　　　　　　P4.7_TxD2

R_{72} 33　　R_{73} 33

S1

拨到此处板上2个串口无关联

拨到此处板上双串口TTL电平通信

MK22D10

P1.7_TxD1　　　　　　　　P1.6_RxD1

附图 D-10　单机串口 TTL 电平通信模块

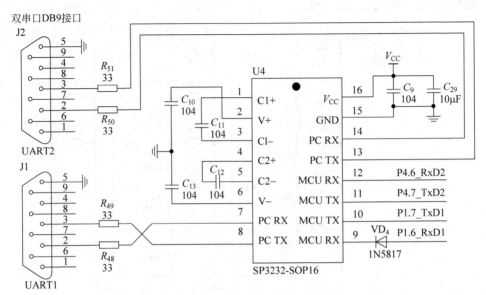

附图 D-11 双串口 RS-232 电平转换模块

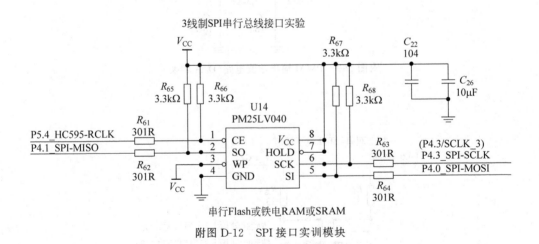

附图 D-12 SPI 接口实训模块

液晶模块12864接口插座
R_{82}、R_{83}调整LCD背光亮度

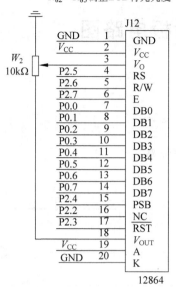

附图 D-13 LCD12864 接口插座

NTC测温度

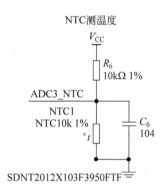

附图 D-14 NTC 测温模块

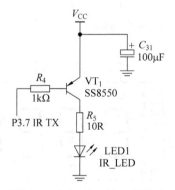

附图 D-15 红外遥控发射模块

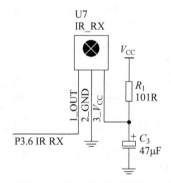

附图 D-16 红外遥控接收模块

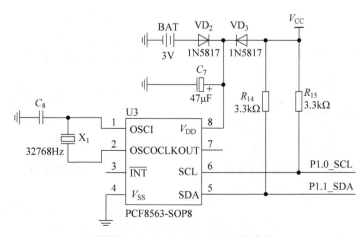

附图 D-17 PCF8563 电子时钟模块

附录 E 扩展实验板电路图

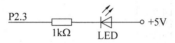

图 E-1 1 个发光二极管电路

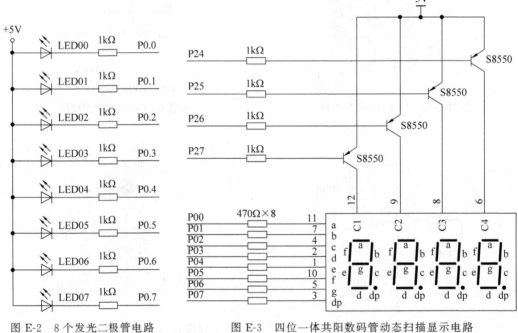

图 E-2 8 个发光二极管电路

图 E-3 四位一体共阳数码管动态扫描显示电路

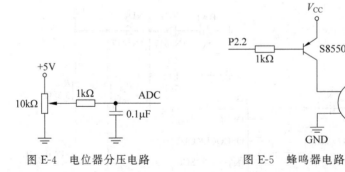

图 E-4 电位器分压电路

图 E-5 蜂鸣器电路

附录 F STC15 系列单片机的特殊功能寄存器

附表 F-1 STC15 系列单片机的特殊功能寄存器（内部 RAM）

寄存器		描述	地址	B7	B6	B5	B4	B3	B2	B1	B0	复位值
P0		P0 端口	80H	P0.7	P0.6	P0.5	P0.4	P0.3	P0.2	P0.1	P0.0	1111 1111B
SP		堆栈指针	81H									0000 0000B
DPTR	DPL	数据指针（低）	82H									0000 0000B
	DPH	数据指针（高）	83H									0000 0000B
S4CON		串口 4 控制寄存器	84H	S4SM0	S4ST4	S4SM2	S4REN	S4TB8	S4RB8	S4TI	S4RI	0000 0000B
S4BUF		串口 4 数据缓冲器	85H									xxxx xxxxB
PCON		电源控制寄存器	87H	SMOD	SMOD0	LVDF	POF	GF1	GF0	PD	IDL	0011 0000B
TCON		定时器控制寄存器	88H	TF1	TR1	TF0	TR0	IE1	IT1	IE0	IT0	0000 0000B
TMOD		定时器工作方式寄存器	89H	GATE	$C/\overline{T}$	M1	M0	GATE	$C/\overline{T}$	M1	M0	0000 0000B
TL0		定时器 0 低 8 位寄存器	8AH									0000 0000B
TL1		定时器 1 低 8 位寄存器	8BH									0000 0000B
TH0		定时器 0 高 8 位寄存器	8CH									0000 0000B
TH1		定时器 1 高 8 位寄存器	8DH									0000 0000B
AUXR		辅助寄存器	8EH	T0x12	T1x12	UART_M0x6	T2R	T2_$C/\overline{T}$	T2x12	EXTRAM	S1ST2	0000 0000B
INT_CLKO AUXR2		外部中断允许和时钟输出寄存器	8FH	—	EX4	EX3	EX2	MCKO_S2	T2CLKO	T1CLKO	T0CLKO	x000 0000B
P1		P1 端口	90H	P1.7	P1.6	P1.5	P1.4	P1.3	P1.2	P1.1	P1.0	1111 1111B
P1M1		P1 口模式配置寄存器 1	91H									0000 0000B
P1M0		P1 口模式配置寄存器 0	92H									0000 0000B
P0M1		P0 口模式配置寄存器 1	93H									0000 0000B
P0M0		P0 口模式配置寄存器 0	94H									0000 0000B
P2M1		P2 口模式配置寄存器 1	95H									0000 0000B

续表

寄存器	描述	地址	B7	B6	B5	B4	B3	B2	B1	B0	复位值
P2M0	P2口模式配置寄存器0	96H									0000 0000B
CLK_DIV/PCON2	时钟分频寄存器	97H	MCKO_S1	MCKO_S0	ADRJ	Tx_Rx	MCLKO_2	CLKS2	CLKS1	CLKS0	0000 0000B
SCON	串口1控制寄存器	98H	SM0/FE	SM1	SM2	REN	TB8	RB8	TI	RI	0000 0000B
SBUF	串口1数据缓冲器	99H									xxxx xxxxB
S2CON	串口2控制寄存器	9AH	S2SM0	—	S2SM2	S2REN	S2TB8	S2RB8	S2TI	S2RI	0100 0000B
S2BUF	串口2数据缓冲器	9BH									xxxx xxxxB
P1ASF	P1模拟功能配置寄存器	9DH	P17ASF	P16ASF	P15ASF	P14ASF	P13ASF	P12ASF	P11ASF	P10ASF	0000 0000B
P2	P2端口	A0H	P2.7	P2.6	P2.5	P2.4	P2.3	P2.2	P2.1	P2.0	1111 1111B
BUS_SPEED	总线速度控制寄存器	A1H	—	—	—	—	—	—	EXRTS[1:0]		xxxx xx10B
AUXR1/P_SW1	辅助寄存器1	A2H	S1_S1	S1_S0	CCP_S1	CCP_S0	SPI_S1	SPI_S0	0	DPS	0000 0000B
IE	中断允许寄存器	A8H	EA	ELVD	EADC	ES	ET1	EX1	ET0	EX0	0000 0000B
SADDR	从机地址控制寄存器	A9H									0000 0000B
WKTCL_CNT	掉电唤醒专用定时器控制寄存器低8位	AAH									1111 1111B
WKTCH_CNT	掉电唤醒专用定时器控制寄存器高8位	ABH	WATEN								0111 1111B
S3CON	串口3控制寄存器	ACH	S3SM0	S3ST3	S3SM2	S3REN	S3TB8	S3RB8	S3TI	S3RI	0000 0000B
S3BUF	串口3数据缓冲器	ADH									xxxx xxxxB
IE2	中断允许寄存器	AFH		ET4	ET3	ES4	ES3	ET2	ESPI	ES2	x000 0000B
P3	P3端口	B0H	P3.7	P3.6	P3.5	P3.4	P3.3	P3.2	P3.1	P3.0	1111 1111B
P3M1	P3口模式配置寄存器1	B1H									0000 0000B
P3M0	P3口模式配置寄存器0	B2H									0000 0000B
P4M1	P4口模式配置寄存器1	B3H									0000 0000B
P4M0	P4口模式配置寄存器0	B4H									0000 0000B
IP2	第二中断优先级低字节寄存器	B5H	—	—	—	PX4	PPWMFD	PPWM	PSPI	PS2	xxxx xx00B
IP	中断优先级寄存器	B8H	PPCA	PLVD	PADC	PS	PT1	PX1	PT0	PX0	0000 0000B
SADEN	从机地址掩膜寄存器	B9H									0000 0000B

续表

寄存器	描 述	地址	B7	B6	B5	B4	B3	B2	B1	B0	复位值
P_SW2	外围设备功能切换控制寄存器	BAH	EAXSFR	—	—	—	—	S4_S	S3_S	S2_S	0xxx x000B
ADC_CONTR	A/D转换控制寄存器	BCH	ADC_POWER	SPEED1	SPEED0	ADC_FLAG	ADC_START	CHS2	CHS1	CHS0	0000 0000B
ADC_RES	A/D转换结果高8位寄存器	BDH									0000 0000B
ADC_RESL	A/D转换结果低2位寄存器	BEH									0000 0000B
P4	P4端口	C0H	P4.7	P4.6	P4.5	P4.4	P4.3	P4.2	P4.1	P4.0	1111 1111B
WDT_CONTR	看门狗控制寄存器	C1H	WDT_FLAG	—	EN_WDT	CLR_WDT	IDLE_WDT	PS2	PS1	PS0	0x00 0000B
IAP_DATA	ISP/IAP数据寄存器	C2H									1111 1111B
IAP_ADDRH	ISP/IAP高8位地址寄存器	C3H									0000 0000B
IAP_ADDRL	ISP/IAP低8位地址寄存器	C4H									0000 0000B
IAP_CMD	ISP/IAP命令寄存器	C5H	—					—	MS1	MS0	xxxx xx00B
IAP_TRIG	ISP/IAP命令触发寄存器	C6H	—					—	—	—	xxxx xxxxB
IAP_CONTR	ISP/IAP控制寄存器	C7H	IAPEN	SWBS	SWRST	CMD_FAIL	—	WT2	WT1	WT0	0000 x000B
P5	P5端口	C8H			P5.5	P5.4	P5.3	P5.2	P5.1	P5.0	xx11 1111B
P5M1	P5口模式配置寄存器1	C9H									xxx0 0000B
P5M0	P5口模式配置寄存器0	CAH									xxx0 0000B
P6M1	P6口模式配置寄存器1	CBH									0000 0000B
P6M0	P6口模式配置寄存器0	CCH									0000 0000B
SPSTAT	SPI 状态寄存器	CDH	SPIF	WCOL	—	—	—	—	—	—	00xx xxxxB
SPCTL	SPI 控制寄存器	CEH	SSIG	SPEN	DORD	MSTR	CPOL	CAPHA	SPR1	SPR0	0000 0100B
SPDAT	SPI 数据寄存器	CFH									0000 0000B
PSW	程序状态字寄存器	D0H	CY	AC	F0	RS1	RS0	OV	—	P	0000 00x0B
T4T3M	T4 和 T3 的控制寄存器	D1H	T4R	T4_C/T̄	T4x12	T4CLKO	T3R	T3_C/T̄	T3x12	T3CLKO	0000 0000B
T4H	定时器 4 高 8 位寄存器	D2H									0000 0000B
T4L	定时器 4 低 8 位寄存器	D3H									0000 0000B
T3H	定时器 3 高 8 位寄存器	D4H									0000 0000B
T3L	定时器 3 低 8 位寄存器	D5H									0000 0000B

续表

寄存器	描述	地址	B7	B6	B5	B4	B3	B2	B1	B0	复位值
T2H	定时器2高8位寄存器	D6H									0000 0000B
T2L	定时器2低8位寄存器	D7H									0000 0000B
CCON	PCA控制寄存器	D8H	CF	CR	—	—	—	—	CCF1	CCF0	00xx xx00B
CMOD	PCA模式寄存器	D9H	CIDL	—	—	—	CPS2	CPS1	CPS0	ECF	0xxx 0000B
CCAPM0	PCA模块0工作模式寄存器	DAH	—	ECOM0	CAPP0	CAPN0	MAT0	TOG0	PWM0	ECCF0	x000 0000B
CCAPM1	PCA模块1工作模式寄存器	DBH	—	ECOM1	CAPP1	CAPN1	MAT1	TOG1	PWM1	ECCF1	x000 0000B
ACC	累加器	E0H									0000 0000B
P7M1	P7口模式配置寄存器1	E1H									0000 0000B
P7M0	P7口模式配置寄存器0	E2H									0000 0000B
CMPCR1	比较器控制寄存器1	E6H	CMPEN	CMPIF	PIE	NIE	PIS	NIS	CMPOE	CMPRES	0000 0000B
CMPCR2	比较器控制寄存器2	E7H	INVCMPO	DISFLT			LCDTY[5:0]				0000 1001B
P6	Port 6	E8H	P6.7	P6.6	P6.5	P6.4	P6.3	P6.2	P6.1	P6.0	1111 1111B
CL	PCA定时器/计数器寄存器低8位	E9H									0000 0000B
CCAP0L	PCA模块0捕获寄存器低8位	EAH									0000 0000B
CCAP1L	PCA模块1捕获寄存器低8位	EBH									0000 0000B
CCAP2L	PCA模块2捕获寄存器低8位	ECH									0000 0000B
B	B寄存器	F0H									0000 0000B
PWMCFG	PWM配置	F1H	—	CBTADC	C7INI	C6INI	C5INI	C4INI	C3INI	C2INI	0000 0000B
PCA_PWM0	PCA模块0的PWM输出模式辅助寄存器	F2H	EBS0_1	EBS0_0	—	—	—	—	EPC0H	EPC0L	xxxx xx00B
PCA_PWM1	PCA模块1的PWM输出模式辅助寄存器	F3H	EBS1_1	EBS1_0	—	—	—	—	EPC1H	EPC1L	xxxx xx00B
PCA_PWM2	PCA模块2的PWM输出模式辅助寄存器	F4H	EBS2_1	EBS2_0	—	—	—	—	EPC2H	EPC2L	xxxx xx00B
PWMCR	PWM控制	F5H	ENPWM	ECBI	ENC7O	ENC6O	ENC5O	ENC4O	ENC3O	ENC2O	0000 0000B
PWMIF	PWM中断标志	F6H	—	CBIF	C7IF	C6IF	C5IF	C4IF	C3IF	C2IF	x000 0000B
PWMFDCR	PWM外部异常控制	F7H	—	—	ENFD	FLTFLIO	EFDI	FDCMP	FDIO	FDIF	xx00 0000B
P7	Port 7	F8H	P7.7	P7.6	P7.5	P7.4	P7.3	P7.2	P7.1	P7.0	1111 1111B
CH	PCA定时器/计数器寄存器高8位	F9H									0000 0000B
CCAP0H	PCA模块0捕获寄存器高8位	FAH									0000 0000B
CCAP1H	PCA模块1捕获寄存器高8位	FBH									0000 0000B
CCAP2H	PCA模块2捕获寄存器高8位	FCH									0000 0000B

附表 F-2　STC15 系列单片机的特殊功能寄存器(扩展 RAM)

寄存器	描　述	地址	B7	B6	B5	B4	B3	B2	B1	B0	复位值
PWMCH	PWM 计数器高位	FFF0H	—	PWMCH[14:8]							x000 0000B
PWMCL	PWM 计数器低位	FFF1H	PWMCL[7:0]								0000 0000B
PWMCKS	PWM 时钟选择	FFF2H	—	—	—	SELT2	PS[3:0]				xxxx0 0000B
PWM2T1H	PWM2T1 计数高位	FF00H	—	PWM2T1H[14:8]							x000 0000B
PWM2T1L	PWM2T1 计数低位	FF01H	PWM2T1L[7:0]								0000 0000B
PWM2T2H	PWM2T2 计数高位	FF02H	—	PWM2T2H[14:8]							x000 0000B
PWM2T2L	PWM2T2 计数低位	FF03H	PWM2T2L[7:0]								0000 0000B
PWM2CR	PWM2 控制	FF04H	—	—	—	—	PWM2_PS	EPWM2I	EC2T2SI	EC2T1SI	xxxx 0000B
PWM3T1H	PWM3T1 计数高位	FF10H	—	PWM3T1H[14:8]							x000 0000B
PWM3T1L	PWM3T1 计数低位	FF11H	PWM3T1L[7:0]								0000 0000B
PWM3T2H	PWM3T2 计数高位	FF12H	—	PWM3T2H[14:8]							x000 0000B
PWM3T2L	PWM3T2 计数低位	FF13H	PWM3T2L[7:0]								0000 0000B
PWM3CR	PWM3 控制	FF14H	—	—	—	—	PWM3_PS	EPWM3I	EC3T2SI	EC3T1SI	xxxx 0000B
PWM4T1H	PWM4T1 计数高位	FF20H	—	PWM4T1H[14:8]							x000 0000B
PWM4T1L	PWM4T1 计数低位	FF21H	PWM4T1L[7:0]								0000 0000B
PWM4T2H	PWM4T2 计数高位	FF22H	—	PWM4T2H[14:8]							x000 0000B
PWM4T2L	PWM4T2 计数低位	FF23H	PWM4T2L[7:0]								0000 0000B
PWM4CR	PWM4 控制	FF24H	—	—	—	—	PWM4_PS	EPWM4I	EC4T2SI	EC4T1SI	xxxx 0000B
PWM5T1H	PWM5T1 计数高位	FF30H	—	PWM5T1H[14:8]							x000 0000B
PWM5T1L	PWM5T1 计数低位	FF31H	PWM5T1L[7:0]								0000 0000B
PWM5T2H	PWM5T2 计数高位	FF32H	—	PWM5T2H[14:8]							x000 0000B
PWM5T2L	PWM5T2 计数低位	FF33H	PWM5T2L[7:0]								0000 0000B
PWM5CR	PWM5 控制	FF34H	—	—	—	—	PWM5_PS	EPWM5I	EC5T2SI	EC5T1SI	xxxx 0000B
PWM6T1H	PWM6T1 计数高位	FF40H	—	PWM6T1H[14:8]							x000 0000B
PWM6T1L	PWM6T1 计数低位	FF41H	PWM6T1L[7:0]								0000 0000B
PWM6T2H	PWM6T2 计数高位	FF42H	—	PWM6T2H[14:8]							x000 0000B
PWM6T2L	PWM6T2 计数低位	FF43H	PWM6T2L[7:0]								0000 0000B
PWM6CR	PWM6 控制	FF44H	—	—	—	—	PWM6_PS	EPWM6I	EC6T2SI	EC6T1SI	xxxx 0000B
PWM7T1H	PWM7T1 计数高位	FF50H	—	PWM7T1H[14:8]							x000 0000B
PWM7T1L	PWM7T1 计数低位	FF51H	PWM7T1L[7:0]								0000 0000B
PWM7T2H	PWM7T2 计数高位	FF52H	—	PWM7T2H[14:8]							x000 0000B
PWM7T2L	PWM7T2 计数低位	FF53H	PWM7T2L[7:0]								0000 0000B
PWM7CR	PWM7 控制	FF54H	—	—	—	—	PWM7_PS	EPWM7I	EC7T2SI	EC7T1SI	xxxx 0000B

附录 G　74HC595 串行转并行驱动 LED 数码管动态显示头文件 595. h

```c
/* -------------- I/O 端口定义 --------------- */
sbit P_HC595_SER = P4^0;                          //第 14 引脚,SER,数据输入
sbit P_HC595_RCLK = P5^4;                         //第 12 引脚,RCLK,锁存时钟
sbit P_HC595_SRCLK = P4^3;                        //第 11 引脚,SRCLK,移位时钟
/* -------------- 段控制码、位控制码的定义 --------------- */
unsigned char code SEG7[ ] = {                    //共阴数码管编码
0x3F,0x06,0x5B,0x4F,0x66,0x6D,0x7D,0x07,0x7F,0x6F,0x77,0x7C,0x39,0x5E,0x79,0x71,
            //0、1、2、3、4、5、6、7、8、9、A、B、C、D、E、F
0xBF,0x86,0xDB,0xCF,0xE6,0xED,0xFD,0x87,0xFF,0xEF,0xF7,0xFC,0xB9,0xDE,0xF9,0xF1,
            //0.、1.、2.、3.、4.、5.、6.、7.、8.、9.、A.、B.、C.、D.、E.、F.
0x00};                                            //灭
unsigned char code Scon_bit[ ] = {0xff,0xfe,0xfd,0xfb,0xf7,0xef,0xdf,0xbf,0x7f}; //位控制码
/* ------------ 向 595 发送字节函数 --------------- */
void F_Send_595(unsigned char x)
{
    unsigned char i;                              //定义无符号字符型变量 i
    for(i = 0;i < 8;i++)                          //执行 8 次
    {
        P_HC595_SRCLK = 0;                        //移位时钟为 0
        P_HC595_SER = x&0x80;                     //取出 x 最高位并向 595 发送
        x = x << 1;                               //x 左移 1 位
        P_HC595_SRCLK = 1;                        //移位时钟从 0 变为 1,数据移位 1 次
    }
}
/* ------------ 数码管动态显示函数 --------------- */
void display(unsigned char j,unsigned char k)     //j 取值 1~8,对应第 1~8 位数码管
{                                                 //k 取值 0~16,对应 0~9,A~F,灭
    unsigned char i;                              //定义无符号字符型变量 i 记录传输位数
    for(i = 0;i < 8;i++)                          //执行 8 次
    {
        P_HC595_RCLK = 0;                         //锁存时钟为 0
        F_Send_595(Scon_bit[j]);                  //向 595 发送位控制码
        F_Send_595(SEG7[k]);                      //向 595 发送段控制码
        P_HC595_RCLK = 1;                         //锁存时钟由 0 变 1,向数码管输出数据
    }
}
```

参 考 文 献

[1] 宏晶科技. 单片机 STC15 全系列中文用户手册[Z]. http://www.stcmcudata.com/datasheet/stc/STC-AD-PDF/STC15.pdf.

[2] 丁向荣,陈崇辉. 单片机原理与应用——基于可在线仿真的 STC15F2K60S2 单片机[M]. 北京:清华大学出版社,2015.

[3] 丁向荣,陈崇辉. 单片微机原理与接口技术——基于 STC15W4K32S4 系列单片机[M]. 北京:电子工业出版社,2015.

[4] 谭浩强,C 程序设计[M]. 5 版. 北京:清华大学出版社,2017.

[5] 陈桂友,吴延荣,万鹏,等. 单片微型计算机原理及接口技术[M]. 2 版. 北京:高等教育出版社,2017.

[6] 郭天祥. 新概念 51 单片机 C 语言教程——入门、提高、开发、拓展全攻略[M]. 2 版. 北京:电子工业出版社,2018.

[7] 张毅刚. 单片机原理及应用[M]. 4 版. 北京:高等教育出版社,2021.

[8] 何宾. STC 单片机 C 语言程序设计——8051 体系架构、编程实例及项目实战[M]. 北京:清华大学出版社,2018.

[9] 丁向荣. 单片机应用系统与开发技术项目教程[M]. 北京:清华大学出版社,2017.

[10] 陈勇,程月波,荆蕾,等. 单片机原理与应用——基于汇编、C51 及混合编程[M]. 北京:高等教育出版社,2014.

[11] 王冬星,许有军. 单片机技术及 C51 仿真与应用[M]. 北京:北京理工大学出版社,2015.

[12] 徐爱钧,罗明璋,熊晓东,等. 单片机原理实用教程——基于 Proteus 虚拟仿真[M]. 4 版. 北京:电子工业出版社,2018.

[13] 李友全. 51 单片机轻松入门——基于 STC15W4K 系列(C 语言版)[M]. 2 版. 北京:北京航空航天大学出版社,2020.

[14] 周小方,陈育群. STC15 单片机 C 语言项目开发[M]. 北京:清华大学出版社,2020.

[15] 丁向荣. STC 单片机应用技术——从设计、仿真到实践[M]. 2 版. 北京:电子工业出版社,2020.

[16] 蔡杏山. 51 单片机 C 语言编程从入门到精通[M]. 北京:化学工业出版社,2019.

[17] 郭学提. 51 单片机原理及 C 语言实例详解[M]. 北京:清华大学出版社,2020.

[18] 王福元,陈中,王春娥,等. 单片机原理与接口技术[M]. 北京:清华大学出版社,2021.